AF464608

LES PALMIERS

HISTOIRE ICONOGRAPHIQUE

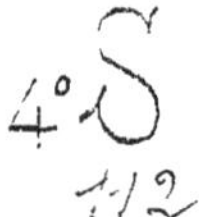

STRASBOURG, TYPOGRAPHIE G. FISCHBACH, SUCC^r DE G. SILBERMANN

OSWALD DE KERCHOVE DE DENTERGHEM

LES PALMIERS

HISTOIRE ICONOGRAPHIQUE

GÉOGRAPHIE — PALÉONTOLOGIE — BOTANIQUE — DESCRIPTION
CULTURE — EMPLOI, ETC.

AVEC

INDEX GÉNÉRAL

DES NOMS ET SYNONYMES DES ESPÈCES CONNUES

Ouvrage orné de 228 Vignettes et de 40 Chromolithographies

Dessinées d'après Nature par P. De Pannemaker

PARIS
J. ROTHSCHILD, ÉDITEUR
13, RUE DES SAINTS-PÈRES, 13

1878

A Sa Majesté Léopold II

ROI DES BELGES

Sire !

Votre Majesté a daigné accepter la dédidace de cet ouvrage. Elle a ainsi donné une preuve nouvelle du bienveillant intérêt qu'elle porte à la science, jusqu'en ses plus humbles manifestations.

Qu'il soit permis à l'auteur, Sire, de Vous en exprimer ici sa gratitude et de dire qu'en dédiant cette modeste étude à Votre Majesté, sa première pensée a été de rendre un patriotique hommage au Prince qui, de tout temps, s'est préoccupé avec la plus vive et la plus haute sollicitude de la renommée et de l'avenir scientifiques du pays.

Vos premiers voyages, Sire, ont eu pour objet l'étude des moyens d'étendre nos relations avec l'extrême Orient; Vous avez ensuite conçu un plus vaste dessein : celui d'ouvrir à la science, au commerce, à la civilisation enfin, l'intérieur si mystérieux encore de l'immense continent africain.

Pour tenter cette conquête de la science, Vous avez réuni des savants, des économistes, des hommes éminents de tous les pays, et Vous avez convié tous les amis de l'humanité à cette œuvre pacifique, généreuse et féconde.

Dans cette Afrique qui offre encore tant de découvertes à faire, et tant de problèmes à résoudre, les hardis pionniers de la botanique seront aux premiers rangs des explorateurs auxquels Votre généreuse entreprise aura ouvert la voie.

La reconnaissance de tous ceux qui s'intéressent au dévèloppement de la botanique doit être à ce titre acquise à Votre Majesté. Cette dédicace en est l'expression.

J'ai l'honneur d'être,

avec le plus profond respect,

de Votre Majesté,

le très-humble et très-obéissant Serviteur

OSWALD DE KERCHOVE DE DENTERGHEM.

Gand (Belgique), Décembre 1877.

TABLE DES SOMMAIRES

LES PALMIERS

CHAPITRE PREMIER.

GÉOGRAPHIE DES PALMIERS.

Europæus homo palmas intuens voce quadam monitus quæ dicat Sursum corda !

SOMMAIRE : Introduction. — Plan du voyage — Les climats et le palmier. — De l'altitude. — Où se plaît le palmier. — Effets des latitudes sur la flore du palmier. — L'équateur thermique. — Le palmier et ses habitudes — Les courants maritimes, leur influence sur les climats, sur la propagation et sur le développement des palmiers. — Groupement des palmiers selon l'altitude. — Sociabilité et ténacité de certaines espèces.

Introduction. — Entreprendre la géographie du palmier, c'est faire le tour du globe terrestre par la zone la plus voisine de l'équateur. Le palmier, en effet, fait de sa puissante et splendide végétation une ceinture au monde, et cette ceinture serait continue si la main de l'homme, en Syrie et dans les plaines de l'Euphrate, n'avait fait violence à la nature.

Le palmier est l'arbre des régions tropicales, comme le sapin est l'arbre des régions froides, comme la vigne, le chêne et l'olivier sont l'ornement des régions tempérées. Le sapin donne aux solitudes des contrées alpestres et des pays septentrionaux une beauté grave, austère, mélancolique ; le paysage des climats tempérés a la variété, la grâce, la fraîcheur, quelque chose de doux, d'aimable, de riant ; le palmier imprime à la flore des régions tropicales un caractère indicible de force et de magnilicence. Il symbolise l'incomparable puissance d'une nature pleine de fécondité, d'exubérance et de richesse.

Plan du Voyage. — Le tour du monde est devenu de nos jours un voyage facile. Nous le ferons d'une manière instructive, attrayante peut-être, en étudiant la géographie du palmier. Nous partirons des bords de la Méditerranée. Nous le trouverons sur

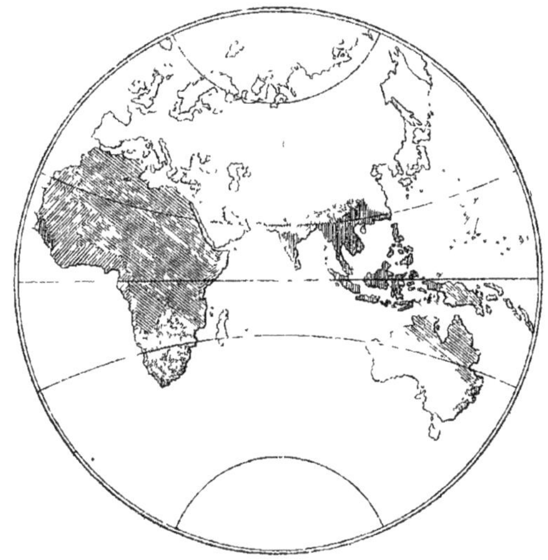

Fig. 1. — Distribution géographique du Palmier sur le Globe.
Les lignes droites indiquent les pays où la flore palmique présente la plus grande richesse; les lignes obliques indiquent une richesse moindre; le pointillé indique le minimum.

divers points de ce riche bassin en le contournant de l'ouest à l'est et en revenant par le sud aux antiques colonnes d'Hercule. De là, suivant l'itinéraire des anciens navigateurs portugais, nous descendrons jusqu'au Cap par les côtes de l'Afrique occidentale; nous franchirons la pointe redoutée dont le spectre gigantesque d'Adamastor semblait défendre l'accès; nous remonterons la côte orientale, nous gagnerons par Madagascar les Comores, les Séchelles, la presqu'île de l'Inde, celle de l'Indo-Chine, le grand archipel indien, la Chine, le Japon, la Polynésie (fig. 1);

nous sillonnerons l'océan Pacifique ; sans quitter la vaste zone, large parfois de soixante-quinze degrés, où le palmier déploie ses splendeurs et prodigue à mille peuples divers ses inépuisables trésors, nous traverserons l'espace immense qui s'étend de la Floride et des terres chaudes du Mexique aux forêts vierges du Brésil, au bassin de l'Amazone et de l'Orénoque; enfin, avant de

Fig. 2. — Distribution géographique du Palmier sur le Globe
Les lignes droites indiquent les pays où la flore palmique présente la plus grande richesse; les lignes obliques indiquent une richesse moindre; le pointillé indique le minimum.

regagner l'Europe, nous saluerons le palmier une dernière fois dans les Antilles le long du golfe où le Gulfstream promène ses ondes, où le Mississipi comble les mers de ses alluvions incessantes, et dans ces déserts américains où les forces de la nature sauvage disputent à l'homme le sol le plus riche de la terre (fig. 2).

Les Climats et le Palmier. — Le palmier suit la loi commune. De même que les grandes essences forestières des climats tempérés s'étiolent, ne présentent plus que des troncs rabougris et ne sont plus que des arbrisseaux au delà des limites naturelles de leur croissance et de leur développement, de même le palmier cède peu à peu au climat à mesure qu'il s'éloigne de la zone torride. Dans les régions tropicales, son tronc puissant et majestueux s'élève parfois à deux cents pieds. Là il règne : c'est le roi des rois, couvrant tout de son ombre. Les plus terribles ouragans, l'irrésistible cyclone, le typhon des mers des Indes épuisent vainement contre lui leur formidable puissance. Dernièrement, les vagues soulevées par un de ces typhons inondaient les îles basses de l'embouchure du Gange et noyaient au delà de deux cent mille habitants. Le reste fut sauvé par les palmiers, dont les tiges chargées de grappes humaines émergeaient seules du sol inondé et dévasté.

Aux extrêmes limites de son empire, le roi des rois n'est plus qu'un palmier nain. Il faut le voir, au 43e degré de latitude nord en Europe, dépouillé de sa majesté, humilié, vaincu, mais luttant encore, et reconnaissable seulement à son feuillage caractéristique, flabelliforme, à ses élégantes rosettes qui s'élèvent et s'épanouissent à quelques pieds de hauteur, pour avoir l'idée de l'extrême décadence du type. Rampant, acaule, buissonneux, c'est sous terre qu'il lutte encore par ses ramifications et ses fortes attaches, et ce sont les bourgeons latéraux qui, selon le vœu de la nature, assurent la conservation de l'individu. Il s'accroche au sol ingrat comme l'huitre au rocher. En Amérique, on voit finir au 35e degré nord la région des palmiers, qui n'y sont plus représentés que par le *Sabal Adansoni*, espèce acaule aux feuilles petites, s'étendant en buissons épais sur les marais de la Caroline et de la Géorgie. Qui reconnaîtrait, dans cet humble arbuste, le superbe *Sabal umbraculifera* des Antilles !

Deux espèces atteignent en Amérique et en Asie la même latitude, le 34e degré : le *Rhapidophyllum hystrix* et le *Chamærops* (*Nannorhops*) *Ritchiana*. Après celui-ci, en Asie, on ne voit plus de palmiers. Le *Corypha elata* ne dépasse pas la latitude de 33°,56' et il n'est plus que l'ombre du *Corypha* des régions chaudes. On trouve le *Trachycarpus excelsus* au Japon jusqu'à l'île de Nipon, mais ce n'est point un aborigène : il n'y est qu'un produit étranger, introduit par une culture savante et conservé par des soins attentifs.

La même dégénérescence se manifeste, due à la même cause, dans l'hémisphère austral. Elle y est proportionnelle à la distance de l'équateur. Selon que cette distance s'accroît, le palmier diminue de hauteur et son tronc s'épaissit. C'est au Chili, par 36° de latitude australe, que se rencontre le dernier des palmiers, le *Jubœa spectabilis* (Pl. XXXVIII). En Afrique, à 33°,55, mais plus au delà, on trouve encore le *Phœnix reclinata*, dont le tronc court et trapu et le port modeste ne donnent plus l'idée du magnifique dattier, type de la famille. Signalons ici une particularité. Les derniers palmiers de l'hémisphère nord sont à feuilles palmées; les derniers de l'hémisphère sud sont à frondes pennées. Tel est le *Kentia sapida*, très-gracieux encore avec son tronc court, sa croissance serrée (Pl. V), et qui atteint à la Nouvelle-Zélande l'extrême latitude de 38°,22.

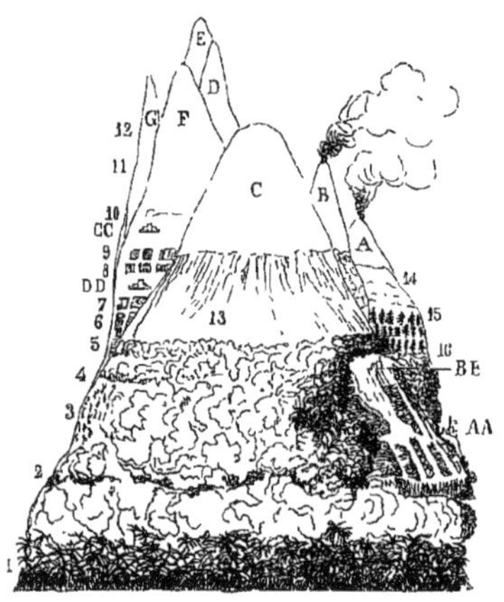

Fig. 3. — Tableau physique des plantes des Andes d'après Humboldt. — 1. Région des Palmiers.

De l'Altitude. — L'altitude opère naturellement sur les palmiers comme la latitude. Et, naturellement encore, avec l'altitude croissante, la variété décroît. Au rebours de la loi sociale, l'aristocratie, dans le monde des palmiers, se montre au plus bas de l'échelle, dans les marais des terres chaudes. Sa grandeur s'y mêle à la foule et l'attache au rivage. Mais ce n'est pas cette grandeur dont parle le moraliste, et qui se laisse toucher et manier. Ce n'est que du pied que le palmier se mêle à la foule. Il porte haut la tête, et c'est aussi de haut qu'il projette son ombre protectrice.

Au delà de 1000 mètres d'altitude, les espèces deviennent rares, comme on le voit dans le tableau physique des plantes des Andes dressé par Humboldt (fig. 3). De tous les végétaux, le palmier est celui qui est le plus borné par l'altitude. Elle lui impose bientôt une limite infranchissable. Un seul palmier fait exception : c'est le *Ceroxylon andicola*, qu'on trouve avec étonnement dans les Andes de Quindiu (Amérique du Sud), près du volcan de Tolima, des cimes de San Juan et de Guaduas (4°,25 de lat. bor.), non pas malingre et rabougri, mais admirable, élancé et haut de 50 mètres, à une altitude de 2400 à 2950 mètres au-dessus du niveau de la mer (Humboldt, Linden). C'est le palmier précieux qui donne la cire. La région qu'il occupe dépasse de beaucoup en hauteur celle du quinquina, et n'est inférieure que de 850 mètres à la région des neiges.

Où se plaît le Palmier. — La physiologie végétale et l'organisation spéciale du palmier font comprendre la raison des faibles altitudes qu'il atteint. Il lui faut de l'eau et de la chaleur. Il se plaît le pied dans l'eau et la tête dans la fournaise atmosphérique. Les pentes sur lesquelles l'eau s'écoule rapidement ne lui conviennent point. Il tombe des pluies plus abondantes dans les montagnes que dans la plaine, mais c'est dans la plaine que l'eau descend et séjourne. Donc, à conditions climatériques d'ailleurs égales, c'est l'humidité qui fait pencher la balance : le palmier s'étendra plus en latitude qu'en altitude. C'est l'avis de M. Grisebach et c'est aussi le nôtre.

Quant à la variété des espèces, on a énoncé cette loi : elle augmente avec l'accroissement de l'isothermie et avec l'intensité et la durée des précipitations. Nous allons voir ici les faits s'accorder avec la théorie.

Effets des Latitudes sur la Flore du Palmier. — L'extrême variété se remarque dans la zone équatoriale entre +10° de latitude boréale et +10° de latitude australe. Là surtout, resplendit, dans toute sa richesse végétale, cette ceinture verdoyante que le palmier fait au monde. Là, fleurissent et fructifient merveilleusement plus de 300 des espèces connues aujourd'hui. Au-delà, comme nous l'avons dit, la variété diminue peu à peu. Martius, dans son admirable monographie des palmiers, à laquelle il faut toujours revenir, répartit les espèces connues de son temps d'après les pays d'origine. Il constate, d'abord, que de ces espèces — au nombre de 579 — 260 sont originaires de l'Amérique tropicale et subtropicale (Antilles comprises), et 286 du continent indien et des îles du grand Archipel de la mer du Sud; ensuite, que les contrées les plus riches en espèces diverses sont situées presque toutes à l'antipode les unes des autres. Par

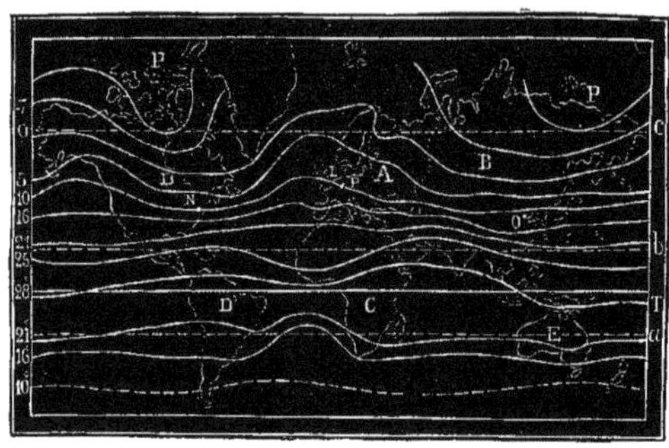

Fig. 4. — Lignes isothermes d'après Humboldt

exemple, les îles et presqu'îles de la mer des Indes occidentales et le bassin de l'Amazone, points extrêmes d'un axe traversant le globe à l'équateur thermique (T. fig. 4) et qu'on pourrait appeler l'axe palmique. A cette zone succèdent deux zones de transition, où les palmiers sont encore nombreux et s'étendent des tropiques au 10e degré de latitude boréale et australe. Nous les avons déjà indiquées. C'est au delà que la décroissance s'accentue jusqu'à disparition complète.

En général, les diverses espèces de palmiers ne se mêlent point, à part quelques espèces africaines, et peu sont cosmopolites. L'aire de dispersion des espèces est d'ordinaire étroitement limitée et nettement définie, et de grands espaces les séparent. Et même là où les espèces sont nombreuses, comme dans certaines îles de l'Archipel indien où croissent 116 espèces différentes, celles-ci ne se confondent point; elles ont chacune leur domaine, et les unes commencent là où les autres finissent. Notons que les espèces cosmopolites, le *Cocos nucifera*, l'*Acrocomia sclerocarpa*, le *Borassus flabelliformis*, doivent leur cosmopolitisme à l'importation, du moins en grande partie. Humboldt et Bonpland, en Amérique, Griffith, dans l'Inde, trouvent les espèces séparées par des espaces d'environ 50 milles. Il n'y a donc, sauf l'exception que nous avons mentionnée, ni fusion des espèces,

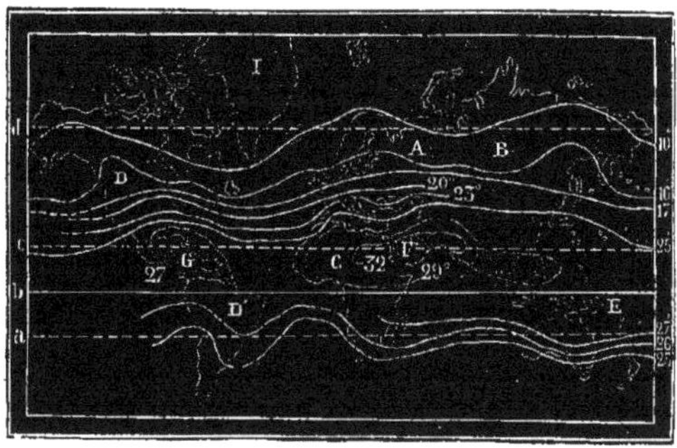

Fig. 5. — Lignes isothères d'après Humboldt.

ni même contiguïté absolue, et les mille ou onze cents espèces qui croissent, au dire des voyageurs, dans les régions équatoriales et subéquatoriales, y sont naturellement distinctes. Ce nombre, qui est loin peut-être de représenter les espèces existantes, dément singulièrement, soit dit en passant, l'idée que se faisait l'illustre botaniste-géographe Schouw, qui, ne connaissant que 190 espèces de palmiers, admettait à peine qu'on pût consacrer à cette famille une place importante dans la classification végétale.

L'Équateur thermique. — Pour s'expliquer certaines anomalies apparentes de la géographie des palmiers, il est bon de ne pas perdre de vue que l'équateur thermique et l'équateur terrestre ne sont pas parallèles. Traçons-en les principaux points. L'équateur thermique s'éloigne de l'équateur terrestre depuis le sud de l'Arabie jusqu'au golfe d'Oran; il franchit la mer des Indes, passe à Pondichéry, coupe la presqu'île de Malacca, l'île de Bornéo, l'archipel des Célèbes, d'où il passe dans l'hémisphère sud, dans la direction de l'archipel Salomon, repasse au 157e degré de longitude occidentale dans l'hémisphère nord, traverse l'océan Pacifique, écorne l'Amérique du Sud, coupe l'isthme de Panama, côtoie les Guyanes et revient au golfe d'Oran après avoir franchi l'Océan Atlantique et l'Afrique

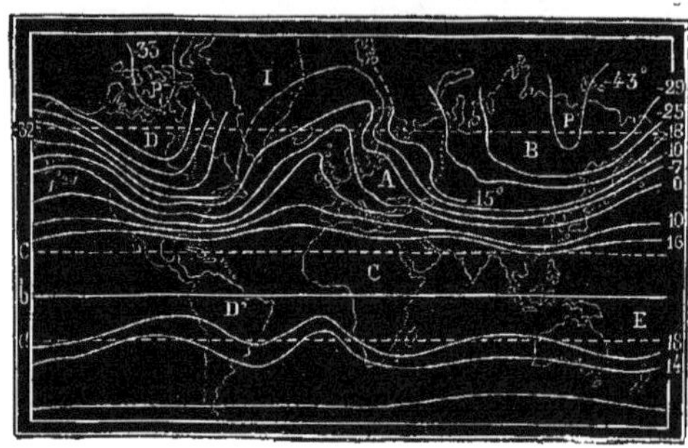

Fig 6 — Lignes isochimènes d'après Humboldt

centrale. La connaissance des lignes isothères, tracées pour la première fois en 1817 par Al. de Humboldt, de cinq en cinq degrés, depuis la température de 15° jusqu'à celle de 25°, et qui marquent aux diverses latitudes les lieux de température moyenne, est essentielle dans l'étude de la géographie des palmiers, tout aussi bien que les notions de latitude normale, d'altitude et des autres conditions et causes particulières et locales qui peuvent influer sur cette moyenne. Les lignes d'égalité, courbes isothères, réunissent les lieux qui ont la même température estivale (fig. 5); les lignes isochimènes passent par tous les points qui ont la même température moyenne hivernale (fig. 6). L'étude de ces lignes nous fait comprendre la rareté des palmiers dans les parties de l'Afrique où la température estivale s'élève à 32°, bien qu'elles soient situées sous la même latitude que Bornéo et la presqu'île Malaise, où cette température n'atteint qu'un maximum de 29°.

Le Palmier et ses Habitudes. — Ce qui résultera pour nous de cette étude, c'est l'acquisition de ce trait caractéristique du tempérament du palmier : la constance. Il lui faut la constance des milieux. Moins ceux-ci varient, mieux il se développe. Chaleur égale, humidité égale et persistante, telles sont les conditions essentielles de son développement normal. Aussi le climat maritime, insulaire, lui est-il exceptionnellement favorable. Martius, qui a fait une étude attentive de 347 espèces de palmiers, fait remarquer que 235 de ces espèces sont insulaires. Il comprend dans les dernières celles de la presqu'île de Malacca. Dans les contrées torrides c'est, redisons-le pour combattre une erreur assez répandue, l'égalité (entre 25° et 27°,5) plutôt que l'intensité qui est, avec l'humidité non moins égale et continuelle, son milieu préféré. Sinon, c'est dans la zone torride de l'Afrique équatoriale qu'il étalerait le luxe de sa végétation ; or c'est le contraire qui est vrai. Quelques palmiers seulement (*Hyphæne*, *Borassus flabelliformis*, *Phœnix dactylifera*) ne redoutent pas l'aridité d'un sol brûlant. Le palmier pourrait être l'emblème de la constance.

Cette égalité d'humidité et de température qui lui convient si bien, se rencontre dans les îles de l'archipel Indien et dans le bassin de l'Amazone. La variation thermométrique annuelle n'y dépasse pas 4 ou 5 degrés, et même elle y est moindre en certains lieux. Aussi est-ce la terre promise des palmiers, qui y sont merveilleux de beauté. A Batavia, la moyenne thermométrique est en mai de 26°,66, et en septembre de 23°,89. L'écart n'est que de 2°,77. A Pondichéry, sous l'équateur thermique, l'écart annuel est de 8°,73. Aussi les palmiers y sont-ils moins nombreux qu'à Batavia. Dans les régions de l'Amazone, où le même écart ne dépasse jamais 2 à 4 degrés, le palmier est d'une admirable splendeur et d'une puissance de végétation incomparable.

Les Courants maritimes. — Leur Influence sur les Climats, sur la Propagation et le Développement des Palmiers. — Nous avons parlé des lignes isochimènes et des lignes isothères qui expriment les moyennes de température hivernale et estivale relativement aux palmiers. Ces lignes subissent de profondes modifications par l'effet des grands courants maritimes. L'effet de ces courants est l'adoucissement et l'égalisation du climat dans les contrées qu'ils baignent. C'est grâce à l'un de ces courants, le mieux observé et le mieux connu, le Gulfstream, que la Bretagne, malgré sa latitude, peut avoir le myrte en pleine terre pendant toute l'année, au bord de l'Océan, et conserver certains palmiers cultivés que Paris ne pourrait point garder dans les mêmes conditions.

On doit à un illustre savant américain, M. Maury, la connaissance de ces courants. Ils lui ont servi à prouver que la ligne droite n'est pas toujours la voie la plus rapide pour aller d'un point à un autre. Appliquant à la navigation l'étude qu'il en avait faite, il a indiqué de nouvelles routes marines, plus longues que les anciennes, mais qui, suivant la direction des courants, font gagner au commerce du temps et de l'argent.

En traversant les régions maritimes tropicales et le golfe du Mexique, le Gulfstream, véritable fleuve océanique bien autrement considérable que les plus grands fleuves du monde, sans en excepter l'Amazone, entraîne dans l'Atlantique et aux mers polaires une masse d'eau qui conserve jusqu'à d'énormes distances la chaleur dont elle s'est chargée sous l'équateur, et cette chaleur réchauffe les côtes des pays qu'elle baigne et y fait régner le printemps au milieu de l'hiver.

Les courants ont encore une autre influence : ils agissent sur la dispersion et la propagation, souvent à de grandes distances, des espèces botaniques. De même que les vents du Sahara vont féconder parfois, dit-on, à cinquante lieues dans l'espace, les palmiers femelles, en leur portant le pollen du palmier mâle, de même ces courants maritimes entraînent des graines qu'ils vont déposer le long des côtes et sur les récifs des îles madréporiques, où, placées dans des conditions de germination très-favorables, elles fécondent un sol stérile, font naître une luxuriante végétation et enrichissent d'espèces nouvelles la flore locale.

C'est ainsi que se sont propagées à des distances immenses certaines espèces de palmiers, et parmi celles-ci le *Cocos nucifera* et le *Nipa fruticans*, qui, originaires des régions basses et humides de l'Inde, se retrouvent à l'état sauvage sous les tropiques, à l'embouchure de certains fleuves, et dans les contrées les plus éloignées de leur « patrie ». Il est intéressant de voir les espèces botaniques se répandre sur le globe comme la race humaine. Ainsi que certains peuples maritimes, tels que les Phéniciens, les Carthaginois, le palmier a fondé des colonies. La mer, qui semble, par sa vaste étendue, séparer les races humaines et les espèces botaniques, sert à les réunir et à porter partout le mouvement et la vie. Ce que la hardiesse du génie humain opère d'un côté, est accompli de l'autre par les forces de la nature. La médaille a son revers. Ce n'est pas toujours le bienfait de la civilisation que d'aventureux navigateurs ont importé avec eux sur les plages lointaines; et il est possible que les courants maritimes aient aussi infesté les mers d'espèces ichthyologiques dangereuses.

D'importantes « colonies » de cocotiers se sont ainsi formées par les courants océaniques. Les îles des Cocos et beaucoup d'autres îlots de l'archipel Polynésien (archipel Tonga) n'ont pas d'autre origine. A peine est-il nécessaire de dire comment cette propagation s'opère. Quelques mots y suffiront. La noix de coco (fig. 7) flotte, grâce à son enveloppe épaisse, légère, imperméable. Ni l'eau de mer, ni l'eau douce n'altèrent cette enveloppe. La noix va où les courants l'entraînent, à l'estuaire voisin, au récif, à la côte éloignée, parfois à des centaines, à des milliers de lieues peut-être. Elle échoue au hasard; si le sol est propice, elle germe, et comme en ce lieu l'immigration continue, la colonie, la station, comme disent les savants, se crée ou s'accroît sans cesse. Nous savons qu'il n'y a qu'un petit nombre d'espèces douées de ces conditions de cosmopolitisme, et qui puissent supporter, sans altération, un long contact avec l'eau salée. De plus il leur faut un sol propice. Les fruits du *Lodoicea Sechellarum* (Cocotier des Séchelles), portés par les courants jusqu'aux côtes de l'Afrique et de l'Inde, n'y germent point.

On admire à la Trinidad (Antilles anglaises) une des plus belles stations de cocotiers qui soient au monde. Elle couvre sur quatre milles d'étendue le rivage mi-circulaire de la baie. Vingt-sept mille cocotiers, qui produisent par an près d'un million de noix de coco, la composent. La mer la baigne d'un côté; derrière est un vaste marais. On en a discuté l'origine. Les uns l'ont déclarée aborigène; d'autres veulent qu'un navire portugais chargé de cocos ait fait naufrage dans la baie et que les noix se soient répandues sur la côte. L'opinion la plus vraisemblable et probablement la vraie est celle qui attribue cette origine aux courants maritimes. La Trinidad est précisément placée devant l'embouchure de l'Orénoque. C'est une colonie dans une colonie. La découverte de cette curieuse station végétale ne remonte qu'à cent cinquante ans. C'est le même courant qui, sans l'intervention d'aucun navire portugais, a doté la Jamaïque du *Manicaria saccifera*.

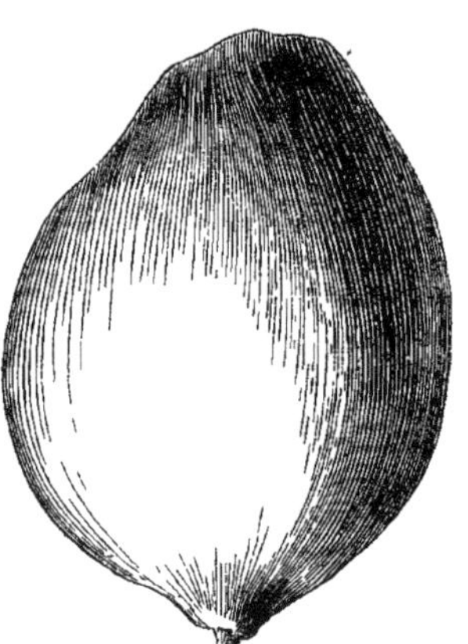

Fig 7. — Noix de Coco couverte de son brou ou Coire.

Groupement des Palmiers selon l'Altitude. — Martius répartit selon l'altitude les palmiers en quatre groupes, dont il énumère les principaux types. Le premier groupe est le palmier maritime, qui croît sur les récifs, le long des fleuves et des côtes, dans les terres constamment chaudes et humides, et ne s'élève guère que par exception au dessus de 100 mètres d'altitude *.

Le second, le plus nombreux, est celui de la zone tropicale proprement dite. Les palmiers qui le composent pourraient être appelés « sylvestres », car ils sont essentiellement forestiers. Le troisième groupe, moins riche de végétation, est celui de la région tempérée. Il n'a pas l'exubérance des premiers : il est ramassé, compacte. Le dernier groupe, celui de la région froide, est le moins considérable. Quelques palmiers de ce groupe atteignent une altitude de 3000 pieds; nous en avons cité qui dépassent de plus de moitié cette limite **.

Mais, en général, et comme le fait observer M. Grisebach, le palmier, même sous les tropiques, n'aspire pas aux hautes cimes. Sa grandeur propre lui suffit et « l'attache au rivage », ou du moins aux plaines et aux simples collines.

Sociabilité et Ténacité de certaines Espèces. — Si généralement les espèces se confondent peu et ne cohabitent guère, elles forment parfois des groupes considérables et quelquefois aussi des bois d'une vaste étendue. Elles sont donc éminemment sociales et, si elles tiennent à distance les congénères, elles fraient volontiers avec les autres essences végétales et forestières. Dans les oasis, elles protégent les espèces botaniques de faible hauteur et l'humble culture maraîchère. C'est le rôle des grands de protéger les petits. Le soleil d'Afrique est impitoyable; mais, grâce au palmier qui brave ses rayons, la culture dans l'oasis est variée et féconde. Rien de beau, dans le paysage, comme ces

* Signalons parmi les exceptions, le *Raphia tædigera*, le *Manicaria saccifera*, le *Licuala paludosa*, l'*Elæis guineensis*, l'*Euterpe oleracea*, le *Calamus horridus*, l'*Areca Nibung*, le *Phœnix paludosa* et le *Mauritia flexuosa*, qu'il n'est pas rare de rencontrer au-dessus de la première zone

** Quelques Euterpes (*andicola, Hænkeana, longevaginata*), un *Cocos pytirophylla*, le célèbre *Ceroxylon andicola*, le *Kunthia montana*, l'*Oreodoxa frigida* des Andes de Quindiu, le *Brahea dulcis*, le *Copernicia Pumos*. Ce sont là les palmiers du Nouveau-Monde (région froide) qui atteignent la plus grande altitude Dans l'ancien continent, on trouve à près de 4700 pieds le *Chamærops* (*Trachycarpus*) *Martiana* du Népaul; le *Chamærops* (*Trachycarpus*) *Khasyana* atteint 4000 pieds. Beke seul dit avoir rencontré le *Phœnix dactylifera*, le palmier dattier, à la même altitude que le *Chamærops Martiana* palmiers mêlés aux arbres des forêts et les couronnant, gracieux et flexibles, de leurs splendides panaches et de leurs flèches aériennes.

Une espèce sociale, mais exclusive, c'est le palmier acaule. Envahisseur et conquérant de sa nature, il s'empare en maître du sol où il n'y a plus de place que pour lui. Ses racines y forment un fouillis si inextricable, si tenace, que toute autre végétation en est exclue *. Comme tous les conquérants, il trouve tout à sa convenance. Il a cela de commun avec les Gascons. « Semez des Gascons, disait Henri IV, ils poussent partout. » Qu'eût dit Henri IV des Anglais et des Américains?

Les palmiers acaules croissent dans les plaines arides du Nouveau-Monde, comme sur les versants méditerranéens de l'Atlas et dans les marais des côtes de l'Inde, de la Floride et de l'Afrique équatoriale. Le caractère exclusif de leur sociabilité ressemble fort au socialisme **.

Les palmiers arundinacés présentent rarement ce caractère. C'est un spectacle imposant que celui des immenses forêts formées par les espèces à tronc élancé, comme les dattiers par exemple. On en rencontre parfois de pittoresques bosquets au Maroc (fig. 8). Au temps où les palmiers de cet ordre abondaient dans les plaines aujourd'hui désertes qui s'étendent entre Babylone et le Liban, ils ont pu donner l'idée des prodigieuses colonnades de Palmyre; le nom même de cette ville en évoque encore le souvenir. Mais nulle part ces forêts de palmiers ne sont plus belles que dans les régions de l'Amazone ***. En Afrique, l'*Elæis guineensis* forme d'épais et vastes taillis.

* Tel est le *Sabal serrulata* de Blythe Island (près de la Géorgie), et en Algérie le *Chamærops humilis*, qui oppose aux travaux de défrichement des colons algériens une résistance opiniâtre et désespérante. A l'état sauvage, c'est l'envahisseur par excellence.

** Indiquons parmi ces espèces, les *Geonoma acaulis* et *macrostachya*, le *Thrinax argentea*, le *Chamærops humilis* et *Rapidophyllum hystrix*, les *Sabal serrulata*, *Adansoni* et *mexicana*; les *Licuala paludosa*, les *Phœnix paludosa* ou *sylvestris*

*** On trouve dans ces forêts l'*Iriartea phæocarpa*, l'*Euterpe*, le *Syagrus botryophora*; les *Attalea spinosa*, *excelsa*, *compta*, *phalerata*; les *Mauritia flexuosa* et *vinifera*; l'*Orbignia phalerata*; le *Copernicia cerifera*; le *Cocos Yatai*, etc.

Fig. 8. — Bosquets de Dattiers au Maroc.

L'Asie maritime et continentale a les impénétrables fourrés du *Corypha Gebanga* et de l'*Areca Nibung* (embouchure des fleuves).

Accordons une mention honorable aux palmiers qui se plaisent particulièrement avec d'autres végétaux et même avec des membres de leur famille, ce qui, nous l'avons vu, n'est pas commun dans cette race altière. Les *Guilielma speciosa* et *insignis* voisinent sans déroger avec de modestes bambous et surtout là où ceux-ci sont nombreux : les *Mauritias* de l'Orénoque ne dédaignent pas la compagnie des sensitives herbacées et des Kyllingias; le *Sabal Adansoni* fait bon ménage au Delta du Mississipi avec une plante des régions froides; le *Kalmia hirsuta* et le *Mauritia flexuosa* du Brésil y forment des massifs verdoyants avec les *Attalea*. Il y a même des palmiers qui, attirés l'un vers l'autre par une sorte de sympathie et, on l'a dit, par un invisible aimant, semblent se rechercher. Dans les îles, couvertes d'une végétation splendide, que l'Amazone a créées dans son cours, et dans le fouillis où se confondent le *Salix Humboldtiana*, l'*Hermesia castaneæfolia*, l'*Hippocratea*, les Myrtes, les Figuiers et les Erythrina, ainsi que des Dioscorées, des Smilacées et d'autres plantes toujours vertes, se montrent réunis l'*Astrocaryum acaule* et l'*Œnocarpus Bataua*, qui semblent les Nisus et Euryale des palmiers.

CHAPITRE II.

VOYAGE DANS LA RÉGION DES PALMIERS

SOMMAIRE : Le tour de la Méditerranée. — La Provence — Hyères. — San Remo. — Bordighera. — Nice : le palmier de la préfecture. — Monaco : ses spécialités palmiques et autres. — L'Espagne. — Les palmiers d'Elche, de Grenade et des Canaries. — L'Afrique. — L'Algérie : le désert. — Les trois régions du Sahara. — Oasis. — L'Égypte — Intérieur de l'Afrique et Côtes occidentales et orientales.

Le Tour de la Méditerranée. — Si nous entreprenons ensemble un voyage en latitude et en longitude dans la région des palmiers, l'Europe ne sera guère pour nous qu'un point de départ. C'est la partie du monde où l'on rencontre le moins de palmiers. Il y en a quelques-uns autour du bassin de la Méditerranée, dans ce que l'on nomme la rivière de Gènes, c'est-à-dire le long de la Corniche, et en Italie vers Brindisi. Ce sont là ses dernières stations européennes. En Provence, il en existe à Hyères et entre Toulon et Nice. Le *Chamœrops humilis* est le seul palmier qui croisse naturellement dans ces parages; le *Phœnix dactylifera* y a été introduit et y est cultivé à l'abri des dernières ramifications des Alpes et de l'Apennin. Moins bien abrité sur les côtes du golfe de Lyon, il s'y étiole et disparaît entre Port-Vendres et Marseille. Les palmiers de San Remo et de Bordighera sont célèbres, surtout depuis que Ruffini en a parlé dans son délicieux roman, *le docteur Antonio*. Sur ceux de Bordighera il y a une histoire, une légende peut-être, que nous rapporterons dans notre chapitre sur l'histoire du palmier.

Nice. — Nice est un lieu de villégiature hivernale. Les palmiers du quai Masséna, de la promenade des Anglais, attestant une température moyenne de 17°, sont pour les malades le plus séduisant des programmes. Le Palmetto (c'est le nom populaire du *Chamærops humilis*) croît dans les endroits secs, avec le dattier, dont la rusticité égale celle de l'oranger. Dans les hivers où grelotte et gèle l'oranger, le *Phœnix dactylifera* meurt.

Le fruit des palmiers de Nice ne mûrit guère; néanmoins il y a une exception dont les Niçois sont fiers : ils contemplent avec respect les fruits mûrs du « Dattier de la Préfecture ». Ils admirent son tronc épais au sommet duquel s'épanouit brusquement sa tête élégante, ses feuilles longues et pennées, d'une courbe si gracieuse, ses folioles étroites et en forme de chéneaux de gouttière, ses longs régimes de dattes jaunes entourées d'une spathe presque ligneuse et son aspect original, étrange, au milieu des arbres indigènes.

Monaco. — Le Cap Néro a des plantations de dattiers relativement considérables, et Monaco, qui fait concurrence à Nice et qui marque son indépendance politique par l'existence d'une maison de jeu, seule institution notable que protége cette indépendance, croirait manquer à ses devoirs de station hivernale si, comme Nice, il n'avait pas de palmiers. C'est la réclame locale. Les palmiers de Monte Carlo (Monaco) émergent, soigneusement entretenus, de parterres d'Agaves, d'Opuntias, de Cactus, d'Euphorbes et de brillants Mesembrianthemums. A Nice, au quai Masséna, l'*Eucalyptus*, si répandu depuis qu'on connaît les qualités fébrifuges de cet arbre, alterne le long du Paillon, rivière qui meurt de soif l'été comme le Manzanarès, avec les *Phœnix dactylifera*.

Hyères. — Hyères semble une heureuse oasis du Sahara se réfugiant à l'ombre des palmiers, avec cette différence tout en faveur de Hyères, qu'au lieu de déserts de sable, l'encadrement y est formé de collines verdoyantes. On y voit cultivés à l'air libre et en pleine terre avec le dattier les *Livistona sinensis* et *australis*, le *Sabal umbraculifera* et le *Diplothemium campestre*.

L'Espagne; les Palmiers d'Elche, de Grenade et des Canaries.—L'Espagne est plus favorisée : on voit qu'elle confine à l'Afrique. Déjà s'y montrent à la fois les produits végétaux des régions tempérées et des régions tropicales. Le palmier y semble en certains lieux être chez lui : à Elche par exemple. Ce pays a été si richement doté par la nature que l'homme a dû s'y donner beaucoup de mal pour le stériliser en partie. Mais que ne fait-on pas avec les guerres de races, de religion, les compétitions dynastiques, les pronunciamientos et tout ce qui distingue l'homme de la bête ! La variété de la flore péninsulaire se remarque particulièrement sur le littoral, où le palmier croît à côté du froment, du maïs, de l'olivier, de la vigne, de l'oranger, du cotonnier, de la canne à sucre, de la patate douce, du nopal, de l'agave. On trouve en petit, sur le sol espagnol, l'image de l'Afrique et parfois du Sahara. Le *Chamærops humilis* y vient naturellement et s'y développe sans culture dans les plaines arides, dans les rochers et les montagnes du sud et de l'est. A Grenade, on le trouve à une hauteur de 2000 pieds au-dessus de la mer.

L'Espagne a un lieu célèbre par une forêt de palmiers, nous l'avons nommé : c'est Elche. Rien en Europe n'en peut donner l'idée : les palmiers de Bordighera ne forment en comparaison qu'un modeste bosquet. Imaginez la réunion en un même lieu de plus de 78,000 palmiers d'une puissante venue, merveilleusement cultivés, et jugez de la beauté de cette oasis. L'économiste ne l'admire pas moins que l'agriculteur et le poète, car elle est le triomphe de la patience, de l'art et du travail, et elle fait la richesse d'Elche. C'est au moyen d'une irrigation savante, créée sans doute par ces Arabes auxquels on doit la superbe Huerta de Valence, qu'a été lentement formée la forêt de palmiers d'Elche. Le palmier, on le sait, n'est pas moins avide d'eau que de chaleur; or le pays d'Elche et d'Alicante n'a, par an, qu'une moyenne hygrométrique de 22 centimètres, tandis qu'à Bordighera et San Remo la quantité de pluie inscrite au pluviomètre est de 80 centimètres *.

* On plante les palmiers dattiers à Elche en lignes parallèles à deux mètres l'une de l'autre, dans le sens des canaux d'irrigation qui forment des fossés de vingt mètres de long sur trois de large et vingt centimètres de profondeur. Le

C'est à Grenade que le palmier d'Europe rencontre son extrême limite d'altitude. Le *Chamærops humilis* y croît à 650 mètres au-dessus de la mer (observation de M. Willkomm), le dattier n'y dépasse pas l'altitude de 545 mètres (Philippi). Ces deux palmiers ne se trouvent pas à l'état sauvage en Italie ; ils n'y sont guère qu'une curiosité horticole. Après Terracine (41°), le palmier est moins rare ; à l'est de l'Apennin, on le trouve à Foggia, dans la Capitanate; en traversant l'Adriatique, en Dalmatie, puis, franchissant la Grèce, où on ne le voit point, on le retrouve à Durazzo en Roumélie et dans les îles méridionales de l'Archipel.

Le *Phœnix dactylifera* (dattier) paraît avoir été cultivé de temps immémorial dans les Iles Canaries. Nous le signalons ici, parce que la flore des Canaries a beaucoup d'analogie avec celle du bassin de la Méditerranée. Les Phéniciens et les Carthaginois ont pu l'y introduire : un tel arbre ne pouvait manquer aux richesses des îles Fortunées.

L'Afrique. — En Afrique nous rencontrons le palmier dans son domaine naturel. Le nord du continent africain a, sur les versants méditerranéens de l'Atlas et dans les plaines du Maroc, de l'Algérie et des régences barbaresques, trois Monocotylées arborescentes : l'Agave, le Dattier et le Chamærops, ce désespoir du cultivateur. Par la déplorable facilité avec laquelle il se multiplie par rejets, le Chamærops s'étend et s'empare du sol, dont on ne peut l'extirper que de haute lutte, tant ses drageons y forment un inextricable réseau. Ce n'est plus là l'humble Chamærops d'Europe : dans ce sol bien à lui, sous ce ciel favorable, il se développe et devient un bel arbre. Il a surtout envahi les côtes de Cherchell (*Julia Cæsarea*) à Alger, les lieux qu'occupaient, aux temps de la domination romaine — et lorsque

sol ombragé par les palmiers est cultivé. On y met de la luzerne, du coton et d'autres végétaux. L'habitude a familiarisé les gens d'Elche avec les pratiques dangereuses de la culture des palmiers. Rien de curieux comme de les voir monter, à l'aide des moyens les plus primitifs, jusqu'au sommet du dattier pour y visiter le fruit, consolider les grappes et protéger par des liens le feuillage contre l'action des vents.

l'Afrique était, comme la Sicile, le grenier de Rome — de superbes et d'opulentes cités. C'est ainsi que dans le Yucatan, et dans quelques îles de l'Archipel indien, ses congénères dérobent aux yeux du voyageur les ruines immenses laissées par des civilisations éteintes.

On connaît en Algérie, dans les cimetières musulmans et dans quelques forêts, des Chamærops centenaires. Leur stipe, épais de 25 à 30 centimètres, a la moitié de la hauteur des beaux dattiers, dont l'ombre couvre les cultures variées des oasis.

L'Algérie. — La culture du dattier est aujourd'hui l'une des sources de la richesse de la colonie algérienne. Dans l'oasis de Derdj, bien arrosée et très-fertile, on compte 30,000 dattiers (Rohlfs). A Biskra, chef-lieu d'une des plus belles oasis de la province de Constantine, il y en a 140,000. Aussi la nomme-t-on *Biskra-el-Nokkel*, la Biskra aux palmiers. C'est l'ancienne capitale des Ziban. Son importance s'est accrue sous le régime français, qui encourage beaucoup la culture du dattier. Elle occupait en 1854 à Biskra 25,000 hectares ; elle a dû se développer considérablement depuis lors. On sait que le sud de l'Algérie, enrichi par les ingénieurs français de nombreux puits artésiens qui donnent une eau abondante, compte un grand nombre de nouvelles oasis, où l'on a planté des dattiers et d'autres espèces de palmiers. Les dattes de Biskra sont renommées.

La température de l'Algérie est singulière. Le thermomètre s'y élève à + 42° c. en juillet, août et septembre : il varie parfois en janvier et février de 18° pendant le jour à 0° pendant la nuit. Il gèle souvent sous l'influence du rayonnement nocturne et il n'est pas rare de voir, sur les ruisseaux dont les eaux sont stagnantes, des couches de glace de plusieurs millimètres d'épaisseur. Malgré ces variations extraordinaires, la plupart des essais d'acclimatation ont réussi. Le *Livistona sinensis*, introduit il y a vingt ans au Jardin d'acclimatation d'Alger, y rivalise d'effet ornemental avec le dattier. C'est au Jardin botanique d'Alger qu'on admire une avenue de palmiers qui passe pour unique dans ces régions. Créée depuis quelques années à peine, longue de 500 mètres, large de 10, elle se compose de *Phœnix dactylifera* qui alternent élégamment avec des *Livistona* et des *Dracœna Draco*, autour desquels serpentent des *Convolvulus* et des *Ipomœa* à grandes fleurs bleues, décor charmant qui a pour fond l'azur du ciel et de la Méditerranée (fig. 9).

Les trois Régions du Sahara; Oasis; l'Égypte. — Il faut, en pénétrant dans le désert, renoncer à ces splendeurs végétales qu'on ne retrouvera plus que dans les grandes oasis, dans celle de Gafra par exemple, au Sahara tunisien. Les Romains l'ont connue. Salluste en parle : « Il y avait au milieu de vastes solitudes, dit-il, une grande et importante cité, nommée Capsa, dont on attribuait la fondation à Hercule le Lybien. » Les Romains détruisirent la ville sans y trouver peut-être le trésor de Jugurtha qu'ils cherchaient, mais l'oasis demeure et elle est splendide. Roudel et Tirant la comparent à une immense serre chaude abritée de palmes ondoyantes qui se balancent à cent pieds de haut et protégent les cultures les plus diverses.

Mais de toutes les oasis, la plus anciennement connue, la plus vaste, la plus célèbre, la plus fertile, c'est l'Egypte. Les palmiers ont disparu ou à peu près des pays à l'orient de la terre des Pharaons, de la Syrie, de la Babylonie, de l'Arabie; on en rencontre à peine quelques bouquets dans les anfractuosités du Sinaï et les vallées de la mer Morte. On les retrouve dans l'immense oasis de près de deux cents lieues de long qu'arrose le Nil. Elle n'a que quelques lieues de large, quatre ou cinq au plus, mais que de richesses accumulées sur ce sol que fécondent chaque année de bienfaisantes inondations! Ces inondations étaient jadis irrégulières; c'est pour les régulariser et les étendre que le khédive Mehemed-Ali créa le célèbre barrage du Nil. Il retient les eaux au Delta. Celles-ci s'élèvent alors et inondent la vallée sur une plus grande étendue. On a cité comme une singularité la convexité des rives du Nil; mais rien de plus naturel. En effet, le fleuve entraîne dans son cours une quantité énorme de limon, dont le dépôt séculaire élève le fond du fleuve, exhausse ses rives et forme des levées semblables à celles du Mississipi. Ces levées sont

Fig. 9. — Avenue de Palmiers au Jardin botanique d'Alger.

Fig. 10. — La *Sakieh*, procédé d'Arrosage dans la Haute Égypte.

tantôt naturelles, tantôt artificielles. Peu à peu le Nil a donc dominé la vallée et, quand il y déverse ses eaux et le limon qu'elles tiennent en suspension, l'inondation se forme et dure d'autant plus longtemps que le débit de ces eaux est maintenant réglé par les écluses du barrage. Grâce aux inondations du Nil, le palmier compte en Égypte autant de variétés que dans le reste de l'Afrique, où celles qu'on connaît aujourd'hui, sont à la vérité fort peu nombreuses. Mais il est vrai aussi que le centre de l'Afrique, dans la région des montagnes et des lacs, n'a encore été exploré que par un petit nombre de voyageurs plus occupés de la recherche des sources du Nil que de l'étude des palmiers.

L'Égypte doit beaucoup à Mehemed-Ali. Il y a multiplié les palmiers, et propagé le mûrier, le sycomore, l'oranger, le jujubier, le bananier et le gommier. La culture du cotonnier y a pris sous son règne un grand développement, ainsi que celle du chanvre, du lin, de la canne à sucre, de l'indigotier et des céréales, qui y donnent, dit-on, jusqu'à quatre récoltes par an.

On cultive aussi dans les oasis d'Afrique les arbres à fruit d'Europe et, parmi les plantes potagères, la carotte, la fève, le piment, la courge, le navet, l'oignon (les oignons d'Égypte !), le chou, etc., toujours à l'ombre du palmier-dattier que les habitants — ceux de la Haute-Égypte notamment — soignent de la manière la plus minutieuse. Ils ont inventé — il est vrai que l'invention est fort peu compliquée — un engin hydraulique destiné à arroser les plantations de palmiers : c'est la *sakieh* (fig. 10). Une longue perche est attachée transversalement à un tronc de palmier brisé, de façon à pouvoir facilement faire un jeu de bascule. A l'extrémité de la perche, du côté de la terre, une grosse pierre est liée avec des cordes, et à l'extrémité opposée un seau est suspendu au moyen d'une liane. On le voit, rien de plus primitif que cette installation ; mais, toute simple qu'elle est, cette construction n'en témoigne pas moins des rares connaissances agricoles de ces peuples et des soins qu'ils apportent à la culture du dattier.

Sur les confins du désert égyptien croissent l'*Hyphæne thebaica* (palmier Doum), l'*Hyphæne Argun* et le *Borassus Æthiopum*. C'est le dattier qui, aux ruines des temples de Philée, donne au paysage, qu'embellissent ces ruines imposantes et magnifiques, tant de grâce et de poésie. Dans cette île (*Djéziret-el-Birbé* des Arabes), où les anciens avaient placé le tombeau d'Osiris, en face de la puissante architecture de l'ancienne Égypte, entre ces temples sans toit ni plate-forme, aux colonnes massives dont les chapiteaux surmontés d'une quadruple tête d'Isis supportent une architrave et une corniche gigantesques, les palmiers au tronc élancé, aux palmes verdoyantes et ondoyantes, viennent rappeler la vie universelle et opposer à la destruction et à la dégradation des œuvres de l'homme, la beauté et l'éternelle jeunesse de la nature (fig. 11).

Quand, des versants méridionaux de l'Atlas, on descend au Sahara par Batna, on franchit un col élevé seulement de cent mètres au-dessus de la région des plateaux. Ce col est la crête de partage des eaux, qui, d'un côté, vont à la Méditerranée, et de l'autre, se perdent dans les sables. Près de là est Lambessa, avec les restes d'un camp romain et sa montagne, le Pic des cèdres, dernière sentinelle de la végétation du Nord au seuil du désert. On continue dans la direction du sud et on arrive au *Djeb-el-Gaous*, mur rocheux qui a une fente comme la brèche de Roland. C'est la *Bouche du désert*. Là finit la troisième, la plus élevée des régions du Sahara, le désert des plateaux, tout couvert d'une couche de gypse uni comme un immense dallage; on entre ensuite dans la région intermédiaire, le désert d'érosion, que signale la belle oasis d'El-Kantara, qui est encore à une altitude de 517 mètres au-dessus de la mer. Sur son étendue de 5 kilomètres, elle compte 76,000 palmiers. En raison de son altitude, les dattes n'y arrivent que bien juste à maturité. C'est surtout dans la région sèche, celle où il ne pleut jamais ou presque jamais, que les dattes acquièrent toutes leurs qualités savoureuses. Entre les dattiers, on cultive avec succès, à El-Kantara, le figuier, l'abricotier, le grenadier et quelques légumineuses dont se nourrissent les Berbères qui l'habitent.

Fig. 11. — Temple de Philée en Égypte.

Le désert d'érosion est le seuil du Sahara, mais ce n'est pas encore le Sahara et ce n'est pas absolument le désert. Il n'est pas inhabité ni tout à fait stérile. On y trouve quelques cultures et des villages. L'aspect général en est saisissant. C'est une étrange confusion, un bouleversement extraordinaire; tout y révèle le passage d'immenses masses d'eau aux temps diluviens.

Fig. 12. — Oasis de Palmiers dans le Désert d'Érosion.

Le sol est profondément ravagé, raviné, couvert de rochers, accidenté au possible. Les crêtes y succèdent aux précipices, les vallées aux collines, et le pays est traversé, sillonné, creusé par les torrents impétueux qui y tombent en hiver des monts Aurès et Ziban. On y voit des lacs, dont quelques-uns persistent en été, des marais dangereux; tout ce qui ne garde pas quelque humidité est fendillé et présente l'aspect de la désolation (fig. 12).

C'est dans ce désert, auquel M. Martins* a donné le nom qualificatif: *désert d'érosion*, que se trouve l'oasis d'Ouargla.

L'oasis d'Ouargla, considérée comme le type des oasis du désert d'érosion, n'est guère plus étendue qu'El-Kantara, mais ses palmiers sont remarquables par leurs proportions, la beauté de leur port et la bonté de leurs fruits. Plantés régulièrement (1000 à 1100 par hectare), ils appartiennent à trois tribus arabes différentes, et qui, dit M. Martins, ne vivent pas toujours en bonne intelligence. Garantie, comme tous les *q'sour*, par un mur de quelques mètres flanqué de tours, le tout en terre séchée au soleil, parfois en briques, fortification sommaire, faite tout au plus pour arrêter, et pas toujours, les incursions des Arabes nomades, Ouargla ne l'est pas contre les dissensions intestines : l'oasis est le monde en raccourci. A ce sujet nous demandons la permission de rectifier l'idée générale qu'on se fait des oasis. Les poètes les considèrent comme une sorte de paradis terrestre; or voici le tableau qu'en trace *de visu* un auteur compétent : il s'applique à Ouargla et peut, comme on le voit, s'appliquer à la plupart des autres oasis. L'auteur décrit l'entrée d'Ouargla, où l'on arrive par deux percées (nord-sud) dans la forêt de palmiers, en dehors de laquelle sont des palmiers isolés moins féconds que ceux de ces forêts, mais plus estimés pour le fruit; il parle des camps retranchés où les Arabes pasteurs se mettent à l'abri avec leurs troupeaux près de l'enceinte en cas de péril, et il poursuit ainsi : « L'aspect du *q'sour* d'Ouargla est celui de tous les *q'sour* du Sahara : des rues étroites et sales, souvent obstruées par des décombres et des tas d'immondices, des maisons basses, percées de fenêtres ou plutôt de trous, la plupart du temps sans aucune fermeture, et de portes encadrées de plâtre blanc, entourées de morceaux de faïence; une population misérable, sordide et d'un aspect repoussant...

« Il est bon d'ajouter que les eaux minérales, souvent même

* M. Martins, auteur d'un admirable ouvrage sur le Sahara, ne doit pas être confondu avec Ch. von Martius, à qui l'on doit le superbe ouvrage sur les Palmiers.

thermales qui arrosent ou plutôt inondent les jardins de palmiers, forment autour des *q'sour* des marécages d'où s'exhalent des émanations délétères, et que les malheureux habitants sont constamment décimés par les fièvres, aveuglés par les ophtalmies et dévorés par les insectes. » — On connaît les gracieuses fictions des poètes; voilà la réalité.

Les anciens habitants du Sahara ont, de tout temps, connu les puits artésiens, et peut-être savaient-ils les entretenir; mais cet art s'était perdu, entraînant la ruine de beaucoup d'oasis. Ainsi que le lecteur peut aisément le voir grâce à la coupe théorique donnée par M. Desor du sol d'une plantation de palmiers du Sahara (fig. 13), la constitution géologique du désert a fait reconnaître l'existence d'une nappe d'eau souterraine suivant les ondulations du sol et formant une série de bassins étagés qui se déversent les uns dans les autres du nord au sud. Cette nappe d'eau est à une profondeur qui peut varier entre 40 et 100 mètres. Jadis il fallait aux Arabes de longues années pour creuser un puits de 50 à 60 mètres. L'art des ingénieurs modernes a sauvé les cultures du désert, et les travaux persévérants des Moïse des Ponts et chaussées de France, faisant jaillir partout sous leur sonde des sources abondantes, aura, dans moins d'un siècle, créé des stations de palmiers jusqu'au centre de l'Afrique.

L'oasis du grand désert, la première région désertique, le vrai Sahara, mer immobile et sans bornes, dont les vagues ne se soulèvent que lorsqu'un vent de feu et de mort souffle en ouragan et menace les caravanes, enveloppées parfois dans des trombes de sable tournant sur elles-mêmes, en spirale, d'un mouvement vertigineux, — l'oasis du désert, disons-nous, offre un coup d'œil bien différent de celle que nous venons de décrire. Elle ne peut être irriguée; aussi s'enfonce et se dérobe-t-elle dans le sol pour aller, à une profondeur qui souvent dépasse 10 mètres, chercher l'humidité nécessaire aux racines du dattier. La couronne de l'arbre s'élève seule au-dessus du sol, formant un dôme de verdure dont à première vue on ne se rend pas bien compte en un pareil lieu. Ici tout est artificiel, toute l'oasis est creusée de main d'homme, et un ouragan de sable peut en un instant l'anéantir. La feuille du palmier y sert de blindage aux talus. Son bois fournit le cuvelage des puits de vingt à trente pieds creusés au centre des cultures. Quelques palmiers isolés çà et là dans la plaine, venus de graines que le vent du désert a jetées dans un pli de terrain plus ou moins humide, révèlent de loin au voyageur l'existence de l'oasis (fig. 14). Est-ce l'effet du travail, du danger commun, d'une solidarité impérieuse? On ne sait;

Fig 13. — Coupe géologique et théorique du Désert d'après M. Desor.

toujours est-il que la population de cette pauvre oasis est dans une condition morale et physique bien meilleure que celle des habitants des oasis supérieures. Dotées les premières du bienfait des puits artésiens forés par le génie français, les oasis de la troisième région forment les premières étapes de la grande route de Tombouctou par le désert de sable. En 1856, un premier puits fut creusé dans le Sahara oriental, grâce à l'initiative du général Desvaux : les Arabes l'appelèrent la *Fontaine de la paix*. Depuis cette époque, de nombreux puits furent forés par les ingénieurs militaires de la France. Souvent, lorsqu'un puits nouveau est ouvert dans une région déserte, on voit une tribu de nomades s'y fixer, et les Arabes, le cheik en tête, construisent un village et plantent des palmiers.

Intérieur de l'Afrique et Côtes occidentales et orien-

Fig. 14. — Oasis et groupe de Dattiers dans le Désert Algérien, d'après un croquis de M. Achille Cibot.

tales. — Comme l'Égypte et le désert, l'intérieur de l'Afrique et les côtes orientales et occidentales n'ont qu'une flore palmique peu variee. On trouve au Soudan l'*Elæis guineensis,* le *Borassus Æthiopum* et l'*Hyphæne thebaica,* qui semble suivre le Nil dans son cours, et qui suit de même sans doute les fleuves immenses, au cours encore mal défini, qui déversent leurs eaux à l'Occident. On le voit à Tombouctou et tout autour de ce grand lac Tschad, dont les limites mobiles et insaisissables trompent le voyageur et le géographe, embarrassés d'en préciser les changeants contours. Tantôt les parties submergées deviennent marécage et tantôt forêt. Près du lac, dans le Soudan et jusqu'à la côte occidentale s'élèvent le gigantesque baobab, diverses espèces de figuiers et d'acacias, et de magnifiques palmiers flabelliformes. Le *Borassus* semble le plus répandu de tous dans l'ouest, le centre et l'est du continent africain, depuis le Niger et le Nil supérieurs jusqu'au golfe de Guinée et au Zambèze (15° lat. Nord à 18° lat. Sud). Un palmier semblable au *Trachycarpus excelsus* a été vu de Bagamogo au lac Tanganyka. Du reste, la région équatoriale africaine, dont on ne connaît encore bien que les côtes où fleurit et règne l'*Elæis guineensis*, réserve sans doute à l'étude des palmiers bien des espèces sinon inconnues, du moins non encore signalées jusqu'ici en Afrique. On ne s'attend pas à y trouver les nombreuses espèces des rives de l'Amazone; mais la constitution du pays, si différente de ce qu'on la croyait être, puisqu'on a découvert de grands lacs et des pays peuplés et fertiles là où l'on ne soupçonnait que la morne solitude du désert, font espérer une variété semblable à celle du continent Indien. Comme dans l'Inde, les espèces arborescentes sont moins répandues en Afrique que les Calamées à port de lianes. Et ce qui différencie les régions palmiques de l'Afrique de celles de l'Amérique du Sud, c'est que les trois principales espèces de palmiers africains que nous avons indiquées, vivent à l'état social, tandis qu'en Amérique, la forêt de palmiers proprement dite, c'est-à-dire un ensemble rigoureusement limité de palmiers, à l'exclusion d'arbres dicotylédonés, est fort rare.

L'*Elæis guineensis*, dont nous venons de parler, étend son vaste domaine jusqu'au lac Tanganyka. Le docteur Barkie l'a trouvé très-abondant dans l'Ybo, à Bénin, Gambo, et dans les contrées situées autour d'Adamova. Il est superbe au Dahomey; il fait l'élément principal du commerce d'échange et la richesse de la côte de Guinée, et ce sont de véritables forêts qu'il forme au cap Palmas ou cap des Palmiers. Enfin, son domaine s'étend de 15° lat. Nord et 15° lat. Sud, de la Sénégambie, où il abonde (fig. 15), jusqu'au cap Négro. Cette partie équatoriale de l'Afrique, arrosée par des fleuves immenses, le Sénégal, le Niger, le Zaïre, pénétrée d'humidité et sous un ciel de feu, est le paradis des palmiers, comme l'Amazone, et c'est ce qui fait croire à l'existence de nombreuses espèces non décrites encore. Ajoutons à celles qui sont bien connues, le *Calamus secundiflorus*. très-abondant sur les côtes de la Sénégambie, le *Phœnix spinosa*, le *Raphia vinifera*, le *Borassus secundiflorus* et l'*Hyphœne thebaica;* ces deux derniers croissent en Guinée comme l'*Elæis*. mais leurs produits sont moins recherchés. Le docteur Kirk trouve une parfaite analogie entre le *Borassus Æthiopum* et le *Borassus flabelliformis* de l'Inde. On pense que le *Cocos nucifera* a été introduit en Guinée par les Portugais.

Nous énumérerons rapidement les diverses espèces de palmiers qui croissent sur les côtes occidentales et orientales de l'Afrique, du golfe de Guinée à l'embouchure de la mer Rouge. MM. Wendland et Mann en décrivent un grand nombre que Martius n'a pas connues. Plusieurs de celles-ci figureront dans notre énumération, qui doit être réduite, on le conçoit. aux espèces principales. Le *Phœnix spinosa* croît le long des côtes de la Guinée et sur les bancs du fleuve Nun. Le *Podococcus Bartleri*, palmier appartenant aux Arécinées et formant, d'après Wendland, un genre très-voisin des *Dypsis*, des *Hyospathe* et des Synéchantées, a été recueilli par MM. Bartler et Mann dans les marécages des fleuves Nun, Brass et Gaboon; le *Sclerosperma Mannii*, qui se rapproche des *Orania* et dont le fruit est aussi dur que celui du *Phytelephas*, s'élève sur les mêmes côtes; le *Calamus deerratus* orne les rives des fleuves Bagroo et Cameron; le *Calamus* (*Laccosperma*) *lævis* croît près du Gaboon; le *Calamus opacus* s'étend à l'île Fernando-Po, où il a été découvert, du rivage jusqu'à une altitude de 1000 pieds au-dessus de la mer; le *Calamus* (*Eremospatha*) *Hookeri*, qui rappelle beaucoup, ainsi que ses congénères, les *Calamus cuspidatus*, *macrocarpus* et *verus*, se remarque à l'embouchure du Nun.

Le *Calamus* (*Oncocalamus*) *Mannii* atteint à la Sierra del

Fig. 15. — Village dans la Sénégambie.

Crystal le point le plus élevé (1500 pieds) de la végétation des palmiers sur ces côtes. Les *Raphia*, précieux palmiers vinifères, y sont très-abondants, mais, semblables en ceci aux autres palmiers, ils ne dépassent pas la ligne isothermique de 23°. L'espèce type, le *Raphia vinifera*, au tronc peu élevé, féconde les bancs de l'Old-Calabar; d'autres *Raphia* (*Hookeri*, *longiflora*, *Gærtneri*) foisonnent dans les îles de Corisco, de Cameron, d'Old-Calabar et à l'intérieur de l'Angola (Welwitsch) dans les

Fig. 16. — Raphia longiflora et Raphia Hookeri

marécages de Galongo. Le *Raphia longiflora* est plus élancé que le type et que le *Raphia Hookeri*; ses longues feuilles palmées couronnant, chapiteau végétal colossal, la frêle colonne que forme la tige, produisent le plus séduisant effet (fig. 16). Le Dahomey, l'Abomey, les rives des fleuves sénégaliens sont riches en Cocotiers, en Dattiers, en Rondiers, en Raphiers, en Elæis : ils dominent avec le manglier tout le littoral et donnent aux forêts qui le couvrent un splendide aspect.

On se figure trop la côte occidentale de l'Afrique comme un désert aride. Si, du Maroc au cap Vert, c'est le désert dans toute son aridité, avec sa végétation rare, triste, poussiéreuse, aux teintes glauques, réduite à sa dernière expression vitale, en revanche, à partir du cap Vert le tableau change, et d'immenses et épaisses forêts remplacent les sables de la région désertique.

Là florissait autrefois la traite des noirs ; un commerce considérable et dont les produits divers de l'admirable *Elæis guineensis*, palmier de 12 mètres de haut, d'un feuillage abondant et superbe, l'a remplacée, et amène sur ces côtes, jadis redoutées, des flottes marchandes dont l'importance augmente chaque année. Le nègre, par reconnaissance, appelle l'Elæis son *ami*, et cette gratitude est méritée ; c'est au commerce de l'huile de palme que l'Afrique occidentale devra peut-être le bienfait de la civilisation. Déjà les gouvernements barbares du Dahomey, si insolents naguère, ont appris à connaître et à craindre les armes de l'Europe, et les rudes leçons que les peuplades de la côte de Guinée ont reçues de l'Angleterre leur ont appris aussi à respecter les traités. On ne désespère pas d'amener le Dahomey à renoncer aux effroyables sacrifices humains qui, chaque année, coûtent la vie à des milliers d'êtres vivants.

Côte orientale d'Afrique. — Tout le sud de l'Afrique, du fleuve Orange à l'ouest jusqu'aux frontières du Mozambique, est au delà de la région des palmiers, dont la limite scientifique passe par les points suivants : cap Negro (Benguéla méridional). territoire des Orampos et des Dramacas (19°), Ngami (20°), côte est de Natal et de la Cafrerie (30°). Il n'y a que quelques palmiers à la Colonie du Cap, où l'on a, dans ces derniers temps, essayé d'introduire le *Phœnix dactylifera*, qui ne peut y être qu'un arbre d'ornement. Nous le retrouverons plus haut dans ses limites naturelles. Un autre Dattier le remplace (*Phœnix reclinata*) ; mais il n'a plus la haute stature de l'espèce type : son tronc plus volumineux reste plus trapu, et ses frondes, s'inclinant vers le sol, lui donnent un aspect pleureur, parfaitement en rapport avec la position qu'il occupe dans le monde des palmiers. On dirait un roi exilé et regrettant son empire.

Guillaume Peters, qui a voyagé sur la côte occidentale africaine, dans le Mozambique intérieur, mentionne les *Hyphæne coriacea* et *crinita* peu différents du Palmier-Doum égyptien. Il les y a trouvés fréquemment isolés ou en groupes touffus. ainsi que le *Borassus Æthiopum*, commun dans toute l'Afrique. Il a vu au golfe Mocamba, et tout le long de la côte, vivant à l'état social et se plaisant aux lieux humides, un Phœnix aux frondes inclinées comme celui du Cap. Il y a beaucoup de Cocotiers (*Cocos nucifera*) du Zanzibar au cap Lady Grey (6°—26° lat. S.), puis des *Phœnix dactylifera* et un Areca, peut-être l'*Areca madagascariensis*.

Le Palmier aux Iles de l'Océan Indien. — Abandonnons un instant le continent africain pour passer dans les îles qui en dépendent : Madagascar, les Comores, les Mascareignes (Rodrigue, Bourbon, Maurice, etc.) et les Séchelles. A part celles-ci, elles ne nous arrêteront pas longtemps. La flore de ces îles est très-riche : tout le genre *Dypsis* (*pinnatifrons, forficifolia* et *nodifera*) lui est propre. Les palmiers y sont dans leur élément. L'excessive chaleur, l'humidité, le voisinage de la mer y contribuent à la variété et à la beauté des espèces. Joignons à ces influences celles des moussons, vents réguliers et périodiques qui tantôt soufflent du nord-ouest, tantôt du sud-est, et font succéder une température sèche et brûlante à des pluies torrentielles. On croit originaires de Madagascar, qui a beaucoup de cocotiers, l'*Hyphæne coriacea* et le *Raphia Ruffia*. Le fruit d'un Areca, l'*Areca madagascariensis*, réduit en cendres, tient lieu de sel aux Madécasses de l'intérieur et leur est d'une utilité multiple. Le *Raphia Ruffia* se multiplie dans les plaines marécageuses des Mascareignes, dont les forêts épaisses et les pentes offrent aux botanistes. parmi d'autres palmiers, l'*Areca alba*, les *Acanthophœnix rubra* et *crinita*, les *Hyophorbe indica* et *Commersoniana*. Un *Chamærops*, décrit par Boyer, est cultivé avec succès dans les jardins de cet archipel que Bernardin de Saint-Pierre a rendu si célèbre. Le *Caryota sobolifera*, le *Livistona chinensis* et le *Cocos nucifera*, espèces introduites, y ont prospéré d'une manière rapide, le Cocotier surtout, devenu l'essence forestière par excellence des îles voisines de l'océan Indien, à Galega, Diego Garcia (îles Chagos), Coëtive, etc. Mais, nous l'avons déjà dit, nulle part le Cocotier n'est plus beau qu'aux Séchelles, où la chaleur, l'humidité du sol, sont constantes, où le climat est délicieux. Ces îles françaises * sont, comme l'île de France (Maurice), Bourbon, et beaucoup d'autres îles de l'archipel Indien et de la Polynésie, les hauts sommets émergés d'un vaste continent sous-marin. Les îles madréporiques marquent, même par leur forme circulaire et leur bassin intérieur, le caractère volcanique de la chaîne qu'elles couronnent et les bords des cratères sur lesquels les polypes ont édifié, par un travail séculaire, de dangereux récifs qu'ont envahis les palmiers. Mahé, la principale et la plus belle des Séchelles, est la cime d'un mont qui s'élève à plus de 1000 mètres au-dessus du niveau de la mer. Silhouette a 2500 pieds d'altitude. La flore des Séchelles n'a point d'analogie avec celle des Mascareignes et se rapproche plutôt de la flore madécasse et malaise **; elle n'est pas variée d'ailleurs, ni particulièrement riche; sans les palmiers, elle serait pauvre. Mais ces palmiers, les ressources et l'huile que les habitants en tirent et dont ils font un grand commerce, leur tiennent lieu de tout. Heureux si leur imprévoyance, en tarissant une des sources de leur tranquille existence, ne devait pas ravir à leurs rivages une de leurs plus admirables beautés. Ils ont le plus beau palmier du monde, le *Lodoicea Sechellarum*, qui est le cocotier des Maldives. Nous

* Les Séchelles constituent un groupe d'îles dont les principales sont Mahé, Praslin, Silhouette, Félicité, la Digue, Sainte-Anne, île aux Frégates, île aux Cerfs, etc.

** Certaines espèces types de palmiers y manquent néanmoins, c'est la différence avec Madagascar, où l'on voit tant de *Raphia Ruffia*, qui ne sont que naturalisés aux Séchelles. Le sol des Séchelles est granitique comme celui de Madagascar et de plusieurs îles de la Malaisie.

avons dit comment son fruit énorme, merveille végétale, était

Fig. 17. — Lodoicea Sechellarum.

allé, entraîné par les courants maritimes, échouer jusque sur les plages de Malabar. Peut-être a-t-il autrefois orné tout l'archipel; aujourd'hui on ne le trouve plus qu'à l'île Praslin, l'île Curieuse et l'île Ronde. Il est à l'île Praslin un site sans rival, vanté par les navigateurs : le Ravin du Coco de mer. Dans ce lieu, dont la prodigieuse végétation rappelle la flore antédiluvienne, croît en nombre considérable et avec une magnificence inouïe le *Lodoicea*. Mais là, comme dans les autres stations de l'Archipel, il aurait bientôt disparu et il n'en resterait plus que le souvenir, si l'administration, plus prévoyante que les habitants de l'île, ne le prenait pas sous sa sauvegarde en faisant, pour ce ravin, ce qu'ont fait les Américains pour la vallée du Yosimite, déclarée domaine de l'État et parc national.

Les autres palmiers des Séchelles, tous épineux, à une seule exception près, et tous remarquables, sont le *Phœnicophorium Sechellarum* (Pl. XII), le *Verschaffeltia splendida* (Latte Haubaum) (fig. 18), un Aréca qui donne un chou palmiste exquis, le *Latania rubra* et le *Livistona chinensis*, ainsi qu'une espèce non dénommée d'Hyphæne : l'effet de ces beaux arbres dans les cultures est indescriptible. Le *Phœnicophorium Sechellarum* et le *Verschaffeltia splendida* sont cultivés dans les serres européennes et brillent au premier rang parmi les plus beaux palmiers connus.

En remontant le littoral jusqu'au cap Guardafui, on arrive à l'île Socotora, dont la flore, comme celle du littoral même, est encore imparfaitement connue. On s'étonne d'ailleurs du peu de notions obtenues sur cette île, située par 50°,45' de longitude et 11°,50' de latitude nord, c'est-à-dire dans la région même des palmiers. Elle a pour chef-lieu Tamarida et dépend de l'iman de Mascate, du moins existe-t-il un lien de suzeraineté. On signale parmi les palmiers de cette île le *Latania Loddigesii*, le *Cocos nucifera*, le *Phœnix dactylifera* et l'*Areca Catechu*. Au delà de Socotora et du cap Gardafui, les palmiers se font rares, et en nous rapprochant de l'Egypte, nous ne rencontrons plus que le *Borassus Æthiopum*, l'*Hyphæne thebaica* et le précieux *Phœnix dactylifera*, qui relie la flore palmique du sud de l'Afrique avec celle du nord et qui, au pied des grandes pyramides, vient attester la puissance de la nature en présence des monuments les plus gigantesques que l'homme ait jamais élevés (fig. 19).

Fig. 18. — Le Verschaffeltia splendida des Séchelles.

Nous devons, pour suivre l'itinéraire que nous nous sommes tracé, traverser la mer Rouge et prendre congé des rivages africains, encore bien ignorés et peu hospitaliers. Espérons que l'œuvre intéressante d'exploration due à la généreuse initiative d'un prince éclairé, le roi des Belges, sera féconde en résultats

Fig. 19. — Dattiers de la Plaine de Ghizeh.

utiles pour la civilisation, la science, le commerce et les intérêts moraux de l'humanité.

CHAPITRE III.

Sommaire. — Suite du voyage. — L'Asie. — L'Inde anglaise. — Ceylan. — L'Inde aquense. — L'Indo-Chine. — Les îles Andaman. — Malacca. — L'Archipel indien. — La Chine et le Japon.

L'Asie. — Entrons maintenant en Asie, et continuons ainsi notre voyage le long de la région des palmiers, ceinture du globe, d'une opulente et éternelle verdure.

Nous avons effleuré cette partie du monde en contournant la Méditerranée ; nous n'ajouterons que quelques traits au tableau que nous en avons tracé, pour le compléter et rattacher cette partie de notre œuvre à celle qui nous reste à accomplir.

Où sont les palmiers de la Palestine, les palmiers célèbres de Jéricho, du lac Asphaltite, des vallées du Jourdain, de l'Euphrate et du Tigre, de l'immense Babylone? Ils ont disparu comme ces villes superbes, comme la fécondité de ces vastes plaines, comme les empires des Mèdes, des Perses, des Arabes : l'islamisme conquérant a passé là et il y a fait le désert. Damas peut seule donner, en ces régions désolées, une idée de ce que pouvait être autrefois ce pays.

Deux stations de palmiers, qu'on peut croire contemporaines des temps bibliques, ont été retrouvées dans les anfractuosités des murs de rochers qui ferment la mer Morte, parmi des jungles hantées par les léopards. Quelques dattiers cultivés, car le *Phœnix dactylifera* à l'état sauvage n'existe pas dans la contrée, se voient au mont Carmel, au bord de la rivière Kishon et aux eaux thermales d'Aïn Fischkhah. Çà et là en Asie Mineure, on en trouve quelques-uns près des mosquées (fig. 20), où leur tige élancée vient rivaliser d'élégance avec les sveltes minarets arabes, de cette Asie Mineure dont M. Jules Oppert nous a décrit, d'une manière si magistrale, les puissantes beautés, dans le récit de l'expédition scientifique entreprise par lui, MM. F. Fresnel et F. Thomas, par ordre du gouvernement français, de 1871 à 1874.

Fig. 20. — Le Phœnix dactylifera en Asie Mineure.

Où cesse le dattier, paraît l'olivier, qui, en ce pays où se confondent deux régions végétales, caractérise la race. Le dattier est arabe, et l'olivier kurde. Des splendides forêts de palmiers de la Babylonie, vantées par Hérodote et Strabon, il ne reste au bords de l'Euphrate, là où fut la reine des villes de l'antiquité, que quelques dattiers poussiéreux et rabougris, mesurant une ombre triste aux tristes masures du bourg de Hellah, qui, avec le tumulus de Babel, marquent seuls la place de la superbe cité. Rien d'instable comme les capitales de l'Asie : un caprice de prince les voue à l'abandon. Un siècle passe, et le nom même en est oublié.

L'Inde anglaise. — Reprenons notre itinéraire. L'Inde nous offrira à son tour de pareils exemples, et nous y retrouverons les vestiges étonnants d'une civilisation ancienne et de villes immenses dont le nom est effacé à tout jamais de la mémoire des hommes. Passons rapidement devant l'Arabie Heureuse (Yemen, Hadramaout), où croissent l'*Hyphæne thebaica* et le *Phœnix dactylifera ;* laissons au Nord l'immense étendue des steppes d'Asie, et sans nous arrêter à la chaîne des Gattes, abordons l'Himalaya. Déjà quelques palmiers se rencontrent le long de ses pentes ; on en voit même dans les vallées relativement élevées du Sikkim, voisin du Thibet et des hautes sommités de la chaîne, mais ils y sont en petit nombre et peu variés : ils n'ont rien de commun avec ceux de la presqu'île du Gange et de Ceylan. Ce sont d'abord des palmiers-lianes; les étranges *Calamus Draco* (fig. 21 et 22) et *Rotang*, aux tiges frêles, aux feuilles hérissées de dards, au fruit écailleux, dominent ce groupe, et nous les retrouverons s'enlaçant à tout ce qu'ils rencontrent, reliant dans leurs gigantesques réseaux les plus vieux habitants des forêts indiennes. Puis viennent, dans les vallées inférieures, une variété de l'*Areca Catechu*, appelée *himalayana* par Griffith, au spadice moins développé que dans l'espèce typique, quelques variétés de *Chamærops* (*arborescens* et *Ritchiana*) et surtout le *Chamærops* (Manorops) *Martiana*, trouvé par Wallich dans le Népaul, près de Bunipa, à 5000 pieds d'altitude (température moyenne 18°), et dédié par l'intrépide botaniste au grand palmographe allemand. Il est le plus beau palmier du Népaul, ce qui justifie le choix que fit Wallich pour cet hommage.

Il s'en faut peut-être qu'on connaisse toutes les richesses botaniques de l'Inde anglaise. Qui croirait qu'on n'en connaît pas même scientifiquement tous les habitants? Comment penser que dans ce pays d'une civilisation si ancienne, au cœur même de l'Indoustan, il existe encore une sorte de race primitive, petite, noire, aux cheveux laineux, de laquelle ni la légende ni l'histoire ne pourraient rendre compte? Ne serait-ce pas là cette race singulière d'hommes à la tête étrange dont il est question dans

Fig. 21 et 22. — *a*. Tige, Frondes et régime du Calamus Draco. — *b*. Fruit.

le Ramayana? (Rousselet, *l'Inde des Rajahs*.) Dans le Bengale occidental et central, en fait de palmiers, on connaît surtout le *Phœnix farinifera* et le *Phœnix acaulis*, qui n'a qu'une sorte de charpente ligneuse souterraine de laquelle jaillit une rosette de feuilles pennées. Comme le *Chamærops humilis* de l'Algérie, il se multiplie par un envahissement de proche en proche, et finit par couvrir les vastes plaines argileuses de la contrée. C'est, avec ceux que nous avons nommés, celui qui s'élève le plus haut le long des pentes himalayennes. Les

Licuala peltata, Wallichiana et *densiflora*, les *Plectocomia himalayana* et le *Calamus schizospathus* ne viennent qu'après et à de bien moindres altitudes. Il leur faut un abri et une température qui n'excède pas 12°,52. A 33°,56" de latitude boréale, croît un Corypha (*Corypha elata*), qui forme au bord de certaines rivières himalayennes des forêts impénétrables (Hügel).

Le Guzerate, situé au nord-ouest de l'Inde cis-gangétique, entre les golfes de Cutch et de Cambaye, possède une flore intéressante et qui semble unir celles de la Perse et de l'Inde. Ce trait d'union est caractérisé par l'existence du *Borassus dichotoma*, abondant dans cette presqu'île et dans les îles qui en dépendent (île Diu entre autres). Le pays est limité par de grands fleuves, qui, l'inondant souvent, y entretiennent une extrême humidité. Les immenses forêts sont pleines de fauves et de reptiles redoutables. On remarque dans la presqu'île le *Pinangă Dicksonii*, l'*Arenga Whigtii*, le *Bentinckia Coddapanna*, le *Dæmonorops Rheedii* et le *Phœnix acaulis*. Ils y ont une végétation exubérante, qui est favorisée par le sol et le climat.

Ceylan. — Ceylan est un des plus grands centres palmiques du globe. On sent dans cette île le voisinage de l'équateur. Le docteur Twaites, le conservateur bien connu de Paradenia, y cite quinze espèces de palmiers indigènes, et de nombreuses espèces introduites y ont considérablement ajouté à cette richesse originelle. De ces quinze espèces primitives, quatre sont des Arécinées, cinq des Calamées, deux des Phénicées, une seule appartient aux Cocoïnées. Les plus admirables palmiers de la création viennent à merveille dans cette contrée renommée entre toutes pour la beauté de sa végétation. *Livistona*, *Borassus*, *Oncosperma*, *Caryota*, *Licuala*, *Pritchardia*, *Phœnix*, *Areca*, *Attalea*, *Ptychosperma*, *Latania*, *Elæis* et *Sabals* y entremêlent leurs frondes colossales et donnent aux paysages de Ceylan ce cachet particulier qui séduit tous les Européens. Un des plus beaux spectacles que la nature puisse offrir au voyageur, est la vue de la route de Pointe-de-Galles à Colombo, magnifique avenue de 70 milles de longueur, toute bordée de palmiers superbes, aux troncs chargés d'Orchidées, où la végétation tropicale la plus débordante étale ses splendeurs, où tout est lumière et parfums enivrants, où l'oiseau rivalise d'éclat avec les fleurs, où la plus riche nature prodigue sa force et sa fécondité. Le Cocotier y est d'une rare beauté, mais c'est le Talipot (*Corypha umbraculifera*) qui y règne surtout. Il a cent pieds de haut et le cône de ses fleurs, avant de s'épanouir en un prodigieux bouquet d'un jaune éclatant et d'une odeur si pénétrante qu'à peine on en peut supporter le parfum, ajoute 30 pieds encore à cette hauteur de l'arbre. Un bouquet de 30 pieds de haut, quelle merveille !

L'Inde aqueuse. — La partie de l'Inde qu'on appelle ainsi, est bien nommée. Est-ce de l'eau, est-ce de la terre ? On pourrait hésiter. C'est de la boue séchée à la surface par un soleil ardent. La couche solide est peu épaisse ; le marais est au-dessous. Tout cet immense delta est formé des alluvions du Gange et du Brahmapoutra, qui y confondent leurs cours et leurs eaux, et si l'on considère que depuis une période géologique dont les siècles ne sont pas même les années, ces fleuves apportent à la mer chaque jour un cube de limon plus considérable que les pyramides d'Égypte, on comprendra aisément que ces alluvions ont dû combler le fond du golfe, gagner sur la mer peut-être tout l'espace qui s'étend entre le rivage actuel et les premières pentes des contre-forts de l'Himalaya, et former toutes ces vastes plaines au milieu desquelles s'élève la capitale de l'Inde anglaise. Les nombreux canaux dans lesquels coulent ces deux fleuves au milieu de leurs propres atterrissements, des lagunes et des îles qu'ils ont créées, attestent cette origine de l'Inde aqueuse. Ici encore, le palmier trouve surabondamment réunies toutes les conditions favorables à son développement : une chaleur torride, un sol friable, un sous-sol tout imprégné d'humidité et d'une humidité constante. Le tapis de verdure de ces plaines, couvertes de bouquets de palmiers, parées de la plus riche végétation, est d'un vert d'émeraude. Dans les huttes de terre sèche couvertes de feuilles de palmier, dont l'entassement compose les villages indiens, vit une population considérable qui se chiffre par millions d'habitants. L'humidité est dans l'air comme dans le sol; au-dessus de cet opulent paysage s'élèvent des vapeurs bleuâtres qui le couvrent d'un voile parfois assez épais pour ne laisser distinguer que la silhouette vague des arbres.

Dans cette lutte incessante des éléments solide et liquide, l'eau souvent l'emporte. Nous avons déjà parlé de ces raz de marée terribles qui, dans les îles du Delta, font en un instant périr des centaines de milliers d'habitants. Ce siècle en a vu deux qui ont coûté la vie à près de quatre cent mille Indous, et le dernier, tout récent, en a noyé deux cent quinze mille en moins de temps qu'il n'en faut pour le dire. Les eaux se retirent aussitôt : c'est une vague ou plutôt ce sont trois vagues dont le flux et le reflux sont instantanés. Si les malheureux Indous ont le temps d'escalader un palmier, ils sont sauvés; mais, quand ils descendent, leur pauvre cabane a disparu : la vague en se retirant a tout emporté. Et ce n'est pas le seul danger qui les menace, car c'est dans ce Delta que le choléra prend naissance. C'est de là qu'il part pour aller porter la mort jusqu'aux extrémités du monde. Il y est endémique : quand il ne règne pas, il couve. Le choléra, les tigres, les reptiles les plus redoutables sont dans l'Inde une terrible compensation aux merveilles que la nature y prodigue. L'Inde est un paradis, mais le serpent y est partout sous les fleurs. Quelle plume savante pourrait décrire ces merveilles, ces fourrés épais de cocotiers et d'aréquiers, ces buissons touffus formés par les tiges de certains dattiers, du *Phœnix paludosa* notamment (fig. 23), ces « festons et ces astragales » de Calamus, croisant leurs réseaux au-dessus des mares dans lesquelles croît la fleur sacrée de l'Inde, le lotus mystique aux corolles nacrées! C'est une tâche qu'il convient de laisser aux poètes.

Martius indique, parmi les palmiers de l'Inde aqueuse, le *Corypha Taliera*, les *Phœnix paludosa*, *Ouselayana*, *farinifera*, *acaulis*; les *Calamus tenuis*, *fasciculatus*, *gracilis*, *latifolius*, *monoicus*, *floribundus*, *melanoloma*, *arborescens*, *humilis*, *longisetus*, *polygamus*, *erectus*, *extensus*, *quinquenervius*, *acanthospathus*, *Flagellum*, *Heliotropium*, *leptospadix*, *macrocarpus*, *collinus* et *schizo-*

spathus; les *Chamærops* (*Trachycarpus*) *Khasijana;* l'*Areca nagensis;* le *Pinanga gracilis;* les *Wallichia caryotoides, densi-*

Fig. 23. — Le Phœnix paludosa.

flora et *nana;* le *Licuala peltata;* le *Plectocomia assamica,* les *Zalacca secunda,* les *Dæmonorops nutantiflorus, Jenkinsianus, Guruba,* etc., et le *Livistona Jenkinsii,* si précieux aux Assamites.

L'Indo-Chine : les Iles Andaman; l'Archipel Indien. — Le golfe Martaban, où l'Irrawaddy déverse ses eaux, est nettement terminé à l'est par la longue presqu'île de Malacca et le royaume de Siam; il n'est limité à l'ouest que par une longue chaîne d'îles, les Nicobares et les îles Andamanes, qui le séparent seules, de ce côté, du golfe du Bengale. C'est à tort qu'on considère les îles Andaman comme inhabitées. Il est vrai, ce sont des populations sauvages et misérables qui habitent ces îlots.

Si nous traitions un sujet moins spécial, et si ce n'était pas excéder les digressions permises, nous examinerions ici une question intéressante et qui n'est pas même étrangère à la flore palmique, en recherchant quelles sont, de ce côté de l'archipel Indien, les limites exactes, géologiques plutôt que géographiques, du continent asiatique et du continent australien. C'est sous les mers qu'on les cherche et qu'on les trouve. Autour du grand archipel Indien, les eaux sont relativement peu profondes. Sumatra et Java appartiennent, comme les Moluques, à l'Asie. Au delà, viennent les grandes profondeurs, puis un autre continent surgit, avec de nouvelles races, une flore et une faune nouvelles. La région des palmiers s'y continue, mais ce ne sont plus les mêmes. Ce sont, pour la plupart, des espèces nouvelles et sans analogie avec d'autres. Mais le tracé de ces limites récemment étudiées et peut-être encore incertaines sur quelques points, nous entraînerait un peu loin. Retournons donc aux îles Andaman. Elles ne présentent point l'aspect qu'on imagine, si, comme on le dit, elles sont riches en cocotiers; car l'idée de la désolation ne s'accorde guère avec cette richesse végétale.

L'empire Birman n'est guère mieux connu que l'Assam, auquel il confine au nord, et beaucoup moins que Siam, qui le borne au sud. Le Birman forme dans l'Inde un pays à part. Kurz a pu étudier les palmiers de sa flore et il a publié, en 1874, le résumé de ses études. Nous renvoyons à son ouvrage le lecteur spécial, et avec d'autant plus de raison que nous avons déjà plusieurs fois énuméré les palmiers de ces régions et ceux qu'on rencontre à Siam et dans l'Annam (Tonquin, Cochinchine, etc.).

Fig. 21. — Vue de la Pagode d'Augkor What.

Depuis que la France occupe la Cochinchine, le pays est devenu accessible : l'exploration récente du Mekong a été un vrai voyage de découvertes dans cette contrée où une religion antique, aujourd'hui en décadence, a laissé des monuments d'une puissance et d'une grandeur merveilleuses. Les pagodes immenses ont subi l'atteinte du temps, et les palmiers aux racines nombreuses, les plantes tropicales à la croissance rapide, sont venus, entre les ruines, attester une fois de plus, comme dans les ruines de la pagode centrale de Angkor-what, l'inéluctable pouvoir de la nature tropicale (fig. 24). Les Rotangs y sont nombreux : le *Nipa fruticans* vient au bord des marais ; le *Cocos nucifera*, l'*Areca Catechu*, cet arbre à bétel si recherché dans toute la Cochinchine, les *Areca triandra*, *hexasticha*, etc., y sont cultivés. Les *Phœnix acaulis*, *sylvestris* et *paludosa* s'y trouvent en grand nombre et fournissent le sucre à ces populations. Citons encore parmi les palmiers que Kurz y a rencontrés, le *Saguerus saccharifer*, le *Pinanga Kuhlii*, l'*Areca costata*, les *Wallichia caryotoides*, *disticha* et *densiflora*, les *Caryota urens* et *sobolifera*, les *Licuala peltata*, *paludosa* et *longipes*, les *Corypha umbraculifera*, *Gebanga* et *macropoda*, les *Borassus flabelliformis*, un *Chamærops* et un *Livistona* (*Livistona speciosa*). A ces palmiers, Kurz joint l'énumération de ceux qu'il a trouvés dans la Birmanie : *Zalacca Wallichiana* ; *Calamus arborescens*, *erectus*, *fasciculatus*, *latifolius*, *andamicus*, *tigrinus*, *tenuis*, *gracilis*, *Helferianus*, *paludosus* et *Guruba* ; les *Dæmonorops hypoleucus* et *grandis* ; le *Plectocomia macrostachya*, et par dessus tout les *Korthalsia scaphigera* et *laciniosa*.

Malacca. — Il est peu de parages plus connus des marins que le détroit de Malacca, mais la connaissance qu'on a de la presqu'île ne va guère au delà des côtes. Elle est en longueur d'une étendue presque égale à celle de la France (1190 kil. sur 96) ; elle embrasse de 1°,15 à 10°,35 en latitude et de 95°,50 à 102° en longitude est. Elle est située entre trois mers : le golfe Martaban, celui de Siam et la mer de Chine ; au sud le détroit de Malacca la sépare de Sumatra, qui continue, en quelque sorte, le continent asiatique. Ses côtes ne sont point tourmentées; elles ont un port, Poulo-Pinang (dans une île : île du prince de Galles), qui en peu d'années a pris un accroissement considérable, au point de se substituer à l'ancienne capitale du pays, Malacca; toutefois l'intérieur montagneux de cette vaste presqu'île demeure ignoré. D'immenses forêts vierges, massifs impénétrables, pleins de grands fauves et de serpents dangereux, en défendent l'accès. Un projet pareil à la hardie conception de M. de Lesseps avait été formé pour le percement de la presqu'île, et eût raccourci de 500 lieues, en franchissant l'isthme de Krow (Tenasserim), la route de Poulo-Pinang à Bangkok, capitale de l'empire de Siam; mais, soit qu'il ait été jugé irréalisable, soit que les pouvoirs indigènes y aient fait obstacle, il a avorté. Les palmiers abondent à Malacca, sur les côtes et dans la ville même. Les Calamus dominent dans les forêts et contribuent à les rendre inaccessibles. Ils projettent leurs jets minces et flexibles dans toutes les directions, et s'attachent par d'innombrables petits crochets qui couvrent la face postérieure des limbes (*Calamus arborescens*, fig. 26), aux géants des forêts vierges. Reptiles végétaux d'une longueur qui parfois dépasse de beaucoup 100 mètres, hérissés d'épines acérées, ils enveloppent les jungles d'un inextricable réseau.

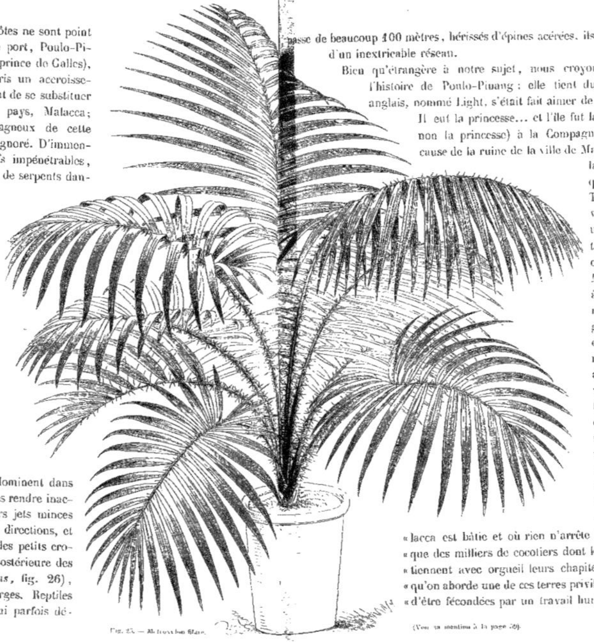

Bien qu'étrangère à notre sujet, nous croyons pouvoir rappeler ici l'histoire de Poulo-Pinang : elle tient du roman. Un capitaine anglais, nommé Light, s'était fait aimer de la fille d'un roi malais. Il eut la princesse... et l'île fut la dot. Il la vendit (l'île, non la princesse) à la Compagnie des Indes; ce fut la cause de la ruine de la ville de Malacca, ruine achevée par la fondation de Singapore, qui, créée en 1819 par sir Thomas Raffles, est devenue, de simple village, une ville de 150,000 habitants et le comptoir du commerce avec la Chine. Malacca a encore 30 000 âmes, mais ses monuments, que la foi et l'orgueil portugais avaient élevés, sont tombés en ruine. Ce que l'homme avait érigé, croyant pouvoir défier les ravages du temps, est détruit; l'œuvre de la nature seule est éternelle. « Lorsqu'on découvre de la rade », dit le docteur Ivan, dans son livre intitulé *La France en Chine*, « l'immense plaine dans « laquelle la ville de Malacca est bâtie et où rien n'arrête le regard, où l'on ne voit « que des milliers de cocotiers dont les colonnes élégantes soutiennent avec orgueil leurs chapiteaux de verdure, on sent « qu'on aborde une de ces terres privilégiées qui n'ont pas besoin « d'être fécondées par un travail humain. »

Fig. 25. — [illegible]

(Voir sa mention à la page [illegible]).

Le grand Archipel Indien. — C'est là que la flore palmique étale surtout ses variétés infinies et ses splendeurs. Il n'en pou-

Fig. 26 — Calamus arborescens Griff.

vait être autrement dans ces pays insulaires situés dans la zone équatoriale. Le palmier y trouve, comme dans la vallée de l'Amazone, les conditions les plus favorables à son développement : une température très-uniforme (moyenne de 26 à 27°), des pluies abondantes surtout pendant la mousson pluvieuse, et une vapeur aqueuse humide qui tempère, toute l'année, la violente ardeur du soleil. Reinwardt, Blume, Teysmann, de Vrieze, Miquel, Wallich et Griffith y ont rencontré plus de cent soixante-dix espèces qu'ils décrivent. Martius, avec son esprit synthétique et analytique à la fois, avait reparti ceux qu'il connaissait en plusieurs grandes divisions géographiques. La première province des botanistes comprend les Moluques, la Nouvelle-Guinée et les Célèbes; la seconde, Bornéo et Sumatra; la troisième, Java et les îles voisines. L'Australie formerait logiquement, avec la Nouvelle-Zélande, la Nouvelle-Calédonie et l'archipel polynésien, la quatrième province! On s'étonnera peut-être, il est vrai, de l'étendue de celle-ci. Mais, considérant les analogies scientifiques, les botanistes ont toute latitude pour agrandir ou amoindrir l'étendue des divisions qu'ils forment. Ils s'inquiètent peu de cette étendue et regardent comme des provinces ce que d'autres regarderaient aisément comme des empires!

Parmi les espèces propres à la première province, nous trouvons les *Metroxylon filare*, l'une des plus jolies espèces qui aient été introduites en Europe dans ces dernières années (fig. 25), et son congénère le *Metroxylon elatum*, les *Sagus Rumphii*, *microcantha*, *sylvestris* et *longispina*, quelques espèces de *Calamus*, le *Korthalsia Zippelii*, *Flabellum*, *celebica* et *penduliflora*, le *Calyptrocalyx spicatus*, les *Bentinckia Coddapanna*, toutes les espèces de *Ptychosperma*, l'*Orania regalis*, les *Kentia* et quatre magnifiques Arécinées : les *Areca alba*, *glandiformis*, *oxycarpa* et *macrocalyx*.

La seconde province se fait remarquer, tout d'abord, par l'étroite affinité que présente la flore palmique de cette région avec celles de Bornéo et de Sumatra, dont elle semble être, en quelque sorte, la continuation plus riche et plus variée. Dans la province qui comprend Java et les îles voisines, on signale plus de soixante espèces de palmiers, mais, à l'exception de quelques espèces de *Calamus* et de *Caryota*, la plupart se rencontrent également à Sumatra et à Bornéo. Cette analogie n'a rien d'étonnant si l'on considère ces îles comme les sommets d'une vaste chaîne de montagnes en partie recouverte par les eaux. Sumatra continue la presqu'île de Malacca, les îles de l'Archipel, des Andamans et des Nicobares, et Java n'est que le prolongement de Sumatra, dont la sépare le détroit de la Sonde, réduit à 30 kilomètres dans sa partie la plus étroite. Bali, Sumbawa, Sumba, Florès et Timor, Célèbes, les Moluques et les Philippines forment la chaîne à demi immergée de la partie sud du continent asiatique. Timor semble être le dernier anneau de la chaîne immense d'îles qui termine l'Asie. Cette dernière île est intéressante au point de vue ethnographique, car elle a pour habitants, outre les Hollandais, ses maîtres, des Malais, des Chinois et des Papous. Au point de vue botanique et géologique, cette île présente un aspect des plus curieux. « Son aspect général, dit un voyageur célèbre (Arago), attriste et impose à la fois. Ce sont, sur la plage, de vastes réseaux de lataniers, de cocotiers aux couronnes élégantes et flexibles, puis vient le rima ou arbre à pain, le pandanus, l'ébénier, l'odorant sandal, et tous ces géants tropicaux se pressent sur ce sol vivace, auquel les volcans intérieurs ne peuvent arracher ni sa vigueur ni sa séve. Au sein de tant de richesses surgissent, comme des menaces de mort, d'immenses blocs de lave diversement colorés selon la nature des éruptions volcaniques : c'est la destruction à côté de la force, c'est la jeunesse à côté de la caducité, c'est la vie et le néant côte à côte, en lutte perpétuelle, sans être vaincus ni l'un ni l'autre, ou plutôt vainqueurs et vaincus tour à tour. » Timor rappelle, par sa végétation, la flore de l'Australie. Les bois clairsemés ont déjà le caractère australien.

La Chine et le Japon. — Nous passons ici en Chine et nous nous éloignons de la région tropicale des palmiers sans constater de solution de continuité. Les espèces se raréfient peu à peu, et nous voyons bientôt paraître les palmiers des régions tempérées. Le passage serait moins sensible encore si l'Annam et le Tonquin étaient mieux connus, ainsi que l'île de Hai-Nan,

Fig. 27. — Le Trachycarpus excelsus Thunb. et Wdl.

dont le climat chaud et humide doit former une zone intermédiaire intéressante pour le botaniste. Une partie des Philippines est à peu près sous la même latitude (Manille ou Luçon, 12°,19' latitude) et autorise cette hypothèse.

On y observe un palmier très-remarquable, propre à la Chine. C'est le *Trachycarpus excelsus*, très-connu sous le nom de « palmier-chanvre » de la Chine, très-original de forme, trapu et entouré d'une bourre épaisse, ou plutôt de filaments résistants

Fig. 28. — Le Rhapis flabelliformis Ait.

qui se pressent à la base engaînante des feuilles (fig. 27). Il croît spontanément dans les forêts de la région montagneuse, dans le Tschi-Kiang, province littorale ; il se rencontre aussi au Japon sous une latitude de 40°. Il y a cent cinquante ans qu'il fut signalé pour la première fois. Kæmpfer en a parlé en 1712. Thunberg l'avait vu au Japon, mais peu de personnes en avaient gardé le souvenir, lorsque Robert Fortune, voyageur anglais, le retrouva en Chine. Ce qui rend ce palmier particulièrement intéressant,

Fig. 29. — Le Livistona chinensis Mart.

c'est que, supportant des froids de 12° à 14° centigrades, il peut s'acclimater partout où le thermomètre ne descend pas au-dessous de cette limite. Il vit en plein air dans l'île de Wight; il a été cultivé avec succès à Hyères, à Cherbourg et à Paris (Jardin du Luxembourg). Son utilité multiple ne le recommande pas moins que sa rusticité et son port. Il peut s'élever à 10 mètres du moins l'une des deux variétés de *Trachycarpus excelsus* qu'on signale. Cette variété, qui est connue dans nos serres sous les noms de *Chamærops Trachycarpus* ou *Fortunei* (Pl. XXV), diffère peu du *Trachycarpus excelsus* proprement dit.

Ce palmier supporte, avons-nous vu, des hivers froids, mais il lui faut en retour des étés chauds. Ce sera une précieuse conquête pour nos jardins septentrionaux, où les palmiers rustiques n'existent point et où, certes, il viendra remplacer et bientôt détrôner l'humble palmiste européen.

Sauf ce palmier, la Chine, comme le Japon, n'a guère que des palmiers nains, comme le gracieux *Rhapis* (fig. 28), ou à tronc peu élevé, comme le *Livistona chinensis* (fig. 29), qui, originaire du midi de la Chine, est cultivé aux îles Bourbon et Maurice. Il y a cependant quelques Phœnix aux environs de Hong-Kong. Les Livistona et les Rhapis y sont représentés par plusieurs espèces, comme les Trachycarpus, que l'on pourrait appeler les Chamærops asiatiques, tant sont grandes des affinités de ces deux genres, si longtemps confondus entre eux.

CHAPITRE IV.

SOMMAIRE : Nouvelle-Guinée. — Australie. — Polynésie.

Nouvelle-Guinée. — Nous lasserions bientôt la patience de nos lecteurs les plus attentifs si nous les entraînions à faire relâche dans les îlots innombrables qui forment les archipels des Philippines, des Mariannes, des Carolines, et s'étendent tout le long de la région palmique sub-équatoriale du 110e au 180e degré de longitude et jusqu'au tropique du Cancer. Ce voyage, plein d'intérêt s'il s'agissait de décrire les populations et les mœurs de ces constellations insulaires, deviendrait d'une extrême monotonie pour eux et pour nous, qui serions réduit à de simples énumérations botaniques, puisque nous n'aurions guère qu'à reproduire celles qui remplissent les pages précédentes. Ce que nous avons dit peut s'appliquer, sans erreurs appréciables, à toute la flore palmique de cette zone de près de 2000 lieues de mer. Nous aborderons d'emblée la Nouvelle-Guinée, dont les solitudes longtemps ignorées ne nous arrêteront qu'un instant; c'est que là commence à se marquer une transition sensible.

Nous l'avons dit, au delà de Timor et des Moluques commence un autre monde. Nous étions en Asie; nous sommes en Australie. Nous allons voir que tout y est nouveau. La Nouvelle-Guinée, qu'un botaniste italien, M. Beccari, vient d'explorer avec soin, sert de trait d'union entre les deux flores palmiques. Nous y trouvons encore la flore palmique de l'Inde; mais nous y voyons poindre celle de l'Australie, si étrange encore, bien que, devant la civilisation qui a si rapidement envahi cette contrée, les poétiques fictions des premiers voyageurs se soient en partie évanouies. La Nouvelle-Hollande est le pays des singularités géologiques, zoologiques et botaniques. Mais, surpris par d'étonnants paradoxes, on a exagéré ceux-ci à plaisir : la science, représentée avec éclat dans ce vaste continent, dont la recherche de l'or a fait la fortune agricole, a levé bien des voiles. Il est toutefois à craindre que la plupart de ces singularités ne disparaissent avant d'avoir pu être suffisamment étudiées. L'Australie a encore ses ornithorhynques, ses échidnés, ses phascolomes, ses arbres extraordinaires. Mais ses populations indigènes seront éteintes avant qu'on ait pu résoudre le problème compliqué de leur origine. Elles disparaissent devant la civilisation comme les vapeurs nocturnes au lever du soleil. La terre qu'elles habitent a cessé de leur être hospitalière. En revanche, elle se montre généreuse à tout ce que le vieux monde lui adresse : sa flore et sa faune s'enrichissent de mille conquêtes précieuses, et déjà, sans parler de l'or, elle rend à l'Europe plus qu'elle n'en a reçu. C'est d'elle, en effet, que l'on tient le splendide et précieux *Eucalyptus Globulus*, qui déjà dispute au palmier l'honneur d'être l'arbre le plus utile de la création. Voici, d'après Martius et M. Beccari, les espèces palmiques spéciales reconnues dans la flore de la Nouvelle-Guinée : les *Areca Catechu*, *macrocalyx*, *glandiformis*, *Jobiensis*, *paniculata*, *borneensis*, *tenella*, *arundinacea* et *furcata;* les *Nenga variabilis*, *Geelvinkiana*, *Pinangoides*, *affinis* et *celebica;* les *Nengella montana* et *flabellata ;* les *Kentia Forsteriana*, *Belmoreana*, *procera*, *moluccana* et *costata;* les *Drymophlœus ambiguus*, *propinquus*, *bifidus* et *appendiculatus;* les *Ptychosperma litigiosa*, *micrantha*, *Musschenbroekiana*, *caudata*, *arfakiana*, *arecina*, *paradoxa* et *singaporensis;* les *Linospadix arfakianus*, *flabellatus*, *multifidus* et *monostachyos;* les *Sommeria leucophylla* et *elegans ;* de nombreuses variétés de *Caryota Rumphiana* et *Griffithii;* les *Orania regalis* et *aruensis ;* les *Pholidocarpus Ihur* et *majadum ;* de nombreuses espèces de *Licuala*, de *Calamus*, de *Korthalsia ;* le *Livistona papuana* et les palmiers si utiles dans toutes les contrées, le palmier à sucre, le sagoutier et le cocotier.

C'est par une étroite affinité entre certaines espèces, mais non par l'identité, que se caractérise, à la Nouvelle Guinée, la transition entre la flore asiatique et la flore australienne. C'est ainsi que le *Kentia procera* rappelle le *Kentia acuminata* d'Australie; le *Pericycla penduliflora* ressemble aussi beaucoup au *Licuala australasica;* le *Caryota furfuracea* diffère peu du *Caryota Alberti;* mais, redisons-le, il n'y a pas d'identité complète. Dans sa généralité, c'est encore la flore de l'Inde aqueuse qui représente le mieux celle de la Nouvelle-Guinée.

Australie. — C'est à l'année 1814 que remontent nos premières notions sur les palmiers d'Australie. A cette époque. Robert Brown, dans son *Voyage à la terre australe*, en signale six espèces; vient ensuite M. Ferd. de Müller, qui en décrit onze; puis MM. Wendland et O. Drude, qui en décrivent vingt-six. Vingt-deux se rencontrent sur le continent; quatre dans les îles de Lord Howe. L'un des plus élégants palmiers de serres froides, le *Kentia Forsteriana* (pl. VII), a été introduit de ces îles. Cette espèce, que M. Wendland a rattachée au groupe des *Grisebachia** ainsi que le *Kentia Belmoreana* (pl. IX), diffère de celui-ci par son port plus élancé et la couleur vert luisant des pétioles, qui prennent chez ce dernier une teinte rougeâtre. Gregory a vu un palmier, le dernier qu'il ait rencontré sur la côte occidentale. par 22° de latitude sud. Sur la côte orientale, le *Livistona australis* atteint le 55e degré, et M. de Müller, dont le témoignage éclairé est irrécusable, en a découvert un dont le tronc a dix pieds de haut, sous le 37e degré. Il y a loin de cet arbre à la couronne majestueuse, au tronc élancé, à l'aspect grandiose (fig. 30), aux derniers palmiers européens qu'on rencontre rabougris le long de la route de la Corniche. Tous les palmiers australiens appartiennent à la zone maritime : la sécheresse de l'intérieur est telle, qu'aucun palmier n'y pourrait vivre.

La flore palmique australienne se classe, d'après M. Wendland,

*Dans ces derniers temps, M. Beccari a proposé de donner à ce genre un autre nom, MM. Bentham et Hooker ayant déjà appelé *Grisebachia* une famille appartenant au groupe des Éricacées. Le nouveau nom proposé est *Howeia*, en souvenir de l'île de Lord Howe; mais, faisons-le remarquer, ce nom présente également le défaut de rappeler celui d'un genre des Papillonacées : les *Hoveak*. Br.

en trois régions : la région tropicale, la région du sud-est, la région pélagique. A la première région appartiennent les *Calamus caryotoides* et *radicalis*, *Kentia australis* et *acuminata*,

Fig. 30. — Livistona australis Mart.

Hydriastele Wendlandiana, *Ptychosperma* (*Archontophœnix*) *Alexandræ* et *Cunninghamiana*, *Ptychosperma elegans* (fig. 31), *Veitchi* et *Capitis-Yorki*, *Saguerus australasicus*, *Caryota Alberti*, *Livistona humilis*, *Ramsayi*, *Leichardti* et *Mülleri*, *Licuala Mülleri* et *Cocos nucifera*. La seconde région renferme un nombre moins considérable de palmiers : *Calamus Mülleri*,

Fig. 31. — Bosquets de Ptychosperma elegans en Australie.

Areca (*Linospadix*) *monostachya*, *Ptychosperma elegans* (fig. 31), (*Archontophœnix*) *Alexandræ* et *Cunninghamiana*, *Livistona australis*. Dans la région pélagique, quelques palmiers appartenant aux Kentiées sont particulièrement remarquables par leur beauté. Ce sont de précieux palmiers de serres froides qui, introduits récemment en Europe, n'ont pas tardé à être recherchés par les amateurs.

Sauf le *Cocos nucifera*, ce palmier cosmopolite, toutes les espèces dont les noms précèdent sont spéciales à l'Australie ; mais elles ont néanmoins des congénères ailleurs. Il y a fort peu de Calamus. Tandis que l'Inde orientale a plus de soixante Calamus et trente-cinq Dæmonorops, l'Australie n'en compte que quatre. Nous avons cité deux fois les îles de Lord Howe; cette double mention n'est pas due à leur importance géographique, mais à celle que leur donne leur flore palmique, présentant plus d'analogie avec celle des îles orientales les plus éloignées qu'avec celle de la côte australienne relativement voisine. C'est à ce point qu'aucune espèce de palmiers n'est à la fois commune à ces îles et à l'Australie.

La prise de possession par la France de la Nouvelle-Calédonie, en 1853, ouvre à l'exploration scientifique, qui a déjà conquis une grande partie de la Nouvelle-Zélande, des régions jusque-là inaccessibles. Moins étendue que la Nouvelle-Zélande, qui a plus de 1800 kilomètres de longueur sur 285 de large, elle a 50 lieues de large sur 75 de long. Ce pays montagneux, arrosé de nombreux cours d'eau, est riche en forêts et en magnifiques pâturages. Des marais étendus y nourrissent beaucoup de palétuviers. La température y est douce et agréable de mai à novembre. Les mois de juillet et d'août y sont frais, et ceux de janvier et de février très-chauds. La moyenne de la température annuelle est de 22 à 23° au-dessus de zéro. Les palmiers de la Nouvelle-Calédonie sont encore peu connus ; cependant les explorations entreprises soit par le gouvernement français, soit aux frais de certains grands établissements européens, ont fait voir que la flore en est très-intéressante. Parmi les palmiers nouveaux qui y ont été trouvés, on cite comme l'un des plus jolis qui existent, le *Kentia Lindeni* (pl. VI). Connu sous ce nom dans le monde horticole, il porte scientifiquement le nom de

Fig. 32. — Kentia (Grisbachia) Belmoreana Wendl. et Dr.

Kentiopsis macrocarpa que lui a donné Brongniart. Cet illustre botaniste a décrit, d'après l'herbier récolté par les voyageurs du Gouvernement français, dix-huit espèces de *Kentia* (fig. 32) propres à ces îles, non compris le cocotier, qui semble y avoir été introduit*. Toute proportion gardée, il y a beaucoup plus de variété dans la flore palmique néo-calédonienne que dans celle de l'Australie. L'examen attentif des graines reçues en Europe de ces deux provenances a fait disparaître l'analogie qu'une observation superficielle avait fait admettre entre les palmiers australiens et ceux de la Nouvelle-Calédonie, et l'on a pu reconnaître que la règle géographique formulée par M. Grisebach en était plutôt confirmée que contredite.

Les îles Fidji (Viti), qui viennent de passer sous le protectorat de l'Angleterre, ont un des plus beaux palmiers connus : le *Pritchardia pacifica* (pl. XXVII), découvert par Berthold Seemann; sa taille élevée, son port, son magnifique feuillage en éventail, ses formes ornementales, le rangent au premier rang et lui permettent de remplacer, dans la flore de ces îles, les beaux *Livistona* de la flore indienne. M. Wendland a décrit les palmiers de cet archipel. Il y a distingué plusieurs espèces de *Ptychosperma*. Le *Veitchia*, qui semble devoir être rangé dans le genre *Hedyscepe*, s'y rencontre comme dans les îles de Lord Howe. Si l'exploration des Fidji réserve à la flore des palmiers quelque richesse nouvelle, on ne tardera pas à les posséder, car cet archipel est destiné à entrer bientôt dans le mouvement de la civilisation.

* Le genre *Kentia* a été formé par Blume, dans sa *Rumphia*, d'une section des *Areca* qui lui paraissait différer du genre proprement dit; on a accepté plus récemment sa proposition en examinant les Aréquiers de la Nouvelle-Calédonie que Brongniart et Gris ont fait rentrer dans les *Kentia*.

CHAPITRE V.

SOMMAIRE. — Les Palmiers au Nouveau-Monde. — Nouvelle-Géorgie. — Caroline. — Floride. — Louisiane. — Texas. — Le Mexique. — Le Yucatan. — Les Antilles. — La région des Andes tropicales. — La Nouvelle-Grenade. — Le Pérou.

Les palmiers au Nouveau-Monde. — Sans nous arrêter aux Sandwich, archipel dont les habitants, sauvages il y a quarante ans (c'est là que Cook a été tué), ont aujourd'hui une monarchie « constitutionnelle », nous franchirons l'immense étendue de l'océan Pacifique, nous prendrons pied sur le continent du Nouveau-Monde, à Panama, et, traversant l'isthme et le golfe du Mexique, c'est dans l'Amérique du Nord que nous irons poursuivre notre voyage et notre étude. Nous remarquerons tout d'abord la disparition, en Amérique, des espèces qui ont l'inflorescence terminale (*Corypha, Metroxylon, Eugeissonia,* etc.), puis celle des *Calamus* d'Asie remplacés ici par les *Desmoncus*, grêles et flexueux, et justifiant leur nom, enlaçant de réseaux d'une ténacité et d'un enchevêtrement diaboliques les arbres des forêts.

Il y a peu de contrées au monde plus inhospitalières que certaines parties méridionales des Florides. Le voyageur que la science — *desiderium sapientiæ!* — pousse vers ces marais, hantés par la fièvre, infestés de reptiles sans nombre, et où les moustiques forment des nuées compactes, s'abattant sur les feux allumés pour écarter des campements les animaux dangereux, et éteignant ces feux mêmes en se précipitant dans la flamme qui les attire, — le voyageur, disons-nous, a besoin de toute sa constance et de toute son énergie pour lutter contre les ennemis qu'une nature puissante oppose à ses recherches. Là se rencontrent des crapauds monstrueux qui sont aux nôtres ce que les grands félins sont au chat sauvage, des araignées gigantesques arrêtant dans leurs toiles les petits oiseaux et faisant de ceux-ci leur proie, des myriades de serpents qui couvrent littéralement le sol de certaines îles voisines du littoral, et tout ce que peut féconder d'éclosions ennemies un soleil implacable, rayonnant sur des terres à demi inondées. Tant d'obstacles n'ont pas toutefois arrêté la hardiesse des explorateurs, et, sauf celles dont le climat est tout à fait meurtrier, les solitudes marécageuses de l'Amérique ont été visitées, étudiées et analysées avec un soin minutieux.

Nouvelle Géorgie, Caroline, Floride, Louisiane et Texas. — Les palmiers de ces contrées sont presque tous du genre *Sabal*. Les palmiers appartenant à ce groupe semblent propres à l'Amérique septentrionale ; ils sont courts de tige et paraissent même acaules, parce qu'ils sont enfoncés profondément dans la terre et qu'ils ont leur base entourée du résidu basilaire des feuilles. La plupart le sont du reste réellement : la plus remarquable exception est celle du *Sabal Palmetto*, dont la tige assez élancée atteint parfois 17 mètres de hauteur. C'est un palmier de la zone maritime. On le cultive à Savannah pour l'ornement des avenues et des jardins publics. Toutefois est-ce bien une espèce distincte, ou ne doit-on voir en elle, avec Martius, qu'une forme dégénérée du beau *Sabal umbraculifera ?* Un grand nombre de variétés de Sabals y ont été découvertes. Une des espèces les mieux connues est le *Sabal Adansoni*, palmier acaule que l'on rencontre dans les endroits sablonneux, bas et humides de ces contrées (Dwarf Palmetto). Croome l'a reconnu près du fleuve Neusa qui se jette dans le Pimlico Sound par 35° de latitude boréale. C'est la limite nord des palmiers américains. Signalons encore, dans cette partie du Nouveau-Monde, comme culture ornementale, mais stérile en ces latitudes, celle du *Phœnix dactylifera*. Le *Chamærops hystrix*, dont MM. Wendland et Drude ont fait le genre *Rhapidophyllum*, croît naturellement en Géorgie et en Floride. Ce palmier doit son nom spécifique à une observation piquante de Fraser : il avait remarqué, à ses dépens, les épines fortes et noires qui sortent du tissu brun noir enveloppant le tronc, et atteignant parfois 30 centimètres de long sans rien perdre de leur acuité.

Le Mexique. — Il est possible que les nombreux palmiers que certains voyageurs botanistes ont cru voir dans le Mexique septentrional, à Sinaloa, sur les côtes orientales du golfe de Californie, soient plutôt des Cycadées ; cependant la latitude rend

Fig. 33. — Chamædorea Arenbergiana

très-possible l'existence des palmiers dans cette région. Jusqu'aujourd'hui, à l'exception du *Brahea dulcis*, qu'on rencontre dans toutes les régions, depuis l'extrême sud jusqu'à l'extrême nord du Mexique, peu de palmiers y ont été découverts d'une façon certaine. Quant à la flore palmique intra-tropicale du Mexique. savamment étudiée par Hænke, Humboldt, Bonpland, Schiede, Deppe, Andrieux, Galeotti, Funck, Linden, Karwinski et Lie mann, elle est mieux connue que celle des bords de la mer Vermeille. Trente-sept espèces de palmiers y ont été découvertes et classées : dix-neuf dans les Arécinées, sept dans les Coryphinées, onze dans les Cocoïnées. Les *Chamædorea* y pullulent dans les bois et les ravins des terres chaudes ; ils forment le bois taillis des forêts du Mexique et de l'Amérique centrale. On les trouve dans toute l'Amérique centrale, à la Nouvelle-Grenade et au Venezuela ; mais sur les soixante espèces qui sont connues, la plus grande partie est originaire du Mexique. Ces arbrisseaux sont aussi coquets par le port de leurs feuilles pennées, supportées par des tiges minces et lisses, à anneaux circulaires (*Chamædorea Arenbergiana*, fig. 33), que par les fruits ronds qu'ils portent. Ceux-ci, qui n'atteignent pas toujours la grosseur d'un pois, apparaissent en grand nombre sur les régimes. Ils sont verdâtres, parfois rouges ou écarlates, mais toujours leur aspect est coquet et ornemental (fig. 34). Dans certaines espèces, les fleurs sont recherchées — chose rare chez les palmiers — pour leurs parfums : celles du *Chamædorea fragrans* rappellent l'arome de l'iris florentin *.

Fig. 34. — Baies (rouges) du *Chamædorea gracilis* Willd.

Au Mexique, la végétation des *Chamædorea* s'élève à 3000 pieds d'altitude, mais cette hauteur n'est rien, comparée

* Nous donnons la liste fort abrégée des palmiers communs au Brésil septentrional, aux Guyanes, au Venezuela et à la Nouvelle-Grenade, qui sont les plus abondants dans ces vastes régions de l'Amérique tropicale. Ce sont les *Chamæ-*

à celle de 8000 pieds atteinte par le *Brahea dulcis* entre Tehuacan et El Kinso. Après ce palmier viennent les *Copernicia Pumos* et *nana*, qui atteignent 7000 pieds, et le long des côtes orientales, le *Reinhardtia elegans* et le *Geonoma mexicana*, qui s'élèvent à 3000 pieds et 3500 pieds au-dessus de la mer. Sur ces côtes, Martius a trouvé de nombreux *Chamædorea*. Les *Acanthorhiza*, ces dattiers épineux jusques et y compris la racine, sont originaires du Mexique ou de l'isthme de Panama. L'*Acanthorhiza aculeata* a été découvert par MM. Funck et Linden dans les forêts des environs de Tehapa, dans l'État de Tabasco, à 2000 pieds de hauteur; l'*Acanthorhiza Warscewiczi*, au port si élégant, fut découvert près du volcan de Chirequi, sur l'isthme de Panama. D'autres beaux palmiers, le *Brahea calcarata* et le *Sabal mexicana*, se rencontrent fréquemment dans ces parties du Mexique et semblent résister sans peine au redoutable climat d'Acapulco. Les *Desmoncus chinatlensis* couvrent de leurs enlacements les vallées d'Oaxaca et de Tehuantepec, où croissent dans les marais les *Bactris acuminata* à la tige épineuse, *mexicana* et *baculifera*, l'*Acrocomia mexicana* et l'*Astrocaryum mexicanum* au tronc hérissé d'épines triangulaires, aux frondes pectinées à pennules longues, dont la face inférieure est blanche (fig. 35). L'*Attalea*, ce palmier que nous retrouverons dans toute sa beauté au Brésil, apparaît dans le Honduras; le *Cocos nucifera* et ses congénères sont cultivés dans toute la région, partout où le sol et l'atmosphère le permettent : toutefois Liebmann a rencontré le *Cocos regia* plutôt dans la partie orientale, et le *Cocos Guacuyule* dans la partie occidentale du Mexique.

Le Mexique oriental, le Yucatan, les Antilles. — Passons aux Antilles par le Yucatan. Si l'archéologie nous intéres-

dorea (*parviflora*, *gracilis*, etc.); les *Geonoma* (*maxima*, *acutiflora*, *arundinacea*, *baculifera*, etc.); les *Desmoncus* (*polyacanthos* et *macroacanthos*); les *Bactris* (*Maraja* et *concinna*); l'*Iryospathe elegans* (forêts des monts Rovaina et Humirida); l'*Acrocomia sclerocarpa*; le *Martinezia caryotæfolia*; le *Mauritia flexuosa* (dans les Savanes, il croît jusqu'à 4000 pieds d'altitude); l'*Euterpe oleracea*; les *Œnocarpus* (*Bataua* et *Bacaba*); les *Iriartea* (*ventricosa* et *exorhiza*); les *Astrocaryum* (*Murumuru*, *vulgare*, *Jauari* et *gynacanthum*); le *Maximiliana regia*, etc.

sait ici au même degré que la botanique, nous aurions, dans les vastes forêts qui couvrent cette province encore si peu connue

Fig. 35. — Astrocaryum mexicanum.

de l'Empire mexicain, de quoi exciter notre étonnement et celui de nos lecteurs. Ces forêts s'étendent surtout au sud du Yucatan. On ne pensait pas que le pied de l'homme en eût jamais foulé le sol ; elles étaient considérées comme des forêts vierges. Quelle ne fut pas la surprise des voyageurs qui, s'y étant frayé un chemin il y a presque un siècle et demi, découvrirent, dans leurs profondeurs mystérieuses, les restes d'une ville immense couvrant une étendue de plusieurs lieues, et des monuments dont la perfection sculpturale ne pouvait être que l'expression d'une civilisation très-avancée! C'est près du village de Palenque (province de Chiapa) que fut faite cette étrange découverte.

Les Antilles et le Yucatan, région comprise entre les lignes isothermes 25°,6 et 25°, nous montrent quarante-quatre espèces de palmiers. Quelques-unes de ces espèces, les *Oreodoxa oleracea* et *regia*, l'*Acrocomia sclerocarpa*, le *Sabal umbraculifera*, les *Thrinax radiata*, *parviflora* et *argentea*, sont communes à plusieurs îles éloignées les unes des autres, et disséminées dans ce vaste archipel. Les *Oreodoxa* se rencontrent dans toutes les Antilles et les Barbades. C'est même de celles-ci que furent importées, en 1756, les premières graines d'*Oreodoxa oleracea*; elles furent semées à la Jamaïque par le gouverneur Knowles. Rien de gracieux comme ces palmiers souvent fort élevés (de 18 à 40 mètres), balançant leurs frondes légères comme des couronnes de verdure au-dessus des champs de canne à sucre dont la précieuse récolte est l'objet des soins incessants de la population nègre et mulâtre de ces îles (fig. 36). Aussi tous les voyageurs (Humboldt, Bonpland, Ramon de la Sagra, Karwinski, Martius, etc.) ont-ils été émerveillés à la vue de ces palmiers aussi admirables par l'élégance de leur aspect qu'utiles par les aliments qu'ils procurent à toute une population.

Cuba est à tous égards la reine des Antilles. C'est un de ces pays privilégiés où la nature s'est montrée si généreuse que l'homme, les gouvernements, la politique, l'impôt et les mauvaises lois n'ont pu l'appauvrir : ses sierras, ses forêts, ses vallées, les bords de ses nombreuses rivières, ses côtes, que baignent les tièdes eaux du courant tropical, sont d'une fertilité, d'une richesse végétale inouïes. L'égalité de température y est remarquable : six degrés à peine de différence entre le mois le plus chaud (août : 27°,56) et le mois qui l'est le moins (janvier : 21°,87).

Fig 36. — Champs de Cannes à sucre et d'Oreodoxa regia dans les Antilles.

L'archipel des Lucayes, plus septentrional, n'est pas moins favorisé. L'humidité y est plus grande qu'à Cuba, et la culture plus variée peut-être, car on y trouve à la fois les fruits de l'Europe et ceux qui sont particuliers aux Antilles. Le climat en est admirable et la fécondité extrême. Mais de toutes les cultures des Lucayes, la plus importante est celle du palmier; seulement, et en raison d'un excès d'humidité dans l'air, le *Phœnix dactylifera* n'y donne pas de fruits aussi savoureux que ceux qu'il donne dans l'Ancien-Monde. Dans cet archipel, qui se compose de 650 petites îles ou îlots semés sur une étendue de 1300 kilomètres, on rencontre de nombreux Thrinax, des Elæis et des Sabal.

Certains palmiers sont confinés dans une seule île ou dans un groupe : tels sont l'*Orcodoxa Manoele* des monts intérieurs de Haïti, certains *Geonoma* (*oxycarpa* et *Plumeriana*), le *Thrinax multiflora*, les *Bactris erosa* et *chætophylla*, l'*Acrocomia tenuifrons*, le *Maximiliana*, qui sont tous des palmiers propres à l'île Haïti, l'une des plus fécondes en palmiers de toute cette partie de l'Amérique. Aussi le palmier est-il à Haïti ce qu'était l'olivier à Athènes. Un *Oreodoxa* (palma nobilis!) orne le fronton de la façade du Sénat à Port-au-Prince. Il est sculpté en bas-relief et entouré de trophées militaires : c'est « l'arbre de la liberté » haïtienne. Un autre palmier, qui n'est pas de marbre, celui-là, ombrage de ses rameaux la fontaine placée vis-à-vis du palais, près de la tombe du président Pétion. Souhaitons à cet arbre longue vie : en Europe, les arbres de la liberté vivent si peu de temps !

Quant aux autres îles, elles participent à la prodigieuse richesse palmique que nous avons signalée à Cuba. Citons à l'île de la Trinité les *Sabal Woodfordii* et *glaucescens*, l'*Acrocomia horrida*, l'*Euterpe montana*, etc.; à l'île Saint-Vincent, l'*Acrocomia globosa*; aux Barbades, le *Mauritia flexuosa* et le *Thrinax barbadensis*, qui partage avec le *Thrinax radiata* (fig. 37) l'honneur de figurer au premier rang parmi les plus beaux palmiers américains, honneur dont le rendent assurément digne son port élégant, ses frondes palmées, profondément découpées et supportées par de longs pétioles très-fins, qui donnent à toute la plante un cachet très-gracieux. On trouve encore dans les mêmes

Fig 37.— Thrinax radiata Lodd.

îles un grand nombre d'Euterpe, de Geonoma, de Bactris, de Syagrus, de Copernicia, etc.

A la Jamaïque, où croissent de nombreux palmiers, le gouvernement a pris à tâche de répandre les palmiers utiles, comme le cocotier. Il en fait mettre auprès de toutes les stations militaires, et, d'après les rapports adressés en 1875, on avait planté plus de 20,000 jeunes plants pendant les deux années précédentes. Les cocotiers viennent à merveille dans l'île : ils y croissent rapidement, mais rien n'est plus bizarre d'aspect qu'une plantation comme celle dont nous publions la gravure (fig. 43). Ces arbres au tronc élancé, à la couronne verdoyante, sont uniformément blanchis à la chaux; on les préserve ainsi des attaques des insectes; toutefois cette décoration uniforme n'est pas d'un effet très-pittoresque.

Région des Andes tropicales (Cordillères), Nouvelle-Grenade, Pérou. — L'immense région des Andes, dont quelques sommets, couverts de neiges éternelles, atteignent près de 8000 mètres (Illemani, 7450 m., Sorate, 7900 m.), se divise au point de vue de la végétation palmique en trois parties : occidentale, centrale et orientale. C'est la Cordillère centrale que nous avons désignée plusieurs fois sous le nom d'Andes de Quindiu; dans l'orientale, qui se sépare au Pérou de la chaîne centrale, sont les points culminants de la chaîne; l'occidentale longe de très-près le Pacifique : elle se continue au sud jusqu'à la Patagonie, au nord jusqu'à l'isthme par la Nouvelle-Grenade. Le palmier croît dans toute l'étendue de cette région, et il s'y élève à une altitude considérable; l'*Euterpe andicola* atteint à Ceja del Monte 9000 pieds; les *Euterpe Hænkeana* et *longevaginata* viennent ensuite, ainsi que le *Jubœa Torallyi*, qui atteint 8532 pieds, et le *Cocos pityrophylla* (7800 pieds). Les gorges et les vallées des Andes présentent d'admirables aspects et une variété de climats telle, que, tandis qu'au pied fleurissent et fructifient l'ananas et la canne à sucre, les hauteurs se parent de la végétation des Alpes. On commence par les palmiers, on arrive aux lichens, puis aux neiges éternelles et à la roche nue. La chaîne est volcanique; certains volcans, comme le Tolima (fig. 38), sont entrés de nouveau en ignition alors qu'on les croyait depuis longtemps éteints. Celui-ci, situé dans la Nouvelle-Grenade, entre les vallées du Cauca et de la Magdalena, domine de tous côtés un paysage luxuriant auquel la grâce et la majesté des palmiers donnent beaucoup de charme ; mais un voile funèbre s'étend parfois sur ce paysage et sur la flore des Andes. Des tremblements de terre ruinent les villes, bouleversent les campagnes, occasionnent des raz de marée terribles, et causent, comme en 1877, d'irréparables désastres. Toutefois la richesse et la puissance de la nature sont telles, en ces heureuses contrées, qu'au lendemain de ces épouvantables cataclysmes, à

Fig. 38. — Volcan du Tolima dans la Nouvelle Grenade.

peine on en découvre encore quelques traces au sein de ses forêts et de ses vallées.

Les palmiers abondent dans ce pays. Chaque année les explorateurs en découvrent de nouvelles espèces, et, de leur avis même, il en reste encore beaucoup à découvrir. Un des plus fructueux voyages entrepris dans ces dernières années a été celui que fit, en 1875, M. Ed. André, et dont il vient de publier une relation charmante. Les Cordillères sont souvent franchies de nos jours ; des chemins de fer s'élèvent peu à peu le long de leurs pentes, et des cols élevés ont déjà livré passage aux puissantes machines créées par de hardis ingénieurs. Des services à vapeur réguliers remontent la Magdalena, l'Orénoque, l'Amazone et ses affluents, et la traversée du continent américain méridional, problème redoutable autrefois, commence à n'être plus qu'un voyage long et fatigant encore, mais point extraordinaire. Il est vrai que lorsqu'il faut s'écarter, pour la recherche de plantes nouvelles, des grandes voies de communication, et explorer à l'aventure des pays perdus habités par tant de races sauvages, l'entreprise devient périlleuse. On se sent pris de respect devant ces hommes de cœur qui risquent, chaque jour, leur vie pour dérober à la nature une fleur ou une plante enfouie au fond des solitudes de la forêt vierge.

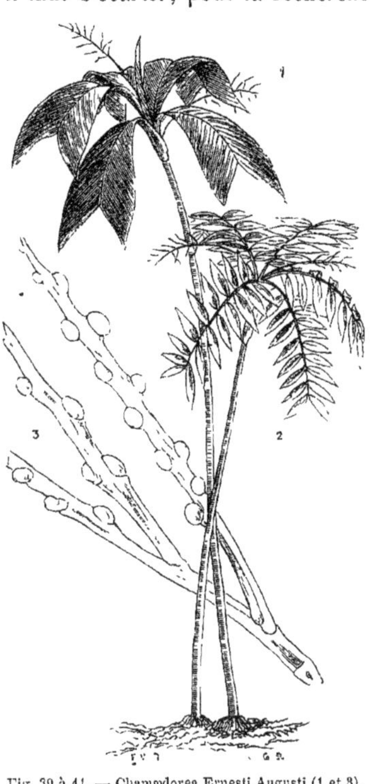

Fig. 39 à 41. — Chamædorea Ernesti Augusti (1 et 3). Chamædorea elegans Mart. (2).

Parmi les palmiers de la région occidentale, comprenant la Colombie et la Nouvelle-Grenade, nous trouvons au premier rang un grand nombre de Chamædorea, dont une espèce, dédiée par M. Wendland à son ancien souverain, le roi de Hanovre Ernest-Auguste (*Chamœdorea Ernesti-Augusti*) [fig. 39 à 41], se distingue de tous les autres par la beauté de son tronc élancé, semblable à celui des bambous, par ses frondes vertes, entières, larges, profondément échancrées, entre lesquelles naissent de nombreux régimes chargés de baies rouges et brillantes (fig. 41).

Dans les forêts de la Nouvelle-Grenade, ainsi que dans celles du Pérou, on trouve un palmier étrange qui se rencontre rarement sur les bords de l'Amazone : le *Phytelephas macrocarpa* (fig. 42). Il aime les vallées humides, le bord des rivières, les terres d'alluvion, où sa souche, couchée à la surface du sol, peut acquérir rapidement un grand développement et supporter sa large couronne de frondes pennées (160 pin-

Fig 42. — Phytelephas macrocarpa Ruiz et Pav.

nules), très-élégantes, vertes, lisses, et longues de près de 6 mètres. Ses fleurs répandent une odeur d'amande ; mais c'est par ses fruits, dont l'albumen durci fournit l'ivoire végétal, que ce palmier est surtout précieux ; contenues, au nombre de six à neuf, dans une enveloppe dure, noirâtre et couverte de protubérances ligneuses, ces graines présentent le singulier caractère d'avoir un albumen blanc, corné, homogène, dont les tourneurs font depuis quelque temps un grand usage. Sans avoir les qualités de l'ivoire animal, cet albumen fournit une matière blanche, suffisamment dure et résistante pour pouvoir, dans un grand nombre de cas, remplacer ce dernier.

CHAPITRE VI.

LA GRANDE RÉGION DES PALMIERS AU NOUVEAU-MONDE

SOMMAIRE : Bassin de l'Orénoque et de l'Amazone. — Un peuple étrange. — L'arbre de la vie. — Caractéristique de la flore. — Le climat, les forêts et les palmiers du Brésil. — Limite australe des palmiers.

Bassin de l'Orénoque et de l'Amazone. — Nous avons à examiner maintenant la partie de l'Amérique du Sud qui est par excellence, comme l'Inde et son grand archipel, la terre des palmiers. Tout les y favorise : la chaleur, l'humidité, la nature du sol, le voisinage de la mer ou de grands fleuves qui sont de vraies mers intérieures, l'égalité de la température, l'abri des montagnes : c'est l'Éden du règne végétal. Toute la flore de ces régions est d'une splendeur merveilleuse *. Dans les bassins de l'Orénoque et de l'Amazone, cette splendeur est telle, qu'il faudrait, pour en donner une idée, la plume d'un Bernardin de Saint-Pierre ou celle d'un de ces écrivains contemporains qui savent colorer jusque la statistique et faire d'une modeste serre parisienne un paradis. Leur verve éloquente, leur génie descriptif, les incroyables richesses de leur vocabulaire, trouveraient aisément à développer avec toute leur exubérance dans la description de ces régions enchantées. Quel sujet à traiter ! Qu'il ferait bon parler ici de ce fécond hyménée de la nature, de cette incomparable puissance de création qui, moins riche peut-être dans l'Inde, y fit naître toutefois cet hommage enthousiaste aux forces génératrices dont la cosmogonie de l'Indostan porte l'énergique empreinte jusque sur les murs de ses temples ! La mort, dans ces régions prodigieuses, est un mot vide de sens : tout incessamment s'y renouvelle ; tout y est vie, jusqu'au sein de la matière inorganique. Partout la séve gonfle la plante, et déborde ; l'humus y est dans un fourmillement continuel ; c'est tout un monde de ferments, une sorte d'ivresse de la nature, une exubérance de force vitale à jeter dans un saint délire le poëte panthéiste.

Fig. 43. — Plantation de cocotiers à Port-Royal (Jamaïque).

* On trouve dans le bassin de l'Amazone, entre autres, les espèces suivantes : les *Chamædorea pauci-*

La vie s'y greffe sur la mort, et ne lui laisse pas une minute pour accomplir son œuvre. Mourir là, c'est revivre mille fois, c'est renaître sous mille formes végétales nouvelles.

Le palmier se développe ici dans toute sa magnificence : il y est là comme le riche en son palais, entouré de tout ce qui le grandit et le fait resplendir; et comme toujours, et comme partout, il est le roi de cette riche nature. A son ombre croissent le cacaoyer, le balisier, mille plantes et mille arbres divers. Un parasitisme étonnant achève l'enchevêtrement de cette végétation inimaginable. Le palmier en est envahi. A sa tige pendent ou se dressent, en crinière ou en crête, des parasites sans nombre : les Broméliacées aux brillantes couleurs, les Orchidées aux enivrants parfums, les Loranthacées au feuillage élégant, les Lianes aux rameaux inextricables, celle qui donne la vanille comme celle dont les tribus sauvages tirent le terrible curare, s'attachent à tous les arbres, les couvrent de fleurs odorantes, leur font des panaches éclatants, et les entourent de guirlandes multicolores. Ces épais fouillis végétaux forment des forêts qui couvrent 800,000 kilomètres carrés (fig. 44). Au milieu coulent majestueusement l'Amazone et l'Orénoque, dont les eaux communiquent et se confondent même pendant les grandes inondations périodiques. L'un et l'autre reçoivent de nombreux affluents qui compteraient seuls parmi les principaux fleuves du monde. L'un de ces affluents, le Cassiquiare, fait communiquer en

flora; l'*Hyospathe elegans*; le *Cocos Weddelliana*; l'*Euterpe oleracea*; les *Œnocarpus distichus*, *Bataua*, *Bacaba*, *minor* et *circumtextus*; les *Iriartea exorhiza*, *ventricosa* et *setigera*; les *Geonoma maxima*, *multiflora*, *Spixiana*, *paniculigera*, *acutiflora*, *pauciflora*, *laxiflora*, *deversa*, *arundinacea*, *pycnostachys*, *stricta*, *macrostachys*, *acaulis* et *Poiteana*; les *Desmoncus horridus*, *macroacanthus*, *longifolius*, *prunifer*, *leptospadix*, *mitis*, *setosus*, etc.; les *Bactris chætorhachis*, *major*, *Maraja*, *pallidispina macroacantha*, *riparia*, *longifrons*, *aristata*, *concinna*, *bifida*, *campestris*, *chloracantha*, *mitis*, *cuspidata*, *pectinata*, *tomentosa*, *chætospatha*, *hirta*, *fissifrons*, *longipes*, *acanthocnemis*, *simplicifrons*, etc.; le *Guilielma speciosa*; le *Martinezia caryotæfolia*; l'*Acrocomia lasiospatha*; les *Astrocaryum Murumuru*, *gynacanthum*, *aculeatum*, *vulgare*, *Tucuma*, *Jauari*, *guyanense*, *acaule* et *Paramaca*; l'*Elæis melanococca*; le *Syagrus cocoides*; les *Maximiliana regia* et *insignis*; les *Attalea excelsa*, *speciosa*, *microcarpa*, *cephalotes*, *spectabilis*, *venatorum* et *gomphococca*; les *Lepidocaryum tenue* et *gracile*; le *Mauritia aculeata*.

Fig. 44. — Groupe de Palmiers dans une Forêt vierge de l'Amérique tropicale.

tout temps l'Amazone et l'Orénoque. Dans la partie supérieure de son cours, celui-ci traverse un pays montagneux, et franchit des déclivités considérables à Maypures et à Atures. Des îlots et des rochers sans nombre l'arrêtent dans sa course furibonde. Le fleuve se brise contre ces obstacles, les contourne et tombe de degré en degré par une succession de cascades. Sur chacun de ces îlots grandissent des massifs de palmiers élégants et superbes.

Un Peuple étrange. — Dans les forêts de palmiers de l'Amazone, vit un peuple sauvage étrange : il n'habite pas, il perche, et c'est dans les palmiers, près du sommet, qu'il fait sa demeure aérienne, nous allions dire son nid. Un plancher de tiges et un toit de feuilles de palmiers réunissent quatre de ces arbres : c'est là qu'il passe toute la période des grandes inondations et presque l'année entière. Il y est en sûreté ; il y vit heureux avec sa femme et ses enfants. Ce sauvage est loin d'être insociable ou barbare ; il a son luxe, et sa femme a sa coquetterie. Il connaît la valeur de l'argent ; il sait acheter et vendre ; il fournit au commerce la salsepareille, les produits divers de ses palmiers et, entre autres, des chapeaux d'un tissu très-fin.

L'Arbre de la Vie. — L'habitant de la Guyane anglaise trouve parmi les palmiers du pays un arbre précieux qui mérite le nom qu'on lui donne : *Arbre de la vie;* c'est le *Mauritia flexuosa* L. Ses feuilles flabellées fournissent la toiture des huttes ; ses pétioles, les poutres ; son tronc, les solives ; sa moelle, la nourriture ; le revêtement de son tronc, l'habillement et la chaussure des pauvres habitants des savanes.

Trait caractéristique de la Flore palmique du Nouveau-Monde. — Les Lépidocaryées de l'Inde sont remplacées, dans le bassin des grands fleuves américains, par des Cocoïnées, dont les frondes pennées ont une grâce, une légèreté et une élégance parfaites. Le *Manicaria saccifera*, le *Raphia tædigera*, le *Mauritia flexuosa,* s'étendent sur les rivages inondés et limoneux de l'Océan. Les Desmoncus servent de lien, au propre et au figuré, à la flore tropicale des Andes et à celle du bassin de l'Amazone*.

Le Climat, les Forêts et les Palmiers du Brésil. — L'étendue de l'Empire brésilien fait que tous les climats s'y succèdent selon la longitude et l'altitude. La chaleur et l'humidité sont extrêmes sous le tropique et dans la région des rivières. Les pluies, qui y sont abondantes du mois d'octobre au mois d'avril, y remplissent l'air de vapeurs qui, aspirées sans cesse par un soleil brûlant, y créent une atmosphère semblable à celle du *calidarium* des bains romains et des bains orientaux : c'est l'été. L'hiver, qui règne de mai à octobre, est l'éternel printemps de l'île de Calypso ou, comme ce terme de comparaison peut avoir vieilli, est semblable aux plus beaux mois des contrées que baigne le nord de la Méditerranée. La saison des pluies a, de plus, des orages dont la violence nous est inconnue, et pendant lesquels la nature semble bouleversée. Les nuits et les matinées sont d'une délicieuse fraîcheur, et rendent de la vigueur au corps énervé. Tel est le climat de la partie du Brésil située sous les tropiques. Au delà il est tempéré et favorise l'émigration, par exemple dans la province de Sainte-Catherine.

Plus d'un trait pittoresque de la description que nous avons faite des forêts du bassin de l'Amazone s'applique à certaines forêts vierges du Brésil, non moins riches que celles-là en lianes de toute espèce. Ce qui les caractérise toutefois, c'est le nombre des Monocotylédones, dont le feuillage admirable se mêle aux Térébinthacées, aux Légumineuses papilionacées, aux Mimosées,

* Les Cocoïnées épineuses semblent tenir au Brésil la place que tiennent dans l'Inde les *Calamus*. Aux *Desmoncus* que nous avons cités, joignons les *Desmoncus oxyacanthos* et *lophacanthos;* aux *Bactris*, les *Bactris acanthocarpa*, *setosa* et *caryotæfolia;* aux *Astrocaryum*, l'*Astrocaryum Ayri*, et nous n'aurons pas encore, il s'en faut, l'ensemble des Cocoïnées, famille nombreuse et envahissante. Nous nous ferions scrupule d'oublier l'utile *Cocos oleracea*, si apprécié dans le Minas Geraës; les *Cocos schizophylla* et *Romanzoffiana*. C'est une flore compliquée. Il faut encore nommer le *Syagrus botryophora*; les *Diplothemium maritimum*, *littorale* et *caudescens*, hôtes habitant les côtes sablonneuses de l'Océan; les *Attalea humilis*, *compta* et *funifera*. C'est celui-ci qui donne le *Piassaba*, cette fibre noire dont nous aurons l'occasion de parler en traitant les divers usages du palmier. Citons encore, d'après Martius, l'*Orbignya dubia*.

aux Cassiées et aux Césalpiniées. Rien n'est plus imposant que

Fig. 45. — Cocos Weddelliana.

ces forêts composées pour la plupart de végétaux dicotylédones. Elles ont des arbres énormes, tellement élevés, qu'à peine on en peut distinguer dans le fouillis de ces lianes les premières branches. Ce sont de prodigieuses colonnes, dont le chapiteau se dérobe au regard. Le jour, il règne dans ces forêts un silence qui étonne; la nuit, tous les bruits de la création s'y font entendre: c'est un sabbat terrifiant, dans lequel le singe hurleur joue le principal rôle. Les proportions des grands arbres, comparables aux Sequoias de la Californie et aux plus grands Eucalyptus pour la hauteur, en rendent le sommet inaccessible, et le fouillis des taillis qui entourent leur base, ainsi que la dureté du bois, ne permet guère de les abattre. Dans ce fouillis, où les Orchidées déploient leurs splendeurs, où la vanille fleurit, où mille plantes sarmenteuses cherchent les conditions favorables à leur existence, et suspendent partout leurs girandoles et leurs guirlandes, vit un palmier élégant et gracieux entre tous, le *Cocos Weddelliana* (fig. 45), dont les frondes légères, pennées, élancées et d'un beau vert, sont supportées par un tronc svelte et feutré. Bien que appartenant au groupe des Cocoïnées, ses fruits sont loin d'atteindre la dimension de ceux de plusieurs autres espèces; ils ne sont guère plus gros que les fruits d'un noyer (*Juglans regia*) de nos climats, mais présentent tous les caractères intérieurs et extérieurs propres à la noix de coco.

Le cocotier ne semble pas, au Brésil, être un arbre indigène; les Portugais l'ont apporté, à ce qu'on croit, des îles du cap Vert. Il est aujourd'hui parfaitement acclimaté au Brésil. Le *Cocos nucifera* se plaît le long de la mer, et y forme au nord du pays des forêts spéciales sous l'ombre desquelles ne croissent que des arbrisseaux buissonneux. Une charmante espèce de cocotier, le *Cocos plumosa,* dont les frondes sont moins rigides que celles du palmier type, et le port plus gracieux, paraît s'accommoder fort bien du climat brésilien. Introduite depuis peu de ce pays dans le Jardin botanique de Brisbane, elle s'y développe dans toute sa splendeur, et apporte au paysage qui l'entoure une beauté exceptionnelle (fig. 46).

D'autres palmiers étrangers au Brésil y ont été introduits depuis le cocotier. Tels sont le *Phœnix dactylifera,* encore peu répandu, et l'*Elæis guineensis.* Il n'est guère de palmier indien

Fig. 46. — Le Cocos plumosa dans le Jardin botanique de Brisbane. (Voir page 95.)

que l'homme ne puisse cultiver dans cette admirable contrée, et presque tous y sont aussi féconds, leur végétation y est aussi luxuriante que sur le Continent et dans le grand Archipel des Indes orientales. Citons le *Saguerus saccharifera*, le *Borassus flabelliformis* et le *Caryota urens* parmi ceux qui embellissent et enrichissent la contrée. La flore palmique indigène est nombreuse

Fig. 17. — L'Attalea compta.

autant que variée. L'*Euterpe edulis*, dans les provinces de Bahia, Minas-Geraës et Goyaz, se distingue de ses congénères par sa beauté correcte; l'*Attalea compta*, au tronc droit et cylindrique (fig. 47), est si beau, que les indigènes eux-mêmes l'ont respecté dans plusieurs endroits depuis de longues années, et, séduits par l'aspect admirable et grandiose de ces arbres, en ont laissé subsister de magnifiques spécimens qu'on rencontre isolés dans les pâturages brésiliens. Avec leurs troncs élancés

supportant une large et riche couronne de feuilles, ces palmiers sont d'une beauté classique; les *Geonoma Pohliana*, *Schottiana*, *elegans*, etc., avec leurs troncs grêles et arundinacés, sont plutôt des romantiques, aussi bien que les *Desmoncus polyacanthos* et *orthoacanthos*, le *Bactris Maraja*, l'*Astrocaryum vulgare* et les autres espèces armées d'aiguillons qu'on trouve dans ces vastes régions.

Sur les pentes boisées des montagnes du Brésil, dans les vallées qu'elles forment et qui donnent aux paysages brésiliens tant de beauté, de grâce et d'imprévu, croissent les *Astrocaryum campestre* et *flexuosum*, le *Geonoma capitata*, le *Syagrus comosa*, le *Diplothemium campestre*, le *Desmoncus pycnacanthos*, le *Geonoma pauciflora*, le *Copernicia cerifera*, le *Cocos coronata*, l'*Attalea phalerata* et les *Mauritia vinifera* et *armata*. Un seul palmier, le *Trithrinax brasiliensis* (pl. XXVI), se remarque dans les provinces centrales du Brésil, où il s'étend en buissons touffus. C'est une des plus belles espèces de palmiers qui existe : aussi est-elle répandue depuis longtemps dans nos serres, où elle porte souvent le nom de *Thrinax Chuco*. L'espèce dominante au Brésil est l'*Acrocomia sclerocarpa*, dont le fruit a un noyau très-dur, sur lequel s'exerce en sculptures variées le goût artistique des nègres. Nous avons déjà parlé de l'*Euterpe edulis*; il est, comme d'autres palmiers, mais avec une préférence due à sa beauté, cultivé dans les villes à titre de plante ornementale. La célèbre avenue de palmiers du Jardin botanique de Rio Janeiro, longue de 600 mètres environ, est composée d'Euterpes hauts de près de 100 pieds, et d'une telle régularité, qu'il semble que ce soit une double colonnade classique de fûts légèrement renflés au milieu et couronnés d'un chapiteau corinthien évasé verdoyant, et dont les feuilles, qui ont jusqu'à 18 pieds de longueur, se croisent en une courbe gracieuse, et simulent une voûte hardie et monumentale d'un aspect saisissant.

Limite australe du Palmier. — Nous atteignons, en même temps que le terme de notre tour du monde, les limites australes de la région des palmiers du Nouveau-Monde. Il y en a beaucoup au Paraguay et sur les bords du grand fleuve qui a donné son nom au pays ; mais on n'y trouve plus la variété de la flore palmique du Brésil. Fermé pendant de longues années aux étrangers sous la dictature du docteur Francia, qui y exerça le pouvoir absolu pendant près de trente ans, gouvernant selon le caprice de son esprit bizarre, soupçonneux et féroce, le Paraguay, troublé depuis par la guerre civile et la guerre étrangère, n'a pas encore été complétement étudié. Sous Francia, on n'y entrait pas, et, lorsqu'on avait insisté pour y pénétrer, et qu'on en avait obtenu par faveur la permission, on n'en pouvait plus sortir. Francia ne badinait pas : un illustre voyageur français qui fut le collaborateur de Humboldt, dans ce voyage scientifique resté jusqu'aujourd'hui sans égal, Bonpland, fut retenu prisonnier pendant dix ans au Paraguay, en dépit d'une royale intervention et des démarches actives de Chateaubriand, alors ministre des affaires étrangères de France. Les parties basses et marécageuses de ce pays sont de vraies forêts de palmiers. La latitude est la même que celle du Brésil, car le Paraguay excède fort peu au sud la frontière de cet empire. Montevideo, la ville la plus méridionale du pays (Uruguay), est sous le 35° degré de latitude australe. Les palmiers du Paraguay et de la zone parallèle, dans la Plata et le Chili, sont le précieux *Copernicia cerifera* et le *Trithrinax brasiliensis*, qui atteint le 31e degré de latitude australe. L'*Acrocomia Totaï* croît le long du Parana, et est cultivé dans les jardins jusqu'au 28e degré, ce qui excède la limite du *Diplothemium littorale*. Le cocotier et le dattier ne sont plus au Paraguay que des arbres d'agrément.

Auguste de Saint-Hilaire fixe entre 34° et 35° la limite sud-américaine du palmier. A la vérité, il ne dit pas quels palmiers il a découverts à cette latitude. D'Orbigny a trouvé au 32e degré le *Cocos Yatay*, mais il se peut que l'assertion de Saint-Hilaire soit exacte. Il n'y a pas de palmiers dans l'immense région des Pampas ; elle est tout entière au delà de la zone où ils peuvent vivre. Bien que la limite soit difficile à préciser, nous savons toutefois qu'elle n'excède point hypothétiquement le

35e degré sud. Les derniers palmiers de la flore sud-américaine sont des espèces à feuilles pennées (le *Jubæa spectabilis* et le *Cocos Yatay*). Le *Jubæa spectabilis* appartient à cette partie de la flore américaine qui se rapproche insensiblement de la végétation des régions froides. La flore alpine brille déjà de toute sa beauté dans cette partie sud du domaine des Andes tropicales. C'est le dernier palmier trouvé sur le continent sud-américain *, tandis que le *Sabal Adansoni* est, avons-nous vu, celui qui atteint en Amérique la latitude boréale la plus élevée. Originaire du

Fig. 48. — Jubæa spectabilis.

Chili, nous le rencontrons au terme de notre voyage dans ces régions admirables où les palmiers font de leur splendide verdure « une verdoyante ceinture au monde ». Le *Jubæa spectabilis* (fig. 48) est l'un des plus beaux palmiers qui aient été introduits en Europe. C'est une magnifique espèce de serre froide, qui ne demande guère de soins. Son tronc cylindrique, couvert d'écailles formées par la base persistante des feuilles, peut atteindre jusqu'à 12 mètres de hauteur. Ses feuilles longues ont près de 4 mètres de haut ; elles sont pennées : les pennules linéaires sont vertes et luisantes.

* M. Bertero a trouvé dans l'île Juan Fernandez un palmier que les habitants appellent Palmier Chouca.

C'est un des meilleurs palmiers connus pour la culture en appartements, et l'emploi en devient de jour en jour plus fréquent. Il représente bien, dans les serres, la royale famille à laquelle il appartient, et, lors même qu'il est exilé dans des appartements inhospitaliers, il supporte avec énergie l'exil auquel on le condamne, et c'est à peine si on s'aperçoit, à la faiblesse du pétiole de ses feuilles, du traitement rigoureux infligé à ce « roi des végétaux ».

CHAPITRE VII.

LES PALMIERS FOSSILES.

Sommaire : Introduction. — Première apparition des Palmiers en Europe. — Homogénéité de la flore palmique fossile. — Palmiers et Conifères. — Derniers vestiges de la flore palmique fossile. — Nature des empreintes fossiles. — Des troncs fossiles. — Des feuilles fossiles. — I. Les Sabalacées : 1° les Sabals; 2° les Chamærops; 3° les Flabellarias. — II. Les Phœnicacées. — III. Les Borassacées : 1° les Latanites; 2° les Borassacées pennatifrondes. — IV. Les Lépidocaryées. — Les Leucophyllites. — Spathes fossiles. — Organes floraux fossiles. — Épines fossiles.

Introduction. — Au commencement de ce siècle, à l'époque des premières découvertes paléontologiques, les savants étaient tentés de rapporter aux Fougères et aux Palmiers toutes les formes étranges du monde fossile végétal. Le chevalier E. von Schlotheim, dans sa *Petrefactenkunde*, énumérait quinze variétés de palmiers fossiles, dont une seule est certaine. Von Sternberg (1838) cite quatorze espèces réparties en cinq genres. Sprengel, Bernhard Cotta, Parkinson, Burtin, Lindley, Witham, Gœppert, Rossmaessler, Zenker, Kutorga, décrivirent de nouvelles formes, que Unger réunit en constatant que le nombre de palmiers fossiles parfaitement déterminés s'élevait, en 1850, à quarante-trois espèces. De grands travaux ont été entrepris, depuis cette époque, dans les riches dépôts de la vallée de Progno, dans ceux des terrains tertiaires du Vicentin, dans la province de Vérone, dans ceux du Piémont. de la Dalmatie, de la Vénétie, de la Bohème, de la Suisse, du sud-est de la France, de la Pennsylvanie et de l'Amérique du Nord; on y a découvert de nombreux palmiers fossiles; aujourd'hui près de soixante-dix espèces sont connues, et ce nombre augmente encore chaque jour à mesure que les terrains de l'époque tertiaire sont mieux et plus complétement étudiés.

Première Apparition des Palmiers en Europe. — La première apparition des palmiers en Europe ne paraît pas antérieure à l'époque crétacée. On a longtemps cru, mais à tort, à la présence de quelques palmiers dans les fossiles des terrains des époques paléanthracitiques. On avait découvert dans le terrain houiller de l'Allemagne, de la France, de la Belgique, de l'Angleterre et des États-Unis, des troncs bizarres sur lesquels on croyait trouver les indices de cicatrices basilaires des feuilles, caractère distinctif de la famille des Palmiers. Un examen plus attentif permit de rectifier cette opinion erronée, et de placer ces troncs dans leur famille naturelle : leurs caractères extérieurs, ainsi que leur organisation intérieure, prouvent, en effet, qu'ils appartenaient non aux Palmiers, mais aux Équisétacées (fig. 49).

Fig. 49 — Tronc de Calamites fossile.

Des feuilles trouvées dans le terrain houiller furent longtemps prises pour des feuilles de palmier; elles furent désignées sous le nom de *Flabellaria borassifolia ;* on les considérait comme une preuve certaine de l'existence des palmiers à l'époque de la formation du terrain houiller proprement dit. La découverte d'échantillons plus complets a permis de restituer à ces empreintes leur vrai caractère : ce qui avait été pris pour des feuilles palmées n'étaient en réalité que les touffes de feuilles d'un arbre dont le port, bien différent de celui des palmiers, se rapproche beaucoup de celui des Yucca et des Dracæna.

Bien plus, des empreintes des fruits et des organes floraux du *Cordaites borassifolius** — c'est ainsi qu'est aujourd'hui désigné le pseudo-Flabellaria — ont été récemment exhumées : elles ont confirmé l'opinion qu'avait fait naître la découverte des touffes terminales; elles ont prouvé d'une façon définitive que les Cordaïtes appartiennent à une famille spéciale complètement éteinte depuis longtemps, ayant constitué, dans certaines localités de l'Europe et de l'Amérique du Nord, des forêts entières dont les dépouilles accumulées ont formé de riches dépôts de houille.

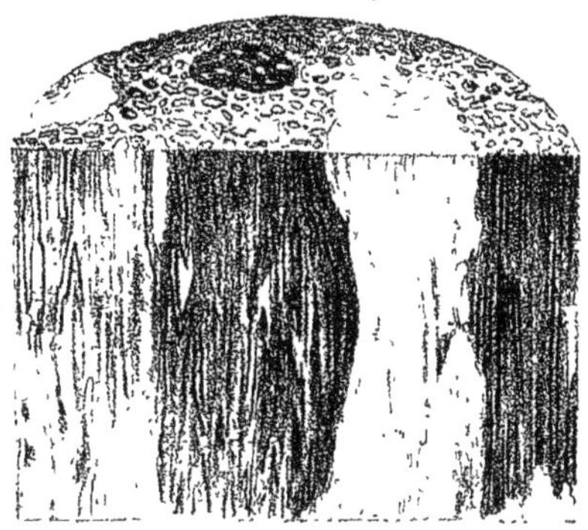

Fig. 50. — Tronc fossile de Psaronius helmintholitus.

D'autres fois on a pris pour des fossiles de palmiers, des bois silicifiés du terrain houiller et du grès rouge, dans lesquels les faisceaux vasculaires ont été isolés par la macération, et dont les cavités se sont remplies de silice amorphe ou cristallisée. Tel est le cas de certains *Psaronius*, comme le *Psaronius helmintholitus* (fig. 50). Ces Psaronius sont des fossiles connus depuis longtemps, surtout en Saxe et en Bohème, où ils ont été exploités autrefois comme une variété d'agate assez recher-

* M. Grand'Eury, de Saint-Étienne, range les Cordaïtes dans ses Subconifères (*Flore carbonifère du département de la Loire*, etc., p. 208 et suiv.), et le genre *Cordaites* semble, aux yeux de quelques savants (M. de Saporta), le prédécesseur du genre *Salisburia*.

chée pour la confection de tabatières ou d'autres objets de bijouterie.

Homogénéité de la Flore palmique fossile. — Cette découverte a rendu à la flore fossile des palmiers son homogénéité. On avait peine à admettre l'existence de nombreux palmiers à l'époque anthracitique, alors qu'on ne retrouvait plus aucune trace de cette famille dans les dépôts des époques permienne, triasique et jurassique. On pouvait d'autant moins l'admettre que, dans les étages moyen et supérieur de l'époque crétacée (aptien et danien), les palmiers réapparaissent en grand nombre, et continuent à couvrir le globe de leur verdoyante et puissante végétation jusqu'au moment (époque pliocène) où toutes les formes équatoriales sont chassées par un climat refroidi et par l'envahissement d'espèces plus vigoureuses.

Palmiers et Conifères. — Pendant longtemps, les palmiers forment des bois considérables dans la Haute-Italie; les forêts de l'Europe moyenne sont composées, en grande partie, d'arbres toujours verts; de nombreux conifères à succin, aux troncs gigantesques, croissent dans l'Allemagne du Nord, la Scandinavie et l'Irlande. « La Suisse était couverte, dit M. Heer, de vertes forêts de figuiers et de lauriers; de magnifiques bosquets de palmiers bordaient les fleuves, et sous leur végétation gigantesque se jouaient des éléphants, des rhinocéros, des tapirs et des singes. » Deux familles dominaient la végétation de cette époque : les Palmiers et les Conifères. L'association des palmiers aux conifères semble étrange tout d'abord; mais on s'en étonnera moins si l'on se rappelle que Christophe Colomb, à son premier voyage de découvertes, vit à la pointe orientale de l'île de Cuba des pins et des palmiers. Alexandre de Humboldt rencontra, lui aussi, dans les hautes vallées du Mexique, des forêts où les pins mêlaient leur sombre feuillage aux frondes élégantes des Coryphinées. Le même fait a été constaté tout récemment par Griffith sur les montagnes de l'Empire birman, dans les bois de conifères du Martaban, où se rencontrent, mélangés à des pins vigoureux, de nombreux *Chamærops Khashyana*. Les conifères ont résisté aux divers changements de climats qui se sont succédé durant ces périodes, tandis que les palmiers, qui forment le caractère distinctif de la période miocène, ont presque complétement disparu du continent européen; ainsi qu'un grand nombre d'autres espèces végétales, ils n'ont pu résister aux phases climatériques des époques suivantes. Au climat de l'époque miocène, comparable à celui de l'Égypte septentrionale ou du sud des États-Unis, succédait en effet un climat plus froid que le nôtre, celui de l'époque glaciaire.

Derniers Vestiges de la Flore palmique. — Les derniers palmiers fossiles qui semblent avoir vécu en Europe sont ceux que l'on rencontre dans l'étage supérieur ou œningien du terrain tongrien; mais, cette formation épuisée, il n'existe plus aucune trace de palmiers dans les terrains des époques postérieures. Ce dernier moment de la végétation tropicale en Europe semble réunir tous les types de la famille: le *Sabal major* rappelant les palmiers du nord de l'Amérique, le Palmetto de la Floride, le *Latanites Maximiliani* évoquant le souvenir des palmiers asiatiques, des Coryphas aux larges feuilles, les Phœnicites, dont le nom, comme la feuille, nous fait songer aux dattiers du Sahara africain, le Manicaria, semblable à celui des côtes du Brésil. Les palmiers grimpants de cette période enlaçaient, dans les forêts du monde primitif, les Conifères, les Laurinées, etc., comme leurs congénères asiatiques, les Rotangs, forment encore aujourd'hui de leurs tiges grêles, flexueuses, un vaste réseau autour des arbres des forêts des Indes orientales.

Nature des Empreintes fossiles. — Les empreintes fossiles qu'on a retrouvées dans les terrains crétacés de l'époque secondaire et dans ceux de l'époque tertiaire, se rapportent soit à des troncs de palmiers, soit à des feuilles, soit à des organes floraux.

Des Troncs fossiles. – Les troncs des palmiers commencent à se montrer pour la première fois d'une manière certaine dans les formations supérieures du terrain crétacé. Ils deviennent assez communs dans les terrains tertiaires, inférieurs et moyens de l'Europe. On les retrouve également en assez grand nombre dans les dépôts plus récents des régions méridionales. Les troncs de palmiers sont tantôt silicifiés, tantôt opalisés, tantôt réduits en charbon, et ne montrant plus que leurs faisceaux vasculaires. Ceux qu'on a pu reconstituer à l'aide des empreintes creuses laissées dans les terrains qui les comprimaient, peuvent se répartir en trois catégories : 1° les troncs revêtus de leurs feuilles; 2° ceux qui étaient recouverts des bases engaînantes des feuilles, ou qui en montraient d'une manière évidente les cicatrices; 3° ceux qui étaient dépouillés de leur écorce et ne présentaient par conséquent aucune trace de feuilles. C'est de ces derniers que nous allons tout d'abord nous occuper.

Les troncs fossiles de palmiers désignés par Brongniart sous le nom de *Palmacites*, sont rares, et la valeur de la classification de ceux qui n'ont ni écorces ni cicatrices foliaires, ni bases engainantes, est très-discutable. Les *Palmacites*, aujourd'hui connus et décrits d'après les troncs nus, sont les suivants : *Palmacites grandis* Sap., *aquensis* Sap., *canadetensis* Sap., *arenarius* Watt., *axonensis* Watt., *Didymosolen* Sch., *perfossus* Sch., *helveticus* Heer, *antiguensis* Ung., *Withami* Ung., *stellatus* Ung., *dubius* Ung. et *ceylanicus* Ung. Comme on le voit, le nombre en est considérable, mais un examen plus attentif, plus minutieux, fera disparaître certaines espèces en révélant la synonymie d'une partie d'entre elles.

Les troncs munis de gaînes ou de cicatrices basilaires peuvent plus facilement être comparés aux espèces actuellement existantes. C'est ainsi que l'on retrouve dans les étages géologiques des troncs rappelant le type des Rhapis (*Palmacites vaginatus* Sap. et *vestitus* Sap.), des Cocotiers (*Palmacites annulatus* ou *cocoiformis* Brongt.), des Sabals (*Palmacites echinatus* Brongt.), des Dattiers (*Palmacites erosus* Sap.). Les caractères de ces espèces sont en effet plus aisés à déterminer : on peut, avec plus de certitude, circonscrire des genres et établir des limites mieux définies.

Les troncs portant encore leurs feuilles sont très-rares. Ils peuvent être classés d'une façon définitive, les familles auxquelles ils appartiennent étant nettement indiquées par les vestiges des feuilles qu'ils portent. Ces fossiles ne forment point un groupe particulier; ils doivent être naturellement répartis dans des groupes basés sur les différences des feuilles entre elles. Ils sont, au reste, d'une rareté extrême. Le spécimen le plus remarquable est celui qui est conservé dans le Musée d'histoire naturelle de Padoue. M. Visiani, un paléontologiste très-connu et très-estimé, l'a décrit sous le nom de *Latanites Maximiliani*, en souvenir du malheureux archiduc autrichien Maximilien, fusillé à Quaretaro (Mexique). Il est très-intéressant, car ce fossile, unique en ce moment dans le monde, montre la partie supérieure du tronc, longue d'environ 50 centimètres et portant neuf feuilles en certaines parties parfaitement conservées. Le pétiole d'une de ces feuilles a près de 2 mètres de long, les autres ont un peu moins; les limbes foliaires mesurent environ 1 mètre (fig. 51).

Feuilles fossiles. — Les feuilles des palmiers ont laissé des empreintes plus nombreuses, mieux marquées et plus complètes que les stipes. N'ayant à leur disposition aucun autre organe de la plante, c'est sur le seul aspect des feuilles que les naturalistes ont dû baser leur classification. L'un des plus éminents auteurs, M. W. Ph. Schimper, répartit les palmiers fossiles en quatre familles. S'inspirant des points de ressemblance que ceux-ci présentent avec tel ou tel des genres encore actuellement existants, il établit les quatre divisions suivantes: les *Sabalacées*, les *Phœnicacées*, les *Borassacées* et les *Lépidocaryées*. Les Sabalacées comprennent trois sous-divisions : les Sabals proprement dits, les Chamærops et les Flabellaria.

I. Des Sabalacées. — 1° Les Sabals. — Le premier type rencontré dans les derniers dépôts de l'époque crétacée appartient aux palmiers flabellés, et paraît être très-voisin du *Sabal Adansoni*, qui habite aujourd'hui les parties méridionales de l'Amérique du Nord. Le caractère propre au Sabal fossile est une large feuille à rayons nombreux, généralement moins profondément découpés que dans les Sabals de notre époque. Le plus répandu est le *Sabal major* (Ung., Heer). On le

Fig. 51. — Latanites Maximiliani.

rencontre en grande abondance à partir de la période tongrienne jusque vers le milieu de l'époque miocène, tandis que le *Sabal hæringiana* Sch. paraît surtout à la fin de l'époque tertiaire.

Le *Sabal major* est comparable au *Sabal umbraculifera* Jacq. On a découvert ce magnifique palmier dans les schistes calcaires bitumeux du miocène inférieur à Hæring (Tyrol), marneux de Radoboj (Croatie), marneux bitumeux de Lobsann (Bas-Rhin), dans l'argile plastique de Priesen et le schiste à polir de Kutschlin (Bohème), dans la molasse et les marnes près de Lausanne, près de Villars et Vevey (Vaud), à Monte-Bamboli (Val d'Arno), dans les lignites de Rott, près de Bonn, dans les calcaires du bassin de carénage de Marseille, aux environs d'Alais, dans les grès ossifères du bassin de l'Agout (Tarn), dans un dépôt à la base du tongrien (aux environs de Castres) et à Hemstead (île de Wight).

Le *Sabal major* semble être le type de plusieurs autres espèces qu'on a rencontrées dans le grès des sables inférieurs aux lignites près de Curolles (Oise) [*Sabal primæva* Sch.], ou dans celui de l'éocène supérieur aux environs d'Angers (*Sabal andegavensis* Sch.). Dans le calcaire grossier supérieur à miliolithes de Passy, près de Paris, on a découvert des feuilles fossiles palmées, assez semblables aux feuilles du *Sabal major;* on leur a donné le nom de *Sabal suessioniensis* Wat. En Amérique, le *Sabal Grayana* Lesq. a été trouvé dans une argile blanche de la formation miocène du Mississipi. Un autre Sabal américain, le *Sabal Campellii* Newb., porte des feuilles énormes, ayant de 8 à 10 pieds de large et 50 à 80 plis très-accusés. A la différence de ceux du *Sabal major*, les pétioles de ce Sabal ne présentent aucune trace de carène sur la face inférieure, et il semble que le rachis à la partie postérieure de la fronde soit également plus court. On le rencontre dans les dépôts miocènes des bords du Yellowstone-River (Haut-Missouri). Deux autres Sabals se rapprochent davantage du Palmetto (*Sabal Adansoni* Guern.). Ce sont : le *Sabal hæringiana* Sch., et le *Sabal Ziegleri* Heer. On trouve ce dernier dans le calcaire tertiaire blanc du Locle (Suisse) et dans les lignites de Bornstadt (Thuringe).

Le *Sabal hæringiana* (fig. 52) est le palmier fossile le plus abondant dans les terrains de l'époque tertiaire. On a souvent discuté la question de savoir si le *Sabal hæringiana* ne serait pas un *Sabal Adansoni* antédiluvien. Cette question est encore aujourd'hui très-controversée. Les feuilles de ces deux espèces se ressemblent beaucoup: celles du *Sabal Adansoni* sont toutefois un peu plus petites, ont des rayons moins nombreux, et sont moins profondément découpées que celles du *Sabal hæringiana*. On a rencontré celui-ci non-seulement à Hæring, mais encore dans le miocène inférieur à Radoboj-Sotzka, au Monte-Promina, à Chiavone, à Mornex, au Salève, près de Genève, à Ériz (Berne), à Devalier (Jura), près de Lausanne, et dans la molasse, près de Grépriac aux environs de Toulouse.

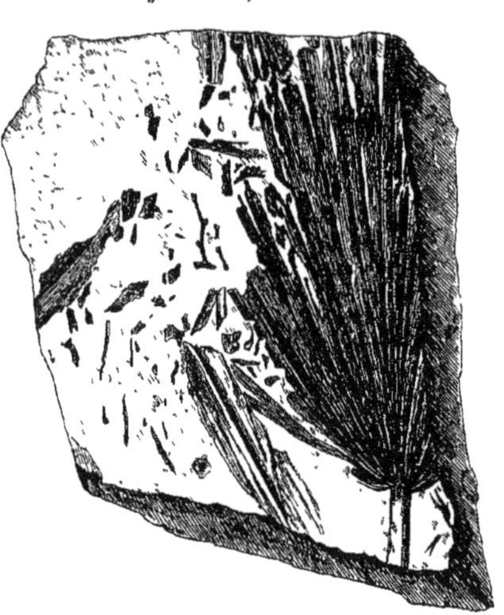

Fig. 52. — Fronde fossile du Sabal hæringiana Ung. (Flabellaria Martii).

2° Les Chamærops. — Si les rapports étroits qui semblent exister entre les feuilles d'espèces fossiles et celles d'espèces encore existantes ont décidé les botanistes à réunir, sous le nom de *Sabal*, toutes les empreintes de feuilles présentant certaines analogies avec les feuilles des Sabals actuels, à plus forte raison ont-ils dû être frappés de l'étroite ressemblance que certaines feuilles fossiles présentent avec celles du *Chamærops humilis*, l'unique palmier européen. Deux représentants de cette famille ont été retrouvés dans les terrains de l'époque tertiaire. M. Heer découvrit dans le grès de la molasse inférieure, à Bollingen et à Utznach, aux environs de Zurich, des feuilles palmées qui présentaient la plus grande analogie avec celles du *Chamærops humilis;* elles paraissent toutefois plus grandes, et leurs rayons semblent avoir été réunis sur une longueur beaucoup plus étendue que celle constatée dans les espèces vivantes. M. Heer lui donna le nom de *Chamærops helvetica*. M. Ettingshausen découvrit une variété de ce type dans le tripoli, à Kutschlin, en Bohème. Ce fossile, le *Chamærops kutschliniana* Ett., se rapproche encore plus de l'espèce actuelle : ses feuilles sont plus petites et leur consistance est moins solide.

3° Les Flabellaria. — La troisième subdivision que les paléontologistes ont établie dans les Sabalacées est connue sous le nom de *Flabellariées*. Von Sternberg a réuni dans ce genre les espèces à feuilles flabellées, dont la place systématique n'est pas encore bien déterminée. Dans ce genre provisoire se classent tous les palmiers à feuilles flabellées, en attendant que des découvertes plus complètes permettent de leur attribuer une place définitive, soit parmi les espèces actuellement décrites, soit au sein de genres nouveaux, à caractères nettement déterminés. C'est ainsi que le *Flabellaria longirachis* Ung. semble être appelé à devenir le type d'un genre intermédiaire entre les palmiers à feuilles flabellées et ceux à feuilles pennées.

D'autres Flabellaria ont été dénommés, soit sur des échantillons très-mal conservés, comme les *Flabellaria parisiensis* Brongt. et *Goupili* Wat., soit sur des échantillons incomplets dépourvus de rachis; ces derniers ne peuvent naturellement pas être rapportés avec quelque certitude à l'un des groupes précédents (*Sabal* ou *Chamærops*). Tel est, par exemple, le cas du *Flabellaria chamæropifolia* de Gœppert, dont on a découvert quelques fragments dans le grès crétacé (*Quadersandstein*) de Tiefenfurth, en Silésie. Le *Flabellaria Lamanonis* Brongt. (fig. 53) semble appartenir à un genre aujourd'hui éteint; il présente une forme bien caractérisée : le limbe de ses feuilles est prolongé antérieurement, le pétiole est terminé en un coin anguleux sur lequel tous les rayons viennent uniformément aboutir. L'absence de côte médiane dans les segments distingue cette espèce des Sabals, et ne permet pas de la considérer comme un précurseur du *Trachycarpus excelsus* de la Chine. Une espèce trouvée récemment, le *Flabellaria litigiosa* Sap., semble être un type intermédiaire servant de trait d'union entre les Sabals et le *Flabellaria Lamanonis* Brongt.

II. Les Phœnicacées. — Le deuxième grand groupe de feuilles de palmiers dont on rencontre des empreintes fossiles rappelle les frondes du dattier. Cette ressemblance a déterminé Brongniart à donner à ce groupe le nom de *Phœnicites*. On ne trouve actuellement en Europe qu'un seul dattier, le *Phœnix dactylifera*. C'est dans le terrain tertiaire du Véronais (à Negroni) et du Vicentin (à Chiavone) que l'on a rencontré le plus grand nombre de Phœnicites. Massalongo, dans son *Synopsis Palmarum*, en décrit de nombreuses espèces. De grandes difficultés viennent souvent entraver l'étude des fossiles de ce groupe. Par la pression énorme exercée, pendant des siècles, sur elles, les folioles de certaines espèces sujettes à se diviser en deux moitiés longitudinales présentent un aspect particulier, qui a parfois fait prendre des spécimens de *Phœnicites spectabilis* Ung. pour des Phœnicites nouveaux et non encore décrits.

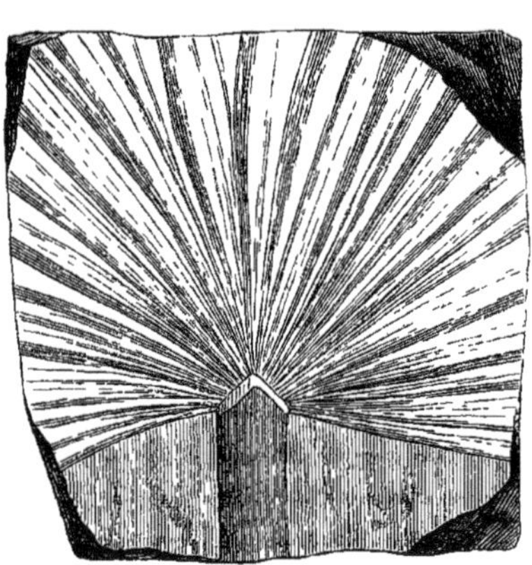

Fig. 58. — Flabellaria Lamanonis Brongt.

M. de Sismonda a découvert en Italie, dans l'argile qui forme le toit de la mine de lignite de Cadibona (argile appartenant au terrain miocène inférieur du Piémont), un magnifique échantillon de Phœnicites, auquel il donna le nom de *Phœnicites Pallavicinii* Sism. Ce spécimen de la flore fossile a 1 1/2 mètre de long. Il est admirablement conservé, surtout dans sa partie supérieure. La feuille offre une grande ressemblance avec celle du *Phœnix dactylifera*, qu'on trouve encore aujourd'hui le long de la rivière de Gènes; les folioles sont toutefois plus larges dans l'espèce fossile.

Le *Phœnicites spectabilis* Ung. est représenté par une feuille qui semble avoir dû être énorme. Les pennules ont une largeur de 3 centimètres au moins. Elles se recouvrent les unes les autres de la moitié de leur largeur; vers la base, elles se rétrécissent considérablement et se plissent en même temps suivant la nervure médiane, de manière à former une carène tranchante.

Un Phœnicites assez peu distinct a été découvert également dans les grès des lignites miocènes d'Altsattel en Bohème. Unger l'a décrit sous le nom de *Phœnicites angustifolius :* il semble être peu distinct de l'espèce qu'il a décrite sous le nom de *Phœnicites salicifolius.*

Massalongo, explorant les riches dépôts du terrain tertiaire italien, a trouvé, à Negroni et à Chiavone, de nombreux fossiles se rapportant naturellement aux Phœnicites par leur forme bien caractérisée. Ce sont les *Phœnicites veronensis* et *Danteanus*, trouvés à Negroni, et le *Phœnicites Sanmichelianus*, trouvé à Chiavone. Une autre espèce, le *Phœnicites wettinioides* Mass., semble devoir être considérée comme appartenant au *Flabellaria longirachis* Ung.

III. Des Borassacées. — Un troisième groupe de feuilles fossiles a été formé, dans ces derniers temps, sous le nom de *Borassacées*. Les paléontologistes en ont créé deux sous-divisions, en se basant sur la forme flabellée ou pennée des feuilles : les *Flabellifrondes* et les *Pennatifrondes.*

1° Les Latanites. — Les Borassacées flabellifrondes ne comprennent qu'une seule famille créée par Massalongo, et encore les espèces qu'il a réunies dans le groupe des Latanites — c'est ainsi qu'il désigne ces feuilles fossiles pennati-flabellées — doivent faire l'objet d'un sérieux examen critique.

Ce savant paléontologue semble souvent avoir été trop disposé à créer et à donner un nom spécial à chaque fossile qu'il rencontrait. Il voyait des différences où elles n'existaient pas, et regardait la moindre dissemblance comme étant un caractère définitif, distinctif et spécial. Le type semble être le *Latanites parvulus* Mass., trouvé dans la formation éocène du Monte-Bolca : ses feuilles elliptiques étroites ont huit à dix pennules.

Dans les schistes et les calcaires de la partie supérieure des gypses d'Aix (éocène supérieur), dans les gypses de Gargas (Vaucluse), on a trouvé des Flabellarias très-rares et très-voisins du *Flabellaria Lamanonis*. Ce sont les *Flabellaria gargasensis* Sap. et *incerta* Sap.

Le comte de Saporta a découvert le *Flabellaria costata*, palmier fossile des plus curieux. Par la forme de sa feuille, il se rapproche beaucoup des Thrinax. Les segments sont au nombre de trente-cinq ou quarante ; leur nervation est composée de veines fines, multipliées et presque égales.

M. Heer a décrit quelques Flabellarias qu'une étude plus complète permettra probablement de restituer aux Chamærops : ce sont les *Flabellaria œningensis*, *latiloba* et *Rüminiana*. Tous les trois ont des feuilles assez semblables à celles des Chamærops. Le rachis de la dernière espèce est court et arrondi. La feuille semble avoir été très-grande (diamètre de plus d'un mètre). Le *Flabellaria latiloba* Heer ressemble beaucoup, quant à la forme de ses feuilles, au *Trachycarpus excelsus* de la Chine ; ces feuilles palmées offrent, dans l'espèce fossile, la même forme et la même composition que dans l'espèce vivante. Toutefois les rayons foliaires sont libres jusqu'à la base dans cette dernière, et ils ne se dilatent pas aussi brusquement vers leur partie supérieure dans celle-ci que dans la plante fossile. Le *Flabellaria œnigensis* est beaucoup plus petit que le *Chamærops helvetica*. Des études plus complètes permettront probablement à la science de ranger parmi les Sabals fossiles, les *Flabellaria gigantum* Mass., *sagoriania* Ettingsh., *Zinkeni* Heer, ainsi que le *Flabellaria vicentina* Mass. Ce dernier semble même se rapporter d'une façon absolue au *Sabal hæringiana*.

Le *Latanites Brocchianus* Mass. semble être une espèce intermédiaire du groupe des Sabalacées. Son rachis, en effet, la rapproche du *Chamærops helvetica* Heer, tandis que le limbe rappelle beaucoup celui du *Sabal major*. En général, tous les Latanites offrent de nombreux traits de ressemblance avec les Sabals. Le *Latanites Galilejanus* Mass. ou *Vegronum* Mass., trouvé à Vegroni, ne diffère du *Sabal major* que par son rachis plus court et par la forme de son pétiole, convexe de chaque côté dans le *Latanites,* caréné dans le *Sabal major*. Le *Latanites roncanus* Mass., trouvé, comme l'indique son nom, dans le terrain tertiaire de Ronca, semble également devoir être très-voisin du *Sabal major*, ainsi qu'un magnifique palmier de la même époque trouvé à Chiavone par Massalongo, et décrit par lui sous le nom de *Latanites Canossæ*. Ses feuilles énormes sont supportées par un pétiole de près de 60 centimètres de long, et ayant à la base près de 8 centimètres d'épaisseur. Le *Latanites Maximiliani*, dont nous avons parlé plus haut, appartient également à ce groupe : il en est le plus bel et le plus complet échantillon.

Un Latanites décrit par Massalongo peut, croyons-nous, être regardé comme proche voisin du *Chamærops helvetica*, s'il n'est pas complétement semblable à celui-ci : c'est le *Latanites Palladii*. Il en est de même du *Latanites pinnatus* Mass., qui semble devoir être regardé comme synonyme du *Phœnicites nettinioides*, trouvé par Massalongo dans les mêmes localités, et dont nous avons précédemment indiqué les rapports étroits avec le *Flabellaria longirachis*. Le *Latanites chiavonicus* décrit par Massalongo ne diffère également du *Flabellaria latiloba* Heer que par son rachis plus court.

2° Les Borassacées pennatifrondes. — Le groupe des Borassacées pennatifrondes comprend deux espèces rappelant très-exactement certains types de la flore actuelle. Par la forme des pennules, par leur nervation convergente, par l'irrégularité de la disposition des pennules sur le pétiole, cette espèce fossile nous fait souvenir des frondes des *Geonoma acaulis* et *interrupta*. M. Heer l'a décrite sous le nom de *Geonoma Steigeri*.

La similitude extraordinaire d'un débris de feuille fossile trouvée dans une molasse du grès bleuâtre du Hohe-Rhonen, près de Zug (Suisse), avec le *Manicaria saccifera*, ce magnifique palmier de l'Amérique tropicale, a conduit également M. Heer à faire de cette seconde espèce de Borassacées pennatifrondes un genre spécial, auquel il a donné comme nom générique celui du palmier brésilien : *Manicaria formosa*.

IV. Les Lépidocaryées. — D'autres débris fossiles révèlent aux investigateurs des traces évidentes de feuilles de palmier. Les restes foliaires que l'on a trouvées à Œningen, dans le Kesselstein, et dans une argile tertiaire jeune de l'État du Mississipi, rappellent, tant par la forme que par la nervation des folioles, les Rotangs, les Calamus, les Plectocomia, les Zalacca des Indes orientales et des Iles de la Sonde. M. Heer les a réunis sous la dénomination de *Calamopsis*, et il a fait rentrer dans le groupe des Lepidocaryées le *Calamopsis Bredana* Heer, trouvé à Œningen, et le *Calamopsis Danai* Lesq. de l'Amérique du Nord.

Des Zeugophyllites. — On a longtemps considéré, suivant en cela l'opinion émise par Brongniart, certaines feuilles fossiles ressemblant à celles des Calamus, mais ayant des folioles opposées, comme appartenant aux palmiers fossiles et constituant la famille des *Zeugophyllites*. M. Schimper, au remarquable ouvrage duquel nous avons fait de larges emprunts, regarde ces fossiles de l'oolithe de Rana-Gunga au Bengale comme étant des Cycadées. Le *Zeugophyllites calamoides* Brongt. et le *Zeugophyllites elongatus* Morr. appartiendraient, d'après cet éminent paléontologiste, aux *Pterophyllum* ou *Anomozamites* Sch.

Des Spathes fossiles. — Quelques savants ont voulu voir dans certaines empreintes la trace des spathes des palmiers du monde primitif. A vrai dire, ces traces sont rares. On rencontre peu d'empreintes d'organes foliacés, souples, concaves; ils sont généralement déchirés par la compression du terrain dans lequel ils ont été enfouis. Ces organes foliaires, que Unger a nommés *Palæospathe*, ont une origine assez problématique. Le *Palæospathe*

Sternbergii Ung. (*Spatha Flabellariæ borassifoliæ* Sternb.) a été découvert dans le schiste du terrain houiller de Swina en Bohème; le *Palæospathe aroidea* Ung. (*Aroides crassispatha* Kutorga) a été rencontré dans le grès permien de l'Oural, et le *Palæospathe crassinervia* Sandb. et Sch. a été trouvé dans le terrain houiller supérieur permien à Hohengeroldseck, près de Lahr (grand-duché de Bade).

Citons encore les *Palæospathe Mazottiana*, *elliptica* et *lata* trouvés par Massalongo, tous plus ou moins bien conservés.

Organes floraux fossiles. — M. Schimper désigne les organes floraux fossiles qui semblent avoir appartenu à la famille des palmiers, sous le terme générique de *Palmanthium*. Une seule fleur femelle, *Palmanthium Martii*, ayant près de 3 1/2 centimètres de long, a été trouvée dans la molasse d'eau douce supérieure de Berlingen (canton de Thurgovie, Suisse). Elle présentait les trois sépales extérieurs parfaitement visibles, et semble avoir été attachée au spadice par un pédoncule épais et très-court. Martius a comparé cette fleur à la fleur femelle du *Borassus flabelliformis*.

Épines fossiles. — Une autre trace de leur passage a encore été laissée par les palmiers dans les lignites. Il semble, en effet, que de même que les Calamées et certaines Lépidocaryées des temps modernes, quelques espèces fossiles avaient des tiges et des spathes épineuses. On a en effet découvert, près de Laubach (Hesse) et de Bovey-Tracey (Angleterre), des tiges de palmiers grêles à spathe coriace, ayant des épines solitaires ou binaires. L'analogie entre ces troncs et ceux des *Dæmonorops* de l'époque actuelle a fait donner par M. Heer à ces curieux fossiles le nom de *Palmacites Dæmonorops*.

CHAPITRE VIII.

HISTOIRE DU PALMIER.

SOMMAIRE : Superstitions. — Origine miraculeuse attribuée à certains palmiers. — Légendes indoues et océaniennes : le Cocotier et le Rondier. — Le Figuier des Banians. — Histoire du palmier en Afrique. — Le palmier consacré à Isis et à Osiris. — Carthage. — Le Dattier et le Phénix. — Légende des îles Séchelles. — Le palmier en Judée. — Monnaies juives. — Pays dont le palmier est l'emblème. — La fontaine du palmier à Paris. — Le palmier, les poètes grecs et les anciens écrivains. — Le palmier dans l'architecture. — Rôle de la palme dans l'antiquité. — Ornement funéraire. — Ordre de chevalerie. — Poésies arabes. — Le palmier d'après les écrivains du moyen âge. — Histoire du Cocotier. — Le Dattier et la peinture à l'huile. — Les botanistes de la Renaissance. — Palmiers historiques. — Premiers palmiers introduits. — Quelques dates. — Introduction des palmiers pendant le XIXe siècle. — Cause de sa réussite. — Découverte de Smith. — Importation de graines. — Soins à apporter à leur conservation. — Botanistes qui se sont occupés spécialement des palmiers.

Superstitions et Légendes. — Épris des services multiples que lui rend le palmier, l'homme a divinisé cet arbre. Panthéiste naïf, il lui a attribué une origine merveilleuse, céleste. Les anciens peuples du Nord vouaient un culte au chêne; les populations nombreuses qui vivent sous les tropiques vénèrent dès longtemps dans le palmier l'arbre par excellence, l'arbre sacré. Les peuples sont comme les enfants : ils ont une irrésistible tendance à chercher partout du surnaturel, à diviniser toutes les manifestations, les expressions et les choses de la nature qui leur sont utiles, leur plaisent ou les charment.

Dans l'ancien continent, deux palmiers rendent de précieux services à l'homme : le cocotier et le rondier. Tous deux ont, d'après la mythologie des peuples asiatiques, une origine divine; Ceuxi, disent les Indous, fut immolé par son père Ixora dans un accès de jalousie. De son sang répandu sur la terre naquit le cocotier, cet arbre qui seul peut suffire à tous les besoins de l'homme. A Ceylan, les habitants bénissaient la mémoire de celui qui, le premier, leur avait fait connaître le cocotier. Voici la légende : Kottah Rajah était un puissant prince de l'intérieur de l'île. Atteint d'une maladie terrible de la peau, il était devenu hideux. Une vision céleste lui révéla l'existence du cocotier. « Allez, lui avait dit l'apparition, trouver l'arbre qui seul peut vous sauver; vous le rencontrerez après avoir fait cent lieues de marche vers le Sud. » Dès son réveil, le prince se mit en route; il trouva au terme fixé par l'apparition un arbre étrange, merveilleux, croissant au bord de l'Océan. Ni lui ni aucun de ses serviteurs ne se souvenaient en avoir vu de pareil; il en ramassa quelques fruits et, les brisant, y trouva une eau blanchâtre et douce qu'il but avec plaisir. Il fut bientôt guéri de son mal. Touché de reconnaissance pour cet arbre divin, il en fit partout planter les fruits, défendant sous peine de mort d'arracher et d'abattre les arbres qui en proviendraient.

Dans toutes les îles de l'Archipel, il est admis que le cocotier a une origine miraculeuse. A Tahiti, le premier cocotier poussa, dit-on, de la tête d'un homme, qui lui-même sortit de terre. Cela fait songer aux fictions du paganisme. Minerve sort tout armée du cerveau de Jupiter; Mars fait sortir de terre le cheval.

Les habitants des îles Marquises crurent longtemps qu'un dieu, venant pour les visiter d'une île appelée *Ootomanaa*, vit que leurs îles n'avaient pas de cocotiers. Émus de pitié, il leur fit don de cet arbre et, pour mieux marquer sa puissance, il le leur envoya dans un canot de pierre, ce qui était fort ingénieux.

Dans toutes leurs cérémonies religieuses, les Indous font figurer le cocotier. Éclate-t-il une épidémie, les naturels offrent de jeunes plantes de cocotier aux dieux irrités pour calmer leur colère; une tempête surgit-elle, c'est en jetant à l'Océan déchaîné des cocos en manière d'offrande propitiatoire que les Banians de Surate espèrent conjurer la fureur des flots. Fêtent-ils une naissance ou pleurent-ils le trépas d'un des leurs, les Cingalais suspendent un spadice fleuri de cocotier au-dessus du berceau ou de la tombe. A l'ile Fernando-Po existait un usage plus singulier encore : à la mort d'un indigène, ses proches l'enterraient dans la position d'une personne assise, la tête couverte de feuilles de cocotier sur lesquelles brûlaient des charbons ardents. Quand ils célèbrent, dans le temple de Vichnou, Ourrchati ou la naissance de Quuchenas, les Indous procèdent à des jeux dans lesquels paraissent seuls les fruits des cocotiers. S'agit-il, au contraire, de porter des offrandes au temple de Pama dédié à Soupremania, ou de se rendre favorable le jour des noces le dieu Pollear, fils de Siva, le fruit du cocotier, la noix de coco tient le premier rang parmi les offrandes. L'échange d'un de ces fruits consacrait l'union*. Si, après une guerre, des tribus océaniennes traitent des préliminaires de paix, une noix de coco remplacera les protocoles et la signature du traité ; elle sera même souvent le seul gage de la paix conclue. Coutume singulière et barbare : les Indous de la classe des Sannassis, après avoir enterré un mort jusqu'au cou dans la terre, lui faisaient casser sur la tête, par un religieux de leur ordre, un certain nombre de ces fruits sacrés, jusqu'à ce que celle-ci fût elle-même brisée. Ils voulaient ainsi faciliter à l'âme la sortie du corps par une ouverture plus noble que la bouche, le nez ou les oreilles, qu'ils regardaient comme impurs.

Comme nous venons de le voir, le cocotier joue un rôle des plus importants dans la théologie des Indous. Brahma, de qui ils prétendent descendre, a désigné une des dix-neuf castes qui composent son peuple pour la culture de cet arbre si précieux, pour l'extraction et la préparation de tout ce qu'il donne. Cette caste, celle des Chanas, est une des plus hautes et des plus distinguées de la hiérarchie ; c'est une caste de la main droite du dieu. Sans nul doute, si Moïse eût été indien, il eût placé un cocotier dans l'Eden, et c'est une noix de coco que le serpent eût offerte à Ève pour la séduire. Ce palmier eût été « l'arbre du mal ». Du reste,

* L'échange des dattes était usité dans le même but dès la plus haute antiquité. Dans le récit des voyages entrepris quatre siècles avant Jésus-Christ par Cléarque, un des lieutenants d'Alexandre-le-Grand, nous voyons faire mention de tribus asiatiques habitant autour de la baie de Churbar, qui apportèrent à l'amiral macédonien des fruits de palmiers comme gages d'alliance.

ce nom figure déjà parmi les qualificatifs du palmier chez certaines peuplades orientales. Les Madécasses le lui ont donné en souvenir d'un événement que rapporte Flacourt. Un jour le roi du pays, qui n'avait pas lu, et pour cause, les fables de La Fontaine, s'était endormi sous un cocotier. Pendant son sommeil, une des noix lui tomba sur le crâne, et le tua. Un autre roi fut nommé; ce ne fut ni mieux ni pire pour les sujets. Mais le cocotier devint à Madagascar l'arbre du mal.

Ailleurs, on l'appelait l'arbre fatal quand, par un phénomène très-rare mais parfaitement expliqué de nos jours, le tronc se bifurquait. Rumphius raconte qu'aux îles Moluques il y avait un cocotier dont le tronc se divisait en trois tiges à une certaine hauteur. Ces trois tiges portaient un feuillage régulièrement disposé, et n'avaient jamais donné de fruits. Les naturels le considéraient comme l'arbre fatal de leur pays. En 1642, un de leurs chefs, nommé Kakéoli, souleva les indigènes d'Amboine et les entraîna dans une guerre contre les Hollandais. La guerre commençait lorsque le palmier trifide tomba subitement. Peut-être les Hollandais connaissaient-ils le charme qui y était attaché. Kakéoli l'ayant appris, s'écria : « C'en est fait, notre puissance est tombée avec cet arbre. » En effet, quelques années après il fut tué et le pays rentra sous la domination hollandaise. Les fétiches ont toujours joué un grand rôle dans l'histoire.

Comme le cocotier, le rondier était consacré aux dieux. De son bois seul, disait la loi de Manou (VIII, 429), pouvait être fait le tronc de la déesse Durga, sœur de Siva. Le palmier fut de tout temps regardé aux Indes comme le symbole du courage en même temps que comme le protecteur des champs et des récoltes. Pour les anciens Perses, il symbolisait le soleil.

Certains phénomènes végétaux viennent parfois donner à cet arbre une sorte de consécration divine. Chacun connaît le mode de végétation du figuier du Bengale (*Urostigma bengalense* Gaspar.). Les oiseaux, qui adorent les figues, les mangent avec avidité, et les graines, dit-on, germent plus facilement après avoir passé par leur gésier. On rapporte que, déposée par eux sur un palmier et particulierement sur un rondier, la graine germe et émet bientôt de nombreuses racines adventives ; celles-ci embrassent rapidement le tronc du Borassus et ne laissent libre que son extrémité supérieure qui s'élève au-dessus du figuier. En voyant croître ces arbres ainsi, on serait tenté de croire que ce palmier est par quelque miracle né à la cime du figuier, tandis que c'est le contraire qui est vrai. Les Indous vénèrent donc ces arbres ainsi conjugués : ce sont, d'après leurs croyances, des unions sanctifiées par Bouddha, et les brahmines ont seuls le privilége de manger dans des assiettes faites des feuilles ovales et luisantes du figuier des Banians (c'est le nom populaire de l'arbre). Les botanistes trop curieux ne mangeront jamais dans ces assiettes-là.

Dans tous les pays du monde, partout où croît le palmier, il défraie les légendes et a la première place dans les superstitions. Au Brésil, lors du déluge, Tamanduare, qui remplit dans les croyances primitives le rôle du Noé biblique, se réfugie avec sa famille sur un palmier élevé, au haut d'une montagne, et y vit avec elle des fruits de cet arbre. Dans les îles Carolines, c'est au pied d'un palmier qu'Olifat, fils du dieu Lugelang, reçoit sa forme humaine d'une mortelle nommée Tarisso.

En Arabie, le palmier est aussi consacré aux dieux ; les poètes lui ont emprunté leurs plus gracieuses images, le prophète ses plus belles métaphores. « Honorez le dattier, dit-il, car il est votre parent du côté paternel ». Encore aujourd'hui, que de comparaisons les Arabes ne tirent-ils pas du dattier, les Indous du rondier, ces deux arbres si beaux, si utiles !

Le Palmier en Afrique. — En Égypte, la fertilité exceptionnelle du dattier l'avait fait regarder de tout temps comme le symbole de la fécondité. Osiris et Isis, ces antiques divinités, portaient des palmes comme emblèmes de leur puissance fécondante. Leurs prêtres s'en servaient également dans les cérémonies religieuses : à leurs yeux, cet arbre, dont les feuilles se renouvelaient sans cesse, était l'image même du cycle annuel.

Dans la célèbre inscription de Rosette, nous voyons figurer des porteurs de palmes.

Les Carthaginois, non moins prompts que les Romains à s'approprier les divinités des autres nations, ne tardèrent pas à vénérer le dattier, et souvent il paraît sur leurs monnaies soit seul (fig. 54), soit avec le cheval, qu'on retrouve si fréquemment sur les médailles et les monuments puniques (fig. 55).

Le Dattier et le Phénix. — Dans toute l'antiquité classique, le palmier est comparé au soleil : ses feuilles symbolisent l'autorité et la gloire. Séduits par l'éternel éclat de son feuillage, par sa verte vieillesse, par la beauté, la grâce et la solide flexibilité de sa tige élancée, qui semble se redresser sous le poids de ses fruits, par sa faculté de se reproduire et de se multiplier par ses drageons, les anciens lui attribuaient des qualités merveilleuses. Ils lui donnaient le même nom qu'à l'oiseau miraculeux qui joignait à sa longévité extraordinaire le singulier privilége de renaître de ses propres cendres. Assimilés sous le même nom, l'arbre et l'oiseau du Soleil eurent bientôt la même légende. « On nous dit, rapporte Pline, que l'arbre unique qui porte les dattes syagres, et que l'on voit dans la Chora d'Alexandrie, meurt et renaît de lui-même avec le phénix, qui, selon l'opinion commune, tient son nom de cette particularité. »

Fig. 54. — Monnaie de Carthage.

Fig 55. — Monnaie punique.

Il semble, au reste, que tous les peuples aient voulu, dans leur admiration pour l'arbre élégant par excellence, rappeler le souvenir de l'oiseau merveilleux dont parlent les légendes de tous les peuples des tropiques. Un des plus beaux palmiers connus (pl. XII) doit, selon quelques auteurs, son nom scientifique de *Phœnicophorium** au souvenir d'une légende qui a cours dans

* En présence de cette légende qui aujourd'hui est généralement acceptée, nous devons rétablir la vérité des faits et révéler la vraie étymologie de ce

les îles Séchelles : « Après la création, disent les indigènes, un oiseau aux proportions gigantesques prit, en allant de la terre au soleil, un vol trop rapide ; il perdit une de ses plumes. Celle-ci tourbillonna longtemps dans l'espace et vint tomber sur le sol d'une de nos îles. Trouvant là un sol fertile, elle prit racine et se développa sous la forme d'un magnifique palmier, dont les feuilles, d'une seule pièce, s'élargissent de la base au sommet, et ressemblent à la plume d'un oiseau gigantesque du temps passé. »

Le Palmier en Judée. — La Bible, ce livre où la poésie hébraïque s'inspire si admirablement des forces et des beautés de la nature, devait, elle aussi, faire mention du palmier-dattier. Comment les poètes hébreux auraient-ils pu passer indifférents à côté de l'arbre qui symbolise le mieux la splendeur et la puissance de la Création ! La Judée était, au témoignage de Tacite, si célèbre par ses palmiers qu'ils étaient devenus l'emblème de ce pays. Souvent la Bible parle des lieux dont les palmiers étaient renommés : c'est Elim, dont le nom seul signale déjà le palmier, appelé *El* en hébreu, et rappelle le souvenir de la célèbre oasis espagnole Elche ; c'est Jéricho, que Moïse appelle la ville des palmiers ; c'est Tadmor, que les Grecs appelaient Palmyre, et dont les deux noms évoquent, en hébreu et en grec, le souvenir de la palme.

Lors de la conquête romaine. les palmiers frappent vivement l'imagination des vainqueurs ; aussi représentent-ils le pays conquis sous l'image d'une femme voilée, inconsolable, assise sous un palmier. Image poétique de l'effet que dut produire le palmier

palmier. M. H. Wendland l'aurait appelé *Phœnicophorium* (de φοῖνιξ, dattier, et φώριον, objet volé), par suite d'un vol commis à Kew dans les circonstances suivantes : M. Ambr. Verschaffelt avait, en 1856, introduit à Gand la plante sous le nom d'*Astrocaryum aureo-pictum*. Plus tard, M. Wendland en vit trois pieds cultivés au jardin de Kew sous le nom d'*Areca Sechellarum*. Il voulut en acheter un pour les collections de Herrenhausen. Cette demande ne put être accordée le jour même. Le lendemain, un des pieds avait disparu, et les autorités anglaises ne purent, malgré leurs enquêtes, apprendre où il était allé. M. Wendland eut à cœur d'éclaircir ce mystère, et, à force de recherches, il finit par découvrir que la précieuse plante, volée par un employé de Kew, avait été vendue, après avoir passé en diverses mains, à M. Borsig, de Berlin, où M. K. Koch la vit en 1859 et la décrivit sous le nom d'*Astrocaryum Borsigianum*.

sur des esprits habitués aux formes plus massives, plus lourdes de la flore européenne! Vespasien, Titus, Domitien et Trajan donnèrent le palmier pour attribut au pays dompté, ou, comme on dit aujourd'hui, pacifié par leurs armes. Il en était donc à leurs yeux le produit principal ou le plus bel ornément.

Monnaies juives. — Le palmier ou la palme caractérise un grand nombre de monnaies de la Judée. Les procurateurs romains faisaient frapper des monnaies à Jérusalem. L'une de celles-ci, frappée par l'ordre de Claudius Félix, en l'année 54, représente d'un côté deux boucliers et deux javelots croisés avec les noms unis — touchant rapprochement! — de Néron et de Britannicus, et de l'autre côté le symbole de la Judée, un palmier couvert de fruits (fig. 56 et 57). Pendant tout le premier siècle de l'ère chrétienne, le palmier figure sur un grand nombre de médailles romaines frappées en Palestine. Les mieux conservées sont généralement celles qui furent frappées sous Domitien en l'an 86 à Naplouse ou Sichem (Neapolis) [fig. 58-59].

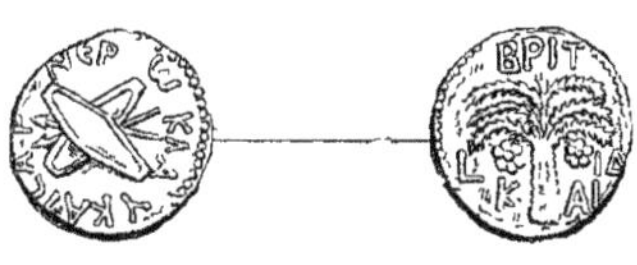

Fig. 56 et 57. — Monnaie de la Palestine (an 54 avant J.-C.).

Pays dont le Palmier est devenu l'Emblème. — A l'exemple de la Judée, l'un des États de l'Amérique du Nord, la Floride, a adopté pour armoiries un palmier, le *Sabal Palmetto*. Plus récemment, le palmier est considéré comme l'emblème de l'Égypte régénérée ou du moins conquise, ce qui, à la vérité, n'est pas toujours la même chose. Jaloux de perpétuer le souvenir de la campagne d'Égypte, Napoléon Ier fit ériger en 1808, sur les dessins de Bralle, au milieu de la place du Châtelet, une colonne monumentale (fig. 60). Son fût, sculpté en tige de palmier, est divisé en six parties par cinq colliers dans le champ desquels sont inscrits, en lettres de bronze doré, les noms

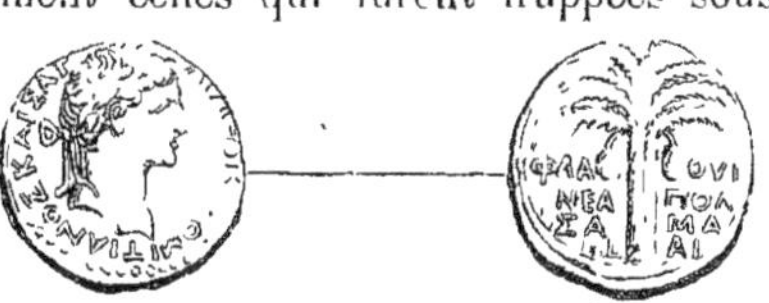

Fig 58 et 59. — Monnaie romaine frappée à Naplouse (an 86 après J.-C.).

des quinze grandes batailles gagnées par les armées de la République française. Le chapiteau, qui figure la cime élégante du palmier, supporte un demi-globe doré, sur lequel se dresse une Victoire ailée tenant à la main des couronnes de laurier.

Le Palmier et les Poètes. — Les poètes de l'antiquité hébraïque ont célébré à l'envi la grâce du palmier et sa magnificence. Le chantre voluptueux du *Cantique des Cantiques* murmure à l'oreille de la bien-aimée : « Ta taille est semblable à la tige du palmier (ch. VII, v. 7). » Moins adorateur de la beauté, l'éloquent poète des *Psaumes* s'écrie à son tour : « Le juste fleurira comme la palme ; il croîtra comme le cèdre du Liban. » Et par palmier, il faut entendre le dattier, le *Phœnix dactylifera*. A la vérité, Théophraste et Pline parlent de l'*Hyphæne thebaica* (κουκιοφορόν) et du *Chamærops humilis*, qu'il appelle χαμαιριφής. Columelle signale également celui-ci (*Palma campestris*). Dioscoride entre dans une foule de détails sur les propriétés, vraies ou fausses, du fruit et des feuilles de ce palmier ; mais leur célébrité ne dépassait guère les livres des savants et le grimoire des médecins. La nature tropicale étonne par sa verdoyante splendeur ; c'est le Dattier, le Phœnix, qui la représente aux yeux des poètes. Voilà pour eux l'astre par excellence, l'astre de vie qui symbolisera les forces créatrices de la nature. Homère en parle dans l'*Odyssée* (v. 162 et suiv.). Ulysse vient de voir la belle Nausicaa, la fille d'Alcinous. Plein d'admiration pour la beauté de la jeune fille, il s'écrie : « De même à Délos, près « de l'autel d'Apollon, j'ai vu s'élever tout nouvellement une tige « de palmier dans les airs, mais ainsi qu'à la vue de ce palmier, « je restai muet de surprise, car jamais arbre aussi majestueux « ne s'éleva de la terre, de même, ô jeune femme, rempli pour « vous d'une admiration religieuse, je restai muet de surprise. » Dans une des plus anciennes hymnes de la Grèce, l'hymne d'Apollon, attribuée par quelques auteurs à Homère, on lit : « Lorsque la déesse qui précède aux enfantements arriva à « Délos, Latone éprouva les plus vives douleurs ; près d'accou- « cher, elle entourait de ses bras un palmier... » (v. 115 et suiv.)

Encore aujourd'hui on rencontre quelques palmiers à Délos, mais le berger ou le brigand — on ne sait jamais au juste — qui les contemple, ne se souvient guère de Latone ni des vers homériques. Ceux de Pindare, glorifiant « le bourgeon du dattier qui éclôt, nous annonçant le retour du printemps parfumé », sont, hélas! oubliés aujourd'hui des successeurs dégénérés des anciens Hellènes.

Le Palmier dans la Peinture grecque. — Après les poètes, les peintres se servirent de ce symbole pour désigner les villes que leurs palmiers rendaient célèbres. Sur la coupe de Canino, que l'on voit

Fig. 60. — Fontaine du Palmier sur la place du Châtelet à Paris.

aujourd'hui à la Pinacothèque de Munich, les dessinateurs Chachrylion et Euphronius retracèrent l'un des plus curieux travaux d'Hercule, celui dans lequel le justicier légendaire dépouille Géryon de ses troupeaux de génisses à robe fauve. Ils rappellent par un palmier le souvenir des fondateurs de la ville de Gadès (Gabbia). Sur un grand nombre de vases grecs, le palmier est le signe emblématique de Délos. Tel est le sens qu'il faut lui attribuer dans la peinture du vase représentant l'Épiphanie d'Apollon à Délos (fig. 61). Le dieu, une lyre à la

Fig. 61 — Apollon et Latone à Délos.

main, est porté par un cygne vers Latone, née dans l'île de Délos, symbolisée par un palmier. Un satyre et une bacchante, chantant les louanges du dieu, complètent le tableau *. Nous citerons encore un vase à figures noires, sur fond rouge, qui se trouve au Musée de Compiègne, et dont le savant conservateur du Musée du Louvre, M. Fröhner, a publié une intéressante description **. Nous reproduisons, d'après cette excellente monographie, cette peinture si curieuse et qu'à première vue

* Nous rencontrons le palmier sur un grand nombre de vases : Le Normant et De Witte, *Elite des monuments céramographiques*, t. II, pl. I, A, t. II, pl. XL XLI et XLII. Gerhard, *Etruskische und campanische Vasenbilder*, Taf. I, 14. Tischbein, *Vases d'Hamilton*, I, 2, 3; II, 12. Otto Jahn, *Beschreibung der Vasensammlung in der Pinakothek zu München*, nº 453.

** Deux peintures de vases grecs. Paris, 1871.

on croirait d'origine mexicaine, en raison du costume étrange de l'Amazone éthiopienne, armée de sa hachette, qui y est retracée (fig. 62).

Partout le palmier, tout à la fois symbole du triomphe des guerriers et des victoires de l'arène, s'éleva au milieu des temples. On le voit à Delphes et à l'Acropole d'Athènes. Nous retrouvons celui de Delphes dans la peinture d'un vase merveilleux conservé au Musée impérial de l'Ermitage à Saint-Pétersbourg. Dans la partie de cette peinture que nous reproduisons

Fig. 62. — Amazone éthiopienne faisant un sacrifice. D'après un vase grec du Musée de Compiègne.

(fig. 63), Apollon s'avance, rayonnant d'une beauté toute divine, et, devant le palmier sacré, donne la main à Dionysios.

Le Palmier d'après les Écrivains anciens. — Pour l'histoire du palmier comme pour tout ce qui intéresse l'antiquité, c'est Hérodote qu'il faut d'abord consulter. Ce « père de l'histoire et de la géographie » nous apprend que les plaines de l'Euphrate, où de nos jours les palmiers sont si rares, en étaient couvertes autrefois. Il nous dira, avec cette sincérité naïve qui le caractérise, comment les Babyloniens se nourrissaient de dattes et en extrayaient une boisson. Grâce à lui, nous savons que quelques oasis de l'Afrique septentrionale produisaient des dattes si recherchées, que certaines peuplades (les Nasamons) abandonnaient leurs troupeaux et leurs tentes pour en aller faire la cueillette à l'automne. De nos jours encore, les peuplades de Djerna vont recueillir les dattes de Gegagib. C'est Hérodote encore qui nous apprendra que les Éthiopiens de l'armée de Xerxès, ces guerriers vêtus de peaux de léopards et de lions, avaient pour armes des arcs de plus de quatre coudées de longueur, dont le bois était fait d'un pétiole de dattier.

Fig. 63. — Apollon et Dionysios devant le Palmier de Delphes.

Après Hérodote, Xénophon nous renseigne sur les usages du palmier à son époque, et sur la beauté des palmiers de la plaine de Babylone, qu'on voit aride, déserte et stérile aujourd'hui. Quelle vive et profonde impression ne dut pas faire sur l'esprit des soldats grecs l'aspect de ces bois de palmiers! Ils frappèrent d'admiration l'illustre historien qui immortalisa le souvenir de la retraite des Dix Mille. Cette plaine, située entre Babylone et Lettace, entrecoupée de canaux et de fossés, était couverte de bois et de taillis de palmiers. L'armée avait besoin de ponts; on en fit à la hâte avec les palmiers tombés ou coupés. Dans les villages, on trouvait du blé en abondance, des dattes, du vin de palmier et la boisson acide qu'on tire de ce fruit en le faisant fermenter et bouillir. C'est là que, pour la première fois, les soldats grecs goûtèrent le chou du palmier, dont le goût et la forme, dit Xénophon, sont agréables, mais qui cause de violents maux de tête. C'est encore lui qui, avant tous les écrivains, a fait connaître que le palmier dépérit quand on enlève le sommet de la tige (ἐγκέφαλον τοῦ φοίνικος).

Après Xénophon, Aristote et Athénée s'occupèrent des palmiers. Athénée répartissait les dattiers en trois classes : ceux qui étaient stériles, ceux qui manquaient de noyau, et ceux qui en avaient un. Cette grave erreur provenait de l'ignorance commune : on n'avait pas appris à distinguer les palmiers mâles des femelles. Athénée classait encore ceux-ci d'après le degré de maturité des fruits. Théophraste, disciple d'Aristote, signale le premier, dans son étonnante et merveilleuse Histoire des plantes. où le système sexuel est en germe, la différence qui existe entre le bois de palmier et celui des arbres à couches concentriques.

Presque tous les écrivains qui, dans l'antiquité, se sont occupés d'histoire naturelle, nous ont laissé des renseignements sur le dattier. Artémidore nous apprend qu'à la côte sud de la péninsule du Sinaï, il existait une forêt de palmiers, sans doute celle que le géographe allemand Karl Ritter croit avoir retrouvée à l'entrée du golfe d'Aila. Varron nous apprend que les anciens connaissaient déjà l'art de tisser les fibres du palmier et d'en faire des toiles, des vêtements et des voiles de navire. Diodore de Sicile, historien grec, contemporain de César et d'Auguste, nous donne des renseignements précieux sur la culture du dattier en Afrique, en Arabie, le long de l'Euphrate, ainsi qu'en Judée, aux environs de la mer Morte. Columelle parle de corbeilles faites de fibres de palmier mêlées à celles de sparte, et, détail intéressant pour l'histoire des abris appliqués à la culture des arbres fruitiers, il raconte que son oncle, habitant le sud de l'Espagne, protégeait ses vignes contre les ardeurs brûlantes du soleil en les abritant derrière des nattes faites de feuilles de palmier. On peut voir dans Horace que celles-ci étaient employées encore à de plus humbles usages. Il constate, et Martial avec lui, qu'à cette époque déjà les feuilles de palmier servaient à Rome, comme aujourd'hui en Espagne, en Chine, au Japon et ailleurs, à faire des balais ! Plus noble était l'usage auquel Virgile destinait le palmier lorsqu'il conseillait, dans ses *Géorgiques*, de planter un palmier près des ruches, afin qu'au printemps l'arbre retînt les jeunes abeilles sous l'hospitalité de son feuillage.

Prosper Alpinus, Ammien Marcellin, Géopon, Gallien, Palladius, et surtout Pline l'Ancien que nous avons déjà cité, parlent dans leurs écrits du palmier. Pline résume les renseignements qu'il s'était procurés lui-même, ceux qu'il avait trouvés dans Théophraste, et jusqu'aux légendes de son temps sur ces plantes. C'est à lui que doit recourir celui qui veut connaître les vertus médicinales qu'on attribuait au palmier, à ses fruits, à ses spathes, aux jeunes feuilles de la tige; propriétés si nombreuses, qu'elles avaient fait placer cet arbre au premier rang parmi les plantes médicinales, immédiatement après la vigne et l'olivier. Compilateur infatigable, mêlant trop indifféremment peut-être la fable à l'histoire, la légende à la vérité, Pline résume bien cependant les connaissances de son siècle. Nous savons de lui qu'à cette époque le palmier était cultivé en Europe, en Italie et sur les plages de l'Espagne, dans les îles de Chypre et de Crète, ainsi qu'en Afrique et en Asie. A cette époque, on n'ignorait pas que le palmier, pour nous servir d'un terme emprunté aux Arabes modernes, aime à croître « la tête dans le feu, le pied dans l'eau ».

Le premier, Pline constate que les fleurs du dattier sont staminées ou pistillées ; mais il mêle bientôt la légende à la réalité, et celle-là est trop curieuse pour que nous ne la citions pas : « On assure, dit-il, que dans une forêt naturelle, les palmiers femelles privés de mâles n'engendrent pas ; que plusieurs femelles autour d'un seul mâle inclinent de son côté leur feuillage qui semble le flatter ; que lui, hérissant sa chevelure, les féconde par le souffle, par la vue et par la poussière même, et que, l'arbre mâle étant coupé, les femelles veuves deviennent stériles. Leurs amours sont si bien connues, que l'homme a imaginé de produire la fécondation en secouant les fleurs et le duvet des mâles, ou même seulement leur poussière sur les feuilles. » C'est en effet sur le dattier — et c'est un service immense qu'il a rendu à la science — que l'on a observé d'abord la différence de sexe des fleurs. Pline nous apprend encore que le monde ancien ne connaissait d'autres palmiers que le Chamærops, l'Hyphæne et le Phœnix. Quant à la multiplication, elle s'opérait soit par les graines, soit par les drageons, soit par bouture. Pline énumère aussi les divers usages auxquels servaient les palmiers : objets de vannerie, nattes, cordes, parasols, éventails, charbon, etc. Il ajoute même que les gens superstitieux polissent avec les dents les noyaux de dattes, et s'en font une sorte d'amulette pour conjurer les maléfices. La superstition ne perd jamais ses droits.

Rôle des Dattes dans l'Antiquité. Légende catholique. — C'est Pline également qui nous renseigne sur l'importance des dattes au point de vue de l'alimentation. Il nous indique les différences que présentaient entre elles les syagres, les margarides, les sandalides, les caryotes, etc., toutes variétés différentes de dattes. Il nous apprend que les dattes des environs de Jéricho étaient aussi célèbres et aussi recherchées que celles de la Cyrénaïque. Il y a sur celles-ci, parmi les populations catholiques méridionales, une légende qui n'aura pas nui à leur popularité. La voici : La Vierge Marie s'étant, dans la fuite en Égypte, arrêtée sous un palmier et ayant apaisé sa faim avec des dattes, s'écria : « O ! le bon fruit ! » La première lettre de cette exclamation est, selon les fidèles croyants, restée gravée sur la graine. Ils croient voir dans l'empreinte circulaire qui recouvre l'embryon de la datte le signe de l'exclamation reconnaissante de la Vierge.

Du reste, chez les anciens, ces fruits paraissaient sur toutes les tables. Le philosophe péripatéticien, Nicolas de Damas, envoyait à l'empereur Auguste, grand amateur de ces fruits, au dire de Suétone, des dattes d'une espèce particulière, que la gratitude de l'empereur appela du nom du donateur. Mais, alors comme aujourd'hui, l'abus des dattes n'était pas sans danger. Sans rappeler ce qui arriva aux soldats d'Alexandre, qui se jetaient avec tant d'avidité sur les dattes de la plaine de l'Euphrate qu'un certain nombre d'entre eux périrent étouffés, contentons-nous de citer les paroles du vieux Pline : « Les dattes fraîches ont une telle douceur, qu'on ne cesse d'en manger que par la crainte du danger. »

Le Palmier dans l'Architecture. — Il n'y a point de beauté dont les formes élégantes de cet arbre admirable n'offrent à l'imagination la séduisante image. Ce qu'il y a de plus parfait, de plus majestueux dans l'architecture, est emprunté au palmier, et ce n'est pas seulement à l'art classique qu'il a donné un style, mais aux constructions colossales de l'Égypte, aux merveilleuses fantaisies architecturales de l'Inde ; on le retrouve dans les grottes d'Ellora comme dans les monuments de Thèbes ou du Mexique. Ses entre-croisements ont dû inspirer l'idée de l'ogive, de beaucoup antérieure à l'ère chrétienne dans l'Inde, où son antiquité constatée dément les hypothèses un peu romanesques d'une science complaisante à l'excès.

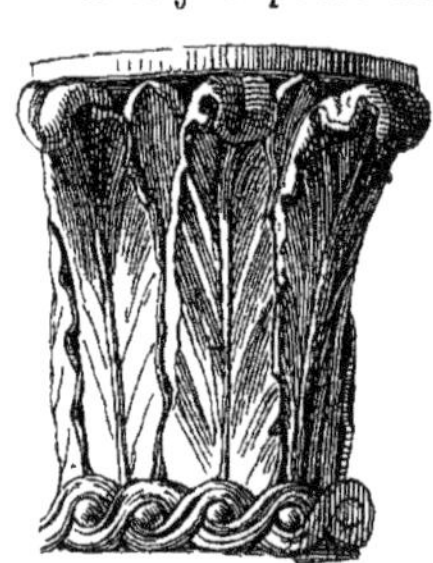

Fig. 64. — Chapiteau de l'ordre corinthien.

C'est à la couronne et au feuillage du palmier que l'artiste grec créateur du style corinthien (fig. 64) dut la pensée de cet ordre d'architecture, dont le chef-d'œuvre est le monument choragique de Lysicrate (Lanterne de Démosthène). Si l'on en croit Pausanias, ce fut Callimaque qui en fut l'inventeur. Il consacra à Minerve Poliade, dit cet historien, une lampe d'or qui brûlait nuit et jour, et dont la fumée s'échappait à travers un palmier de bronze (φοῖνιξ χαλκοῦς) qui montait jusqu'au faîte de l'édifice.

Fig. [illegible]. — Récolte des Palmes à Bordighera (Voir p. 139)

Rôle de la Palme dans l'Antiquité classique. — La palme élégante, svelte et toujours verte du dattier devint, en Grèce et en Italie, l'emblème de la victoire, le symbole du triomphe. Les Grecs l'offrirent aux vainqueurs des jeux publics. Cet usage passa à Rome. Lorsqu'un acteur avait bien rempli son rôle, on le faisait revenir sur la scène : on lui décernait la palme ; le magistrat qui présidait la lui remettait sur l'avant-scène avec une couronne dont le feuillage était d'or. Plaute, Ovide, Tite-Live et Martial parlent de cette haute récompense, décernée d'abord aux grands talents scéniques et plus tard à tous les vainqueurs des jeux du cirque : cochers, gladiateurs, mimes, baladins, tous reçurent cette palme avilie. Les pierres gravées l'attestent. On voit sur une de ces pierres la jarre d'huile réservée aux lutteurs, le trochus ou cerceau qui servait à leurs jeux, et la palme qui devait être le prix de la victoire (fig. 66).

Fig. 66. Pierre gravée rappelant les Jeux de Trochus.

Cet usage venait de l'Orient. La palme avait déjà, aux temps des rois assyriens, cette même signification. Sur le bas-relief de Kouganik, décrit par M. Layard, un roi victorieux est représenté debout sur un char traîné par deux chevaux richement caparaçonnés. Un dattier, au tronc, aux frondes et aux spadices parfaitement dessinés, domine toute la composition. En Judée, la palme était offerte aux triomphateurs ; le peuple romain ne faisait que se souvenir du peuple hébreu quand il escortait, la palme en main, les généraux vainqueurs marchant au Capitole. Lorsque le Christ fit son entrée triomphale à Jérusalem, les Juifs qui l'accompagnaient portaient tous une feuille de palmier à la main et criaient « Hosannah ! »

C'est en mémoire de cette entrée de Jésus-Christ à Jérusalem, qu'à Rome, le dimanche des Rameaux, tous les fidèles font bénir des palmes, qu'ils conservent pieusement dans leurs maisons pendant toute l'année. Les hauts dignitaires de l'Église reçoivent aussi ce jour-là, des mains du pape, des palmes de formes diverses, tressées avec beaucoup d'art. Bordighera et San Remo ont le privilége de fournir toutes celles que

Rome réclame, et c'est une seule famille, la famille Bresca de San Remo, qui en a reçu de Sixte-Quint le monopole. Tous les ans elle fait à Rome cet envoi traditionnel, qui ne laisse pas de constituer un commerce important : la récolte des palmes (fig. 65) est une source de revenus considérables pour les habitants de ces coquets villages échelonnés de Nice à Gènes, le long de la Méditerranée.

Il y a sur l'origine du singulier privilége dont jouit la famille Bresca une légende qui a pris une autorité historique. Lorsque Sixte-Quint, après avoir établi son pouvoir, s'occupa des embellissements de Rome, son premier soin fut de donner suite au projet qui avait fait reculer quatre de ses prédécesseurs : le déplacement du grand obélisque égyptien dédié par Caligula à Auguste et à Tibère, et qu'il avait érigé au Cirque du Vatican. Il était demeuré sur son ancienne base. Il s'agissait de l'en arracher, de le transporter à 277 mètres de là, au milieu de la place Saint-Pierre, sur un nouveau piédestal. Un ancien compagnon maçon, devenu grand architecte, Dominique Fontana, fit agréer son plan et fut chargé de l'entreprise, que tous les hommes de l'art déclaraient impossible. Mais Fontana avait pour lui son génie et Sixte-Quint : c'était assez. Il établit de puissantes machines, et à grand renfort d'hommes et de cabestans, enleva l'obélisque de son ancien piédestal (30 avril 1586), le traîna sur la place Saint-Pierre (7 mai), et le plaça (10 septembre), sur le piédestal qui le supporte encore aujourd'hui. C'est l'histoire. La légende y ajoute ceci : Sixte-Quint avait défendu, sous peine de mort, qu'on dît un seul mot pendant l'opération. Il régnait donc sur la place un silence effrayant : or, au moment critique, les cordes ne suffirent pas à enlever l'obélisque assez haut pour qu'il pût atteindre le sommet du piédestal. C'est alors qu'une voix dans la foule, celle du matelot Bresca, de San Remo, se fit entendre dans le silence universel, et cria : « Mouillez les cordes ! » (*Acqua alle corde!*). On le fit; l'obélisque put être placé sur sa base, et le pape récompensa le hardi marin en lui accordant ce privilége, dont sa famille jouit encore aujourd'hui. On ne serait pas bien venu à Bordighera ni à San Remo à venir contester cette légende, et pourtant, comme la plupart des légendes, elle n'est probablement qu'une fable populaire. Andrea Zalvio, dans son livre des *Antiquités de Rome* (l. V, p. 318), ouvrage fort autorisé, est de cet avis; mais la famille Bresca ne jouit pas moins de ce privilége.

La palme fut, à Rome, le symbole de toute victoire. Avant la bataille de Munda, César fait couper le bois nécessaire au campement de son armée. Les soldats trouvent un palmier *, et le dictateur romain donne l'ordre de le conserver comme un présage de victoire. On représentait les conquérants debout sur leur char, la tête ceinte d'une couronne de lauriers et tenant à la main la palme triomphale, comme nous le voyons dans le bas-relief cité par Montfaucon (fig. 67). La Victoire elle-même, personnifiée, a presque toujours cet attribut. Les artistes la figurent avec des ailes, couronnée de laurier et avec une branche de palmier à la main.

Fig. 67. — Bas-relief romain.

Symbole presque universel, la palme décore tous les monuments sacrés. A Jérusalem, au Temple, elle paraît entre les chérubins dans les sculptures profondes entaillées sur les murailles (*Rois*, I, VII). A Athènes, à Rome, le palmier est consacré aux dieux: c'est une offrande propitiatoire. L'histoire nous montre les Naxiens, offrant un palmier de bronze doré comme *ex-voto* au temple de Delphes. On portait de même sept palmiers en cuivre doré à la procession de Ptolémée Philadelphe.

Mais le palmier ne fut pas placé seulement à l'intérieur des temples; il s'élève aussi au milieu de l'arène des cirques ro-

* Ils auraient rencontré un plus grand nombre de palmiers si le jeune Pompée, pour assurer la défense de la ville d'Ursao, n'avait pas fait couper et transporter dans la place tout le bois des environs (Cæsar. *de Bell. hispan.*, 41).

mains. Une médaille frappée à Rome lors des jeux séculaires, représente le palmier du grand cirque, marquant le point central des deux axes du parcours des chars dans les jeux hippiques. dont cette médaille (fig. 68) nous montre les diverses phases.

Ornement funéraire. — Le palmier est aussi un ornement funéraire. Par une assimilation naturelle, l'image de la victoire terrestre devint pour les chrétiens, que persécutait le paganisme, le signe éclatant de la victoire éternelle. Elle prenait un sens plus élevé : le phénix, arbre et oiseau, ne symbolisait plus un triomphe vulgaire, il exprimait l'idée nouvelle de renaissance et de résurrection. Les fidèles de l'Église primitive déposèrent des palmes sur les tombeaux ; ils en ornèrent les urnes funéraires et les sarcophages. Les martyrs étaient ensevelis une palme à la main, et l'iconographie religieuse représente encore ainsi les chrétiens morts pour la foi. Sur les tombeaux des catacombes, une palme sculptée indiquait la sépulture des martyrs. Bientôt on fit de cet emblème un usage général. Toutes les tombes chrétiennes en furent décorées, et cet usage s'est perpétué de nos jours. Devenue un emblème religieux, la palme est sculptée sur un grand nombre de monuments du nouveau culte. L'un des plus intéressants et des plus anciens est la chaire de la cathédrale de Torcello, en Vénétie (fig. 69). Il est difficile d'assigner une date précise à cette œuvre d'art rudimentaire, cette cathédrale ayant été bâtie, en l'an 650, de matériaux tirés des ruines de la ville d'Altino, détruite par Attila.

Fig. 68. — Médaille romaine.

Monnaies. — Dans son immense généralisation, le palmier devint un attribut politique. Les preuves de cette application abondent dans l'antiquité. Sur une vieille monnaie de Nîmes (fig. 70), qui rappelle la fondation de cette colonie romaine, on voit un crocodile attaché à un palmier. Telles sont encore aujourd'hui les armoiries de cette antique cité *, dont le nom latin (*Colonia Nemausensis*) est indiqué par l'inscription de la médaille. D'autres villes, d'autres États, ont le palmier sur leurs monnaies. On le trouve sur les médailles d'Éphèse, de Panorme, de Tyr, de Caristus d'Eubée, de Delos, de Hierapytna de Crète, d'Ios, de Néapolis de Samarie, de Nicomédie, de Bithynie, de Priansus de Crète, etc. Le palmier figure aussi sur les médailles de Ptolémée, roi de Mauritanie, et celles de la Cyrénaïque nous font connaître que les habitants de ce pays, si célèbre par ses dattes, l'avaient pris pour symbole. C'était de la reconnaissance.

Fig. 69. — Chaire de la cathédrale de Torcello en Vénétie.

Ordre de Chevalerie. — Il est curieux de retrouver cette association du palmier et du crocodile — qui, de temps immémorial, blasonne les armes de Nîmes — dans un pays barbare de l'Afrique. Un ordre honorifique, qui est oublié de l'Almanach de Gotha, a au Soudan la même importance et plus de prix peut-être qu'en Europe la Toison d'or ou la Jarretière, ce qui n'est pas peu dire. C'est l'ordre de la Palme et de l'Alligator. Comme ces grands ordres de l'Europe qui, à la rigueur, peuvent récompenser parfois le mérite politique, il

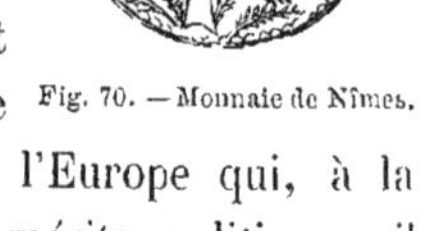

Fig. 70. — Monnaie de Nîmes.

* Les armoiries de Nîmes sont de gueules, au palmier de sinople sur une terrasse de même, au crocodile enchaîné et contourné d'azur, la chaîne d'or avec bandes, une couronne de laurier du second émail attachée à dextre du palmier avec les sigles Col à dextre et Nem à sénestre.

appartient tout d'abord au droit de naissance, mais le souverain l'accorde aussi aux étrangers qui lui ont rendu des services. Les décorés deviennent alors les égaux du souverain. Les insignes sont un brillant joyau d'or et de pierreries, et portent la devise : *Dieu est grand*. On ne dit pas si le joyau doit être rendu, comme la Toison d'or, à la mort du titulaire. Le prince nègre n'a peut-être pas songé à cela. La barbarie n'a pas de ces prévoyances. Toujours est-il qu'il serait intéressant de savoir pourquoi cette association du palmier et de l'alligator est commune à la ville de Nîmes et au Soudan. L'Égypte est aussi symbolisée par le palmier et le crocodile. On s'explique que le symbole ait passé de l'Égypte au Soudan, mais de Memphis à Nîmes il y a de toute façon un peu loin.

Blason. — Est-ce en souvenir de l'Égypte que le blason a adopté la palme? On ne sait; mais au moyen âge elle devient une pièce héraldique. On la trouve comme pièce extérieure dans les armoiries des abbayes et des petits dignitaires ecclésiastiques, et lorsque deux familles nobles s'allient, elle unit parfois leurs deux écussons.

Poésies arabes du Moyen Age. — L'ordre de la Palme et de l'Alligator pourrait être au Soudan un souvenir de l'empire des Arabes, qui ont, avec la conquête, porté le dattier jusqu'en Espagne. Ce pays fut doté par un de leurs califes du *Phœnix dactylifera* (fig. 71). Ces princes y ont laissé, entre autres souvenirs, la merveilleuse oasis d'Elche. Cordoue, Séville et Grenade ont encore des dattiers; comme le dit M. Marianna de la Paz Graello : « La bannière arabe flotte encore dans les murs de Cordoue.» Telle était au reste, au temps de la domination arabe, l'importance des forêts de dattiers en Espagne, que la liste des impôts perçus par les califes nous apprend qu'il y avait une taxe de huit *dirhems* établie sur les palmiers. La poésie arabe évoque, à propos des palmiers mais non de l'impôt, un touchant souvenir.

Abdul Rhaman Ier, le premier calife de Cordoue, dut à l'exil sa puissance. Chassé de Damas par les Abassides au temps de

Charlemagne, il étendit la conquête arabe en Espagne, et y eut pendant trente et un ans un règne glorieux. Grand prince et grand poète, il a laissé de plaintives élégies. Voici un fragment de celle qu'il a adressée à un dattier. D'après la légende, ce dat-

Fig. 71. — Phœnix dactylifera.

tier serait le premier qu'ait vu l'Espagne. Planté par le calife lui-même vis-à-vis de son palais, à Cordoue, cet arbre lui rendait présents sa patrie et ses malheurs. Il le chante ainsi :

« Toi aussi, beau palmier, tu es ici étranger. Le doux zéphyr d'Algarbe baise et caresse ta beauté. Tu crois dans ce sol fécond et tu élèves ta cime jusqu'au ciel. Que de tristes larmes tu verserais si, comme moi, tu pouvais sentir ! Tu ne ressens pas comme moi les coups d'un sort cruel. Je nage dans un torrent de larmes, de peines et de douleurs. J'ai mouillé de mes pleurs les palmiers que l'Euphrate arrose; mais les palmiers et les fleuves ont oublié mes pleurs, lorsque mon funeste destin et la cruauté d'Al Abbas me forcèrent d'abandonner les plus tendres affections de mon âme. Il ne te reste aucun souvenir de moi, ô ma patrie bien-aimée; mais moi, malheureux, je ne puis cesser de te pleurer. »

Il y a quelques traits du *Super flumina Babylonis* dans cette poésie si profondément triste et mélancolique d'un prince qui, au sein de sa puissance, regrette sa patrie absente. Les Arabes cherchaient toujours en Espagne quelque réminiscence de leur patrie. La mosquée aux mille colonnes, devenue la cathédrale de Cordoue, est encore un souvenir de la brillante civilisation arabe, et les fûts de jaspe de ses immenses colonnades rappellent aussi les forêts de palmiers disparues aujourd'hui de la patrie d'Abderame.

Le Palmier d'après les Écrivains du Moyen Age. — Quelques auteurs du moyen âge nous parlent du dattier : ce sont le plus souvent des savants, des alchimistes. On attribuait alors au palmier des propriétés secrètes, et, spécialement, aux feuilles du dattier des vertus miraculeuses. Le diapalme — on appelait ainsi l'emplâtre composé de jeunes feuilles de palmier — était un spécifique souverain ; on ne le trouvait bien fait, selon le botaniste de L'obel, qu'à Montpellier; partout ailleurs il était l'objet de nombreuses sophistications. « Dans les villes, dit avec une certaine malice le célèbre médecin de Jacques Ier, où les apothicaires sont instruits et ont encore la crainte de Dieu, ils peuvent se procurer les jeunes bourgeons du dattier pour fabriquer l'emplâtre diapalme en semant beaucoup de pierres de dattes, aussi bien dans les Pays-Bas et en Angleterre qu'en France et en Allemagne *. »

Jusqu'ici nous ne nous sommes occupés que de trois pal-

* Cruydtboek. Édition de 1581, p. 270.

miers : le Dattier, le Chamærops et le Palmier Doum ; seuls ils ont été connus de l'antiquité classique et biblique.

Histoire du Cocotier. — Vers le sixième siècle de l'ère chrétienne, nous trouvons la première mention du plus précieux de tous les palmiers, du cocotier. Un moine, Cosmos Indicopleustes, en parle sous le nom d'*ἀργάλλια*. Parcourant les Indes, après avoir visité la Nigritie et l'Arabie, il avait été frappé du mérite de cet arbre et des qualités de son fruit. Six siècles plus tard, un voyageur célèbre, Marco Polo, fit, de 1271 à 1295, cette admirable et légendaire traversée de l'Asie dont la relation a rendu son nom immortel. Il parla de nouveau des noix de coco ou noix des Indes, comme il les appelle. Accueillis avec méfiance par ses contemporains, les renseignements qu'il apportait furent révoqués en doute. On les trouvait aussi incroyables que les éloges donnés, par Sérapion pendant le neuvième et par Avicenne pendant le onzième siècle, aux propriétés médicales de la noix de coco.

Jadis on voyait parfois, dans des collections princières, d'énormes noix de coco ; on les regardait comme des objets surnaturels, de précieux talismans : les plus grosses, celles du Lodoïcea, connues sous le nom de *coco de mer* ou *coco de Salomon*, atteignaient parfois des prix insensés. Les légendes les plus étranges avaient cours au sujet de ce fruit, et étaient acceptées par les esprits les plus judicieux. Rumphius lui-même y ajouta foi. Ce fruit monstrueux, qu'on ne trouvait que sur les côtes, qu'on voyait sans feuilles, sans tige, sans pédoncule, et dont la forme semblait si bizarre, prêtait facilement au merveilleux. L'imagination du peuple, toujours avide de ce merveilleux, et d'autant plus qu'il est plus absurde, attribuait au coco de mer les vertus les plus extraordinaires. C'était, disait-on, le fruit d'une plante marine gigantesque que la mer rejetait sur les côtes à certains moments, et qui devait à son séjour parmi les poissons des qualités aphrodisiaques remarquables*. Aujour-

* Sa coque, disait-on, résistait à l'action des poisons, et l'amande en était si recherchée, que, d'après la tradition, un empereur d'Allemagne, affaibli par ses

d'hui la science a démontré l'inanité de ces croyances populaires, et le fruit miraculeux est relégué maintenant dans ces musées enfantins d'histoire naturelle où la curiosité a le pas sur la science, et où l'on trouve des dragons et des sirènes. Chacun sait, en effet, que cette énorme noix renferme l'embryon d'un des plus admirables palmiers de la création, le *Lodoicea* des Séchelles (fig. 17).

Dès son arrivée au Nouveau-Monde, à l'île qu'il nomma San Salvador, Christophe Colomb fut ébloui de la beauté du palmier. Dans la relation de son premier voyage, il s'extasie sur la magnificence de ces arbres, si différents de ceux qu'il avait vus en Espagne. Vasco de Gama, à son tour, parle du palmier dans la relation de ses voyages, et surtout de la plante qui produit le *coquo*, car le fruit était, nous le savons, plus connu que la plante. A peu près à la même époque, au seizième siècle, un Bolonais, Loys de Barthème, écrivant la relation de ses voyages dans l'Arabie Heureuse, les Indes orientales, Ceylan, Java, etc., proclamait le cocotier « l'arbre le plus fruitier qui fût au monde »; c'est l'expression même de son traducteur français, Louis Temporel (1556). « Cette espèce de palmier, ajoute-t-il, est la crème de tous les arbres des Indes, et mérite que les curieux l'admirent. Je crois que cet arbre est demeuré du paradis terrestre. »

Le Dattier et la Peinture à l'huile. — A partir du seizième siècle, le cocotier prend rang parmi les plantes dont l'aspect général et le fruit sont le mieux connus. Toutefois on ne le cultivait pas en Europe. Seul le dattier était cultivé en Espagne, où, nous l'avons dit, les Arabes l'avaient introduit. Ce palmier frappait vivement l'imagination des habitants des contrées septentrionales. Jean Van Eyk, l'illustre peintre flamand qui accompagnait en 1428 à Lisbonne l'ambassade chargée de demander au nom du duc de Bourgogne la main de l'infante Isabelle, vit dans le cours de son voyage des palmiers, et trouva ces arbres si beaux, qu'il en reproduisit l'image dans le chef-d'œuvre qu'il

excès et voulant plaire encore à l'une de ses favorites, offrit pour l'un de ces fruits la somme de 4000 florins d'or (80,000 fr.)!

achevait alors, et qui était cette immortelle *Adoration de l'agneau* qu'on admire à la cathédrale de Gand. Sur cette toile, et pour la première fois, le dattier est fidèlement représenté.

Le Palmier et les Botanistes de la Renaissance. — Van Eyk est meilleur botaniste dans son tableau que le célèbre Dodoëns ou Dodonée dans son ouvrage de botanique. A la différence du peintre, celui-ci n'avait pas vu la plante qu'il décrivit et dont il publiait une gravure étrange. Les feuilles pennées du dattier, qu'il appelle *palma*, sont remplacées par de longues feuilles ensiformes du genre de celles des iris. De même que Dodonée, son traducteur français Charles de l'Écluse n'avait jamais vu le dattier, mais ils avaient pu tous deux étudier sur nature le palmiste (*Chamærops*). Dodonée nous signale même. au sujet de cette plante, une particularité curieuse : « Le *Chamærops humilis*, dit-il, naît dans l'île de Crète selon Théophraste, est abondant en Sicile, s'étend sur les côtes de l'Italie, et croît dans quelques endroits de l'Espagne, d'où on l'importe à Anvers. » Ce passage du vieux botaniste flamand, mort en 1585, est précieux non-seulement pour l'histoire du palmier, mais pour celle des plantes en général. Comme l'a fait avec raison remarquer Charles Morren, c'est la première fois que nous avons une date relativement précise sur ce fait si intéressant : l'introduction d'une plante de serre dans le nord de l'Europe.

Palmiers historiques. — Tous les palmiers historiques du nord de l'Europe, c'est-à-dire ceux auxquels se rattache quelque détail intéressant et digne de mémoire, sont des *Chamærops*. Les uns doivent leur illustration aux expériences scientifiques dont ils ont été l'objet, les autres aux personnes dont ils rappellent ou perpétuent le souvenir.

Parmi les premiers, l'un des plus remarquables est le *Chamærops humilis* (♂) du Jardin botanique de Berlin. Il fut introduit de Hollande en Prusse dans l'année 1686. En 1749, Gleditsch s'en servit pour démontrer la puissance fécondante du pollen et la durée de son action : il fit venir du pollen d'un pied mâle qui fleurissait à Leipzig, et obtint des fruits. Cette expérience, connue sous le nom d'*Experimentum berolinense*, fit grand bruit dans le monde scientifique de l'époque. C'était la confirmation éclatante de la nouvelle théorie botanique qui commençait à se faire jour. Ce palmier donne aussi une idée très-juste de la lenteur de la croissance de certains palmiers dans nos serres. Otto avait mesuré exactement ce Chamærops en 1823 : il avait dix-huit pieds de haut : quarante-trois ans plus tard, en 1866, il n'avait que vingt et un pieds et demi.

Parmi les palmiers qui rappellent le souvenir de certains personnages illustres, nous devons citer les Chamærops plantés au Jardin des plantes par Tournefort au dix-huitième siècle, ceux donnés à Louis XIV par le margrave de Bade, et celui que planta Gœthe à Padoue dans le célèbre Jardin botanique de cette ville. Au dix-huitieme siècle, l'envoi de ces plantes constituait un cadeau princier. En 1593, l'archiduc Albert d'Autriche, gouverneur des provinces belges, donna à la célèbre abbaye d'Eename, près d'Audenarde, deux *Chamærops humilis*, qui furent cultivés pendant longtemps dans les riches jardins de la puissante abbaye. Ces palmiers ont leur histoire. Ils y restèrent jusqu'en 1797, epoque de la suppression des couvents dans les Pays-Bas autrichiens. Les deux plantes passèrent au Jardin botanique de l'École centrale de l'Escaut, qui devint plus tard le Jardin botanique de Gand. Ils moururent, l'un en 1801, l'autre en 1814. Ce dernier devait avoir atteint deux cent vingt-cinq ans. Charles Morren en fit « l'autopsie » pour renouveler en Belgique les expériences de Hugo von Mohl sur la formation du stipe des palmiers. Il donna l'autre à l'Université de Liége, où Morren, pendant longtemps, enseigna la botanique avec le plus grand éclat.

Premiers Palmiers introduits. — De l'Écluse est le premier botaniste qui se soit occupé du cocotier : de L'obel fit connaître le *Sagus lævis*, qu'il appelle *Palma Pinus*. Le nombre des palmiers connus en Europe devait nécessairement s'accroître en même temps que les relations devenaient plus fréquentes avec les pays d'outre-mer. Sweet a publié tous les renseignements qu'il avait pu se procurer sur l'époque probable de l'introduction des palmiers en Angleterre. Jusqu'à la fin du dix-huitième siècle, dix-sept palmiers y avaient été introduits : le premier en date est le *Phœnix dactylifera*, qu'on rencontre dans les orangeries anglaises en 1597. Un demi-siècle plus tard, l'*Oreodoxa oleracea* y est cultivé sous le nom d'*Areca oleracea*. En 1690, l'*Areca Catechu*, le *Cocos nucifera* et le *Bactris minor* sont signalés pour la première fois. Quarante ans s'écoulent sans introduction nouvelle; mais, à dater de 1730, les introductions de palmiers deviennent de plus en plus fréquentes, et, dans ces derniers temps, il n'est presque pas d'année qui se soit écoulée sans que de nouveaux palmiers aient fait leur apparition dans les serres anglaises et continentales.

Chose bizarre, le palmier européen, le *Chamærops humilis*, si fréquemment introduit dans les Pays-Bas dès le seizième siècle, le fut en Angleterre la même année (1730) que le palmier à huile des côtes de l'Afrique, l'*Elæis guineensis*. Puis viennent, par ordre de date, l'*Acrocomia sclerocarpa* (1731), le *Sabal umbraculifera* (1742), le *Phœnix sylvestris* (1763) [fig. 72], le *Chamærops* (*Rhapidophyllum*) *hystrix* (1765), le *Borassus flabelliformis* (1771), le *Rhapis flabelliformis* (1774), le *Thrinax parviflora* (1778), le *Caryota urens* (1788) et le *Phœnix reclinata* (1792). Quelques-uns étaient déjà répandus dans les serres du continent longtemps avant l'époque où les reçut l'Angleterre. Un *Borassus flabelliformis* avait été cultivé en 1650 avec succès dans les serres du célèbre évêque gantois Triest, l'un des principaux promoteurs de l'horticulture au dix-septième siècle. Le *Sabal Adansoni* de la Caroline et le *Chamærops* (*Trachycarpus*) *excelsa* du Népaul figuraient à la fin du siècle dernier dans les collections du Jardin du Roi, devenu depuis le Jardin des plantes de Paris : ils ne furent introduits dans les serres anglaises qu'en 1810 et 1822. Le *Saguerus saccharifer* fut cultivé dans les serres des Pays-Bas en 1811, neuf ans avant d'être introduit en Angleterre.

Introduction des Palmiers pendant le dix-neuvième Siècle; Cause de sa Réussite. — Depuis 1845, de nombreuses introductions ont été faites. Cela tient à deux causes : une faveur chaque jour plus grande et la facilité qu'on a, depuis la découverte de Smith, à enrichir la flore des serres. Les introductions de palmiers furent inévitablement difficiles et coûteuses tant qu'on s'opiniâtra à amener en Europe des palmiers vivants. On sait

Fig. 72. — Phœnix sylvestris.

en effet que les palmiers supportent difficilement la transplantation. Bien peu résistaient au rude traitement qu'on leur infligeait en les déplantant. L'emballage et le voyage achevaient ce que ce traitement avait commencé. Sans doute on les recommandait vivement à la sollicitude des capitaines de navire ; ces palmiers exilés, déportés, n'en étaient pas moins exposés à tous les changements de climats et à toutes les vicissitudes de l'air. Inondés d'eau de mer, exposés aux mutilations de l'équipage, privés d'eau douce, souvent écrasés pendant la manœuvre, rarement ils arrivaient sains et saufs en Europe. Dans ces dernières années, grâce à l'esprit pratique des Anglais et à leur exemple, le progrès fut rapide. Suivant les conseils de Lindley et de Hooker, les voyageurs veillèrent à leurs expéditions : ils les firent faire sous leurs yeux, et ne négligèrent rien de ce qui pouvait en assurer le succès, qui dès lors fut la règle et non plus l'exception. Ils employèrent des caisses hermétiquement fermées, ou mieux encore, des caisses à parois mobiles, et que de temps en temps on pouvait ouvrir en route.

Découverte de Smith. — Un Anglais, M. Smith, curateur des Jardins royaux de Kew, découvrit un moyen d'introduction plus économique et qui, plus qu'aucun autre, contribua à doter nos serres de magnifiques palmiers. Le passage du livre de L'obel que nous avons cité, et qui nous montre comment les apothicaires de Montpellier cultivaient de semis les dattiers, avait pour ainsi dire passé inaperçu. Il fallut qu'un heureux hasard vînt révéler à un homme intelligent le parti qu'on pouvait tirer de la précieuse qualité qu'ont les graines de palmier de conserver longtemps leur puissance germinative. Allan Cunningham, le célèbre botaniste explorateur, devait envoyer de Port Jackson à Kew des caisses de plantes. Il chargea des ouvriers du soin de les emballer, en leur recommandant de bien drainer le dessous des caisses. Ceux-ci, n'ayant pas de tessons ni de cailloux sous la main, mais trouvant là des fruits ronds, durs et globuleux de *Livistona australis,* s'en servirent pour garnir le fond des caisses. A l'arrivée, M. Smith, curieux de contempler les plantes expédiées par Cunningham, assista au déballage de la caisse. Il vit ces noyaux durs et noirs dont l'opercule soulevé laissait passer déjà la pointe blanche de l'embryon : il les fit planter aussitôt. Tous ces jeunes palmiers se développèrent rapidement. Dès cette époque, M. Smith recommanda à tous les collecteurs chargés de recueillir des plantes pour les serres de Kew, de lui envoyer des graines de palmier.

Expédition des Graines de Palmier en Europe.—Soins à apporter à leur Conservation. — Les succès que M. Smith obtint attirèrent sur ce mode d'introduction l'attention des voyageurs au service des établissements horticoles, et aujourd'hui c'est à l'état de graines que la plupart des palmiers sont importés. Pour arriver en bon état en Europe, les graines doivent être d'abord bien séchées : on les dispose ensuite dans des caisses qu'on remplit de son, de terre, de sciure de bois, afin de les soustraire à la sécheresse, qui leur est aussi nuisible que l'humidité. Ainsi emballées, elles germent en route et arrivent ordinairement en bon état. Sinon, comme toutes les graines huileuses, elles se gâteraient pendant le voyage. L'huile qu'elles renferment rancirait, et elles perdraient leur vertu germinative. Le percement de l'isthme de Suez, en rapprochant de l'Europe les Indes, les Séchelles, les îles de l'Archipel indien et de l'Océanie, pays où la flore palmique est si riche et si puissante, a permis aux horticulteurs de faire venir rapidement les graines de palmier en Europe, et de les recevoir en d'excellentes conditions. Aujourd'hui l'Australie, les îles Maurice et Ceylan, les provinces centrales des Indes et de l'Empire birman, les différents États du Nouveau-Monde concourent, à l'envi, à l'accroissement des richesses végétales de nos serres. Un simple particulier peut posséder aujourd'hui des collections dont le prix, il y a cinquante ans, eût égalé la rançon d'un roi.

Botanistes qui se sont occupés spécialement des Palmiers. — Ce sont les palmiers indiens qui ont été d'abord étudiés. George Rumph, consul à Amboine, réunit au dix-septième siècle, en même temps que les matériaux d'une histoire des possessions néerlandaises aux Indes, un herbier et une collection précieuse d'objets d'histoire naturelle qu'il avait pu récolter pendant le long séjour qu'il avait fait dans les possessions néerlandaises. Il se préparait à revenir en Europe, lorsqu'il devint subitement aveugle (1669). Abandonnant toute idée de retour, il resta aux Indes néerlandaises, et, grâce au concours bienveillant des directeurs de la Compagnie des Indes, il eut des secrétaires intelligents auxquels il put dicter ses nombreuses observations sur l'histoire naturelle des Indes. En 1741 parurent les premières pages de son ouvrage principal, qui renferme la description d'un grand nombre de palmiers inconnus jusque-là en Europe *, et lui valut le glorieux surnom de Pline indien.

Pendant le dix-septième et le dix-huitième siècle, peu de savants semblent s'intéresser aux palmiers. Cluyt, en 1634, publie à Amsterdam une histoire du coco de mer (*Historia nucis medicæ Maldivensium*), et Caldenbach, à Tubingue, réunit et publia en 1679 les quelques notions qu'on avait sur les palmiers. Celsius, Rydel **, Karsten ***, Steck ****, publièrent quelques ouvrages intéressants, mais aucun d'eux ne se livra à un travail complet sur les palmiers considérés dans leur ensemble.

De nos jours Humboldt (fig. 73) et Bonpland, dans leur magnifique voyage au Nouveau-Monde, rencontrèrent et décrivirent, parmi les plantes équinoxiales, un grand nombre de palmiers : les premiers ils racontèrent les bienfaits immenses du *Ceroxylon andicola*, et leurs travaux, publiés dans les premières années du dix-neuvième siècle, éveillèrent chez les savants le désir de voir cette famille si intéressante mieux connue et mieux appréciée.

En lisant les ouvrages d'Alexandre de Humboldt, un de ses compatriotes rêva d'explorer à son tour les contrées tropicales et d'étudier sur place les palmiers, vers l'étude desquels il se sentait attiré dès son enfance. Ch. F. von Martius (fig. 74), né à Erlangen le 17 avril 1794, fut le premier qui s'occupa de la classification générale des palmiers. Pendant vingt-huit ans, il travailla avec une constance et un dévouement incroyables à l'histoire naturelle des palmiers. Aux matériaux considérables qu'il avait recueillis lui-même dans ses voyages au Brésil, il

* *G. E Rumphii Herbarium Amboinense*, 1741-1755, Amsterdam. Il y fait mention de 62 espèces de palmiers, ainsi que des fruits du *Lodoicea*, qu'il appelle *Cocus maldavicus Calappa Laut.*

** *De palma. Londini Gothorum*, 1720.

*** *De areca Indorum. Altorfii*, 1739.

**** *De sagu. Argentorati*, 1757.

s'efforça de joindre ceux des autres voyageurs dans l'Amérique du Sud et dans les îles de l'Archipel indien. Son active correspondance le mettait en rapport avec les botanistes du monde

Fig. 73. — Alexandre de Humboldt.

entier. Gœthe était de ses amis intimes. Robert Brown, les de Jussieu, les de Candolle, Endlicher, Unger, Link, Ehrenberg, Nees von Esenbeck, Al. Braun, les Hooker, Miquel, Morren, Blume, Spring, Galeotti, Griffith et tant d'autres avaient de fréquentes relations épistolaires avec l'illustre savant. Peu à peu il rassembla de nombreux matériaux qu'il utilisa dans son admirable monographie des palmiers, laquelle est jusqu'aujourd'hui restée un monument unique et incomparable dans la littérature botanique. Tout ce qui se rapporte au palmier y est traité : anatomie, physiologie, morphologie, diagnostic, description des genres et des espèces, géographie, rôle du palmier dans l'histoire des peuples. Entreprise avec le concours de savants compatriotes de Martius : F. Unger, Al. Braun, Sendtner, von Mohl, dirigée et rédigée en grande partie par Martius lui même, avec cette érudition solide et cette vue de l'ensemble qui est le propre de son génie, l'œuvre fit sensation. Le monde savant sanctionna l'inscription qu'il y avait mise en deux lignes :

In palmis semperparens juventus,
In palmis resurgo.

Fig. 74.— F. von Martius.

On a jugé cette œuvre impérissable, et, pour nous servir d'une parole de son glorieux émule, Al. de Humboldt, aussi longtemps qu'on parlera des palmiers et qu'on les admirera, on prononcera aussi avec éloge le nom de Martius.

En même temps que Martius se livrait à des études sur les palmiers du Brésil, un de ses compatriotes qui, de même que Rumph, fut attaché au service de la Compagnie néerlandaise des Indes orientales, Ch. L. Blume (1796-1862) étudiait les palmiers des possessions hollandaises. Attaché en 1818 comme officier de santé à l'armée des Indes, Blume (fig. 75) fut, dès son arrivée à Java, appelé à aider le célèbre professeur Reinwardt dans la direction coloniale de l'agriculture, et, de retour en Europe, il consacra tous ses soins à la publication de deux ouvrages intéressants sur cette partie si curieuse de la flore archipélagique. Dans son *Flora Javæ* et dans le *Rumphia*, précieux recueil dont le titre perpétue la mémoire de son illustre prédécesseur G. Rumph, les palmiers occupent une place importante.

Les relations fréquentes qui existent entre les colonies néerlandaises et la mère-patrie devaient naturellement favoriser l'importation et l'étude des palmiers. Miquel, professeur à Leyde (1811-1871), s'occupa avec zèle de la classification et de la description de palmiers des Indes orientales et de l'Archipel indien, dont il découvrit de nombreuses espèces.

En Angleterre, les travaux de Robert Brown sur la flore de la Nouvelle-Hollande publiés en 1810, ceux de Loddiges, les nombreuses relations de voyage éditées par ordre de l'amirauté anglaise, ajoutèrent à la faveur qui s'attachait aux palmiers. Les Hooker, cette dynastie de botanistes éminents qui président, depuis plus d'un demi-siècle, aux destinées du plus admirable Jardin botanique du monde entier, ne négligèrent rien de ce qui pouvait l'accroître encore. Nous leur devons de nombreuses descriptions de genres et d'espèces nouvelles. Un Allemand, Berthold Seeman (1825-1871), publia en Angleterre une histoire populaire des palmiers qu'il avait pu étudier en ses nombreux voyages dans toutes les parties du monde. William Griffith, médecin anglais attaché au service de la Compagnie des Indes anglaises, se proposait d'explorer la péninsule malaise quand une mort inopinée vint le ravir aux sciences (1845). Le gouvernement du Bengale ordonna la publication des manuscrits qu'il avait laissés. J. Mac Cleeland en fut chargé. Parmi ces manuscrits figurait la description des palmiers des Indes britanniques, ouvrage posthume d'un très-grand mérite, du jeune médecin anglais.

Fig. 75 — Ch. L Blume.

En France, les savants attachés à l'expédition d'Égypte avaient attiré l'attention sur quelques palmiers africains. Raffineau

Delile publia la description du palmier Doum de la Haute-Égypte (1810), qu'il appelait *Cucifera thebaica*. Regnier décrivit

Fig. 76. — Phœnix rupicola.

le dattier, et donna de précieux renseignements sur sa culture. L'*Arenga saccharifera*, ou, pour lui conserver le nom qu'il porte généralement dans les cultures européennes, et que Rumph et Blume lui assignèrent, le *Saguerus saccharifer*, fut de la part de Labillardière l'objet des mêmes études. De plus, ce savant français, dont le courage était à la hauteur de la science, décrivit le *Nipa fruticans* que Thunberg avait signalé au monde savant dès 1782. Poiteau décrivit, en 1822, les palmiers de la Guyane française. Brongniart, dont la science française pleure encore aujourd'hui la perte, avait, dès sa jeunesse, jeté dans d'importants ouvrages les bases de la science paléontologique. Aucune branche de la botanique ne lui était étrangère : il s'occupa, à plusieurs reprises, des palmiers du monde actuel, et décrivit avec soin les Kentiées de la Nouvelle-Calédonie.

Citons encore parmi les voyageurs intrépides qui ont découvert de nouveaux palmiers et enrichi les collections européennes, MM. André, Cunningham, Funck, Galeotti, Gris, Ghiesbreght, Hänke, Karwinski, Linden, Mann, Schiede, J. Veitch, Wallis, etc. Les établissements de MM. Bull, van Geert, van Houtte, Linden*, Loddiges, Jacob Makoy, Ortgies, Veitch, Verschaffelt, Williams, etc., doivent à ces intrépides collaborateurs une partie de leur célébrité. La renommée publique ajoutera à ces noms ceux de nombreux botanistes qui se sont directement ou indirectement occupés des palmiers : MM. Anderson, Beccari, d'Orbigny, Drude, Endlicher, Engel, Forster, Hooker, Kurz, Liebmann, Moore, Spruce, Wallich, Wendland, etc.

* Nous devons à M. Linden d'affectueux remercîments pour la bienveillance avec laquelle il a permis à M. de Pannemacker de dessiner d'après nature, dans son vaste établissement de Gand, un grand nombre des planches qui figurent dans cet ouvrage : les autres ont été dessinées et peintes d'après les plantes faisant partie de la collection de mon père, le comte de Kerchove de Denterghem.

Nous sommes heureux de pouvoir également remercier ici MM. Bull et les éditeurs des grands journaux horticoles anglais, pour le cordial appui qu'ils ont bien voulu nous prêter, en nous permettant de reproduire quelques-uns des plus beaux palmiers qu'ils ont introduits ou dont ils ont publié la description.

CHAPITRE IX.

BOTANIQUE DES PALMIERS

Sommaire : Introduction. — La graine. — Germination. — Développement de l'embryon. — Organes végétatifs des Palmiers. — Les racines. — La tige ou stipe. — Le phyllophore. — Anatomie du stipe. — Feuilles du palmier. — Physiologie du Palmier. — Reproduction du Palmier : inflorescence. — De la spathe. — Du spadice — Des fleurs — Fécondation. — Fruits. — Classification.

Introduction. — Les palmiers sont classés, dans le système d'Ant.-Laur. de Jussieu, parmi les plantes phanérogames monocotylédones. Ils appartiennent à la même grande division du système naturel que les Graminées (avoine, froment, riz, orge, maïs, canne à sucre, etc.), les Liliacées (aloës, ail, asperge, tulipe, fritillaire, jacinthe, hémérocalle, dracæna, etc.), les Iridées (iris, safran) et les Orchidées (orchis). Brongniart range les palmiers dans le groupe des *Monocotylédones phœnicoïdées*, composé des végétaux phanérogames monocotylédones périspermés, à périanthe nul ou double, et dont l'albumen est dépourvu d'amidon. Les Phœnicoïdées comprennent, dans la classification de Brongniart, la famille des palmiers et les deux genres *Nipa* Thunb. et *Phytelephas* R. et Pav. Ces deux genres furent placés par Endlicher à la suite des Pandanées. M. Hermann Wendland considère, avec raison, les *Nipa* et les *Phytelephas* comme étant des palmiers véritables.

La Graine. — La graine des palmiers est généralement arrondie ou ovoïde (fig. 77) ; plus rarement elle est elliptique, celle du dattier par exemple (fig. 78 et 79). Sa surface est lisse et brillante, ou rugueuse et terne; la graine est libre, ou adhérente au péricarpe. Quand la graine est libre, le tégument séminal est plus épais, et on remarque à sa surface près du micropyle une sorte de cicatrice circulaire; cette portion du tégument séminal se détache à la germination; on la désigne sous le nom d'*opercule* des palmiers (fig. 80). Le volume de la graine varie depuis la grosseur d'une baie de groseillier jusqu'à celui d'une tête d'homme. Coupée suivant sa longueur (fig. 81 et 82), la graine des palmiers montre le germe de la plante, l'embryon indivis conique ou cylindrique, toujours très-petit, enveloppé de toutes parts par une masse énorme d'un tissu blanc, corné, nommé *albumen*, riche en matières nutritives. L'albumen est un réservoir dans lequel le nouvel être puisera les substances nécessaires à son premier développement.

Fig. 77. Graine de Chamærops humilis.

La disproportion entre le volume de l'albumen et celui de l'embryon est surtout frappante dans les grosses graines, comme celles des Cocos, des Phœnix, etc. On en comprend aisément la raison. L'embryon, plante rudimentaire, a besoin, pour arriver à vivre seul, d'acquérir un certain degré de force, un certain développement, et il ne peut l'obtenir qu'au moyen des matières aleuriques et amylacées contenues dans l'albumen. L'embryon étant très-petit, est moins parfaitement formé : il exige donc pour se développer une plus grande somme d'aliments. Le degré de force que doit acquérir l'embryon pour vivre seul, la durée de la germination, la disposition mécanique des enveloppes et leur nature chimique, sont autant de facteurs qui sont appelés à exercer une grande influence sur le volume relatif de l'embryon et de l'albumen *.

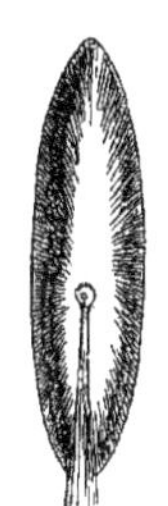

Fig. 78. Graine de Dattier vue par la face hilaire.

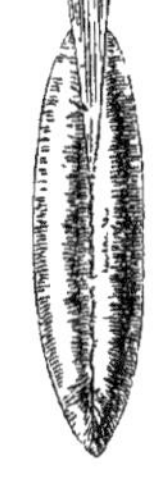

Fig. 79. Graine de Dattier vue par la face chalazienne.

L'albumen est toujours exclusivement formé de tissus cellu-

* La durée de la germination dépend, on le sait, de l'intensité des actions chimiques qui déterminent la dissolution des matières alimentaires contenues dans l'albumen.

laires. Les parois des cellules sont très-fortement épaissies; chacun peut le voir dans le tissu corné et résistant du noyau de la datte. Toutefois ces membranes sont plus minces dans les palmiers dont l'albumen très-oléagineux est mou*, que dans ceux où, moins riche en matières grasses, l'albumen acquiert la dureté d'un os**. Il faut, en effet, remarquer qu'il existe une notable différence entre la nature de l'albumen des diverses espèces de palmiers : il est corné, farineux chez le dattier, très-dur chez le phytéléphas, tandis que l'albumen du cocotier présente une chair pulpeuse.

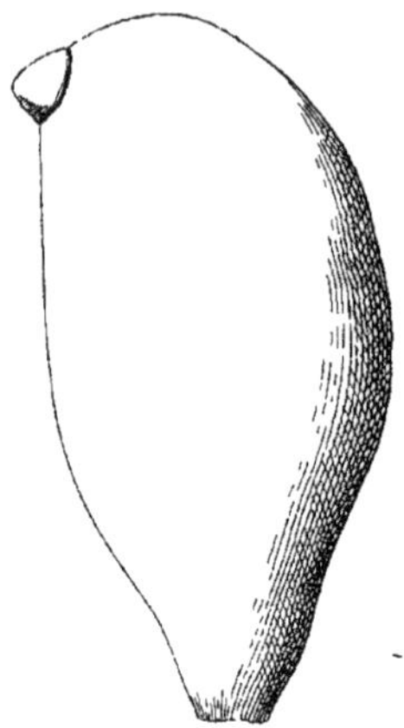
Fig. 80. — Graine de Carpoxylon macrospermum dépouillée de son enveloppe.

L'âge de la graine exerce également une certaine influence sur la nature de l'albumen. Les Indiens de la rivière Cupica mangent les jeunes graines des phytéléphas. Ils recherchent cet albumen qui, laiteux dans la toute première jeunesse de celles-ci, acquiert bientôt la consistance du blanc de l'amande, pour prendre enfin cette consistance dure qui lui a valu son nom populaire d'*ivoire végétal*. L'épaississement des parois cellulaires est toujours en rapport avec la nature de l'albumen, et c'est à bon droit qu'on peut regarder la cellulose de ses parois épaissies comme une matière capable de se redissoudre quand elle a fini son rôle protecteur, et de devenir alors une matière alimentaire destinée à être absorbée par la jeune plante.

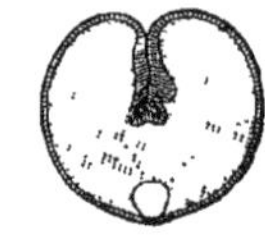
Fig. 81. — Graine de Dattier coupée transversalement.

Entre ces parois épaissies se trouve le protoplasma, matière vivante de la cellule. Essentiellement mobile dans les premiers temps de sa

* *Cocos plumosa* et *nucifera*; *Attalea excelsa*, *phalerata* et *compta*; *Astrocaryum vulgare* et *campestre*; *Diplothemium maritimum*; *Bactris concinna*, *ciliata* et *acanthocarpa*; *Hyphæne crinita*; *Borassus flabelliformis*; *Elæis melanococca*, etc.

** *Sagus tædigera* et *hospita*; *Mauritia flexuosa*; *Lepidococcus armatus*; *Lepido-*

formation, peu à peu ce corps perd son eau et en même temps son activité; il prend alors une forme de repos qu'il peut garder plus ou moins longtemps. La faculté germinative de la graine dépend du degré de siccité qu'elle peut supporter sans qu'il y ait altération de son protoplasma* ; elle est aussi subordonnée au temps plus ou moins long pendant lequel ce protoplasma peut rester inactif.

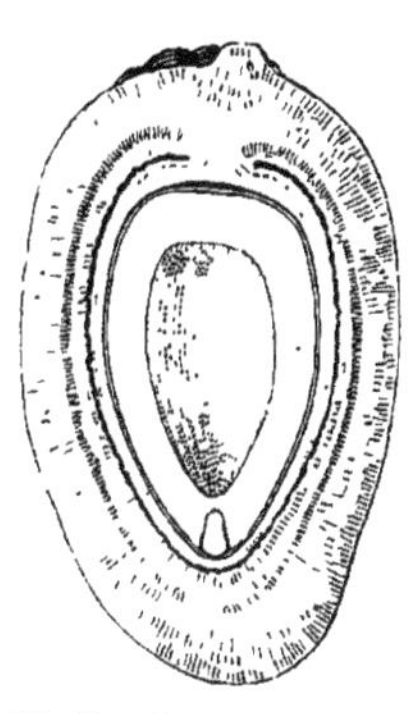

Fig. 82. — Fruit de l'Hyphæne thebaica coupé verticalement.

Le protoplasma considéré en pleine activité vitale est abondamment pourvu d'eau; il en perd pour prendre sa forme de repos. Les matières plastiques qu'il contient se précipitent sous forme de grains d'aleuronne, de cristalloïdes d'huile, de grains d'amidon. Ces substances organiques doivent, à un moment donné, se dissoudre, afin de subvenir à l'alimentation de l'embryon.

L'embryon et l'albumen sont enveloppés par une peau plus ou moins épaisse, brunâtre, qui les protége et dont le rôle finit à la germination. La situation de l'embryon dans la graine est toujours indiquée nettement par la position de l'opercule (fig. 83 *a*).

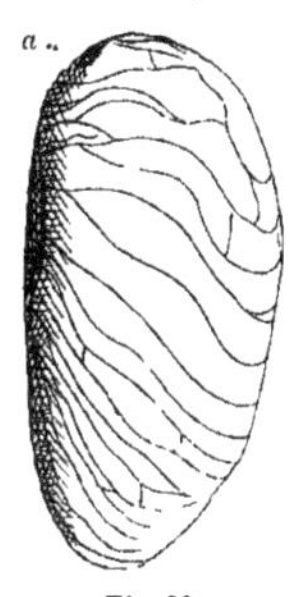

Fig. 83. Graine de Carpoxylon macrospermum.

De la Germination. — Le premier effet apparent de la germination est le gonflement de la graine et le ramollissement des enveloppes qui la recouvrent. L'embryon, en contact avec l'albumen par la totalité ou la plus grande

caryum gracile; Manicaria saccifera; Iriartea exorrhiza et *setigera; Geonoma simplicifrons; Œnocarpus Bataua*, etc.

* C'est le motif pour lequel les botanistes voyageurs doivent apporter le plus grand soin à l'expédition des graines et à leur conservation. Dans les longs voyages par mer, surtout par les paquebots à vapeur, la grande majorité de celles-ci périt moins par l'eau de mer que par suite des températures élevées qu'elles ont à supporter pendant le trajet. La traversée de la mer Rouge, où la chaleur est souvent excessive, amène constamment de nombreux déchets dans les semis de graines apportées de l'Inde, de la Chine et du Japon par paquebots à vapeur.

partie de son contour, absorbe par toute sa surface et consomme les matières alimentaires de l'endosperme; bientôt il ne reste plus de traces du contenu des cellules endospermiques épaissies. L'embryon. en se developpant, presse la région du tégument de la graine qui fait face à sa radicule. Bientôt l'opercule se détache : l'embryon, petite plante en miniature qui présentera bientôt les caractères de celle dont il est appelé à conserver l'espèce, paraît au dehors. L'extrémité inférieure de l'axe hypocotylé perce en premier lieu le spermoderme. La tige sort immédiatement après. En un point déterminé de l'axe hypocotylé apparaît la première racine, qui s'allonge rapidement vers le sol; en même temps, la gemmule fait saillie hors de la fente cotylédonaire transformée en gaîne (fig. 84).

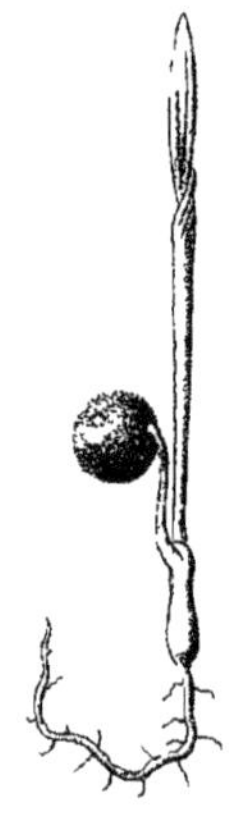

Fig 84. – Germination d'une graine de Chamærops humilis.

L'axe hypocotylé augmente de volume, se redresse en s'appuyant sur la première racine comme sur un point fixe. Souvent ce phénomène de relèvement de l'embryon se produit avant que le cotylédon soit sorti de la gaîne. Si le pétiole cotylédonaire est court et solide, si, d'autre part, la graine n'est pas trop pesante, toute celle-ci est soulevée par ce mouvement de rotation au-dessus du sol (*Acrocomia, Chamærops*) [fig. 85].

Les enveloppes de la graine dont la mission est terminée se racornissent et tombent. A ce moment, l'embryon développé se compose d'une partie centrale (axe hypocotylé), dont la région inférieure est nommée *radicule,* et dont l'autre extrémité porte le bourgeon terminal de la tige nommé *gemmule.*

Vers le sommet de l'axe hypocotylé, on remarque un grand cotylédon embrassant, dont les dimensions varient beaucoup suivant les espaces considérés. En se développant, la base de ce cotylédon forme une gaîne parfois très-longue, et qui a pour effet d'enfoncer la gemmule dans le sol, tantôt à une profondeur de quelques centimètres (*Chamærops. Phœnix, Arenga, Attalea,*

Maximiliana), tantôt à une profondeur considérable, parfois à plus de 65 centimètres (*Copernicia, Hyphæne*). Dans un certain nombre d'espèces (*Chamædorea, Cocos, Sagus, Euterpe, Œnocarpus, Bactris, Calamus*) la gemmule n'est pas superficielle.

Développement de l'Embryon. — Les figures 84 et 85 montrent les états successifs d'une graine de *Chamærops humilis* en germination. La section transversale de la graine (fig. 86) montre la position de l'embryon dans l'albumen. La germination détermine l'allongement de la partie inférieure de la feuille cotylédonaire. Celle-ci pousse hors de la graine l'extrémité inférieure de l'axe hypocotylé, et en même temps l'axe hypocotylé tout entier. La portion terminale du cotylédon se développe en *organe de succion* * qui dissout et absorbe peu à peu l'endosperme, et envahit finalement tout l'espace que celui-ci occupait. L'organe de succion du cotylédon correspond au *limbe* de la feuille ordinaire. Il est relié à la gaîne cotylédonaire, partie analogue à la gaîne des feuilles embrassantes, par un court pétiole.

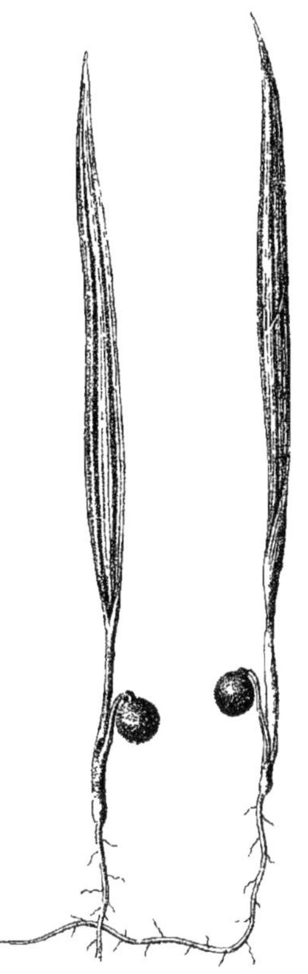

Fig. 85. — Germination d'une Graine de Chamærops humilis (états successifs).

Tandis que la radicule de l'embryon des Dicotylédones se

* Les Graminées ont également un organe de succion (scutellum du maïs), qui est, d'après certains auteurs, notamment d'après M. Van Tieghem, le vrai cotylédon. L'organe qui jusqu'ici a été presque toujours regardé comme le cotylédon, n'est qu'une gaîne stipulaire protectrice, analogue peut-être à ce que l'on trouve dans certains palmiers et chez les Marattiées parmi les Fougères.

transforme, pendant la germination, en une racine principale ou pivotante, par suite de l'allongement de l'axe de haut en bas, les Monocotylédones sont en général dépourvus de pivot. L'étude d'un embryon de palmier montre même que sa première racine correspond déjà aux racines adventives qui émergeront plus tard de l'hypoblaste. La radicule n'est pas ici la terminaison directe de l'axe de l'embryon; elle n'est pas libre; elle naît dans l'intérieur des tissus de l'embryon de la même matière que toutes les racines adventives qui, perçant plus tard les tissus corticaux *, naissent de l'hypoblaste.

Fig. 86. Graine de Chamærops humilis coupée transversalement.

Organes végétatifs des Palmiers. — Les organes végétatifs des palmiers sont les racines, les tiges ou stipes et les feuilles. Nous allons successivement passer en revue chacun de ces organes.

Des Racines. — Les racines des palmiers sont fasciculées, nombreuses, cylindriques, épaisses, fortes, souples, souvent longues de plusieurs mètres. Elles produisent des ramifications et un abondant chevelu, sans qu'il en résulte pour elles un amin-

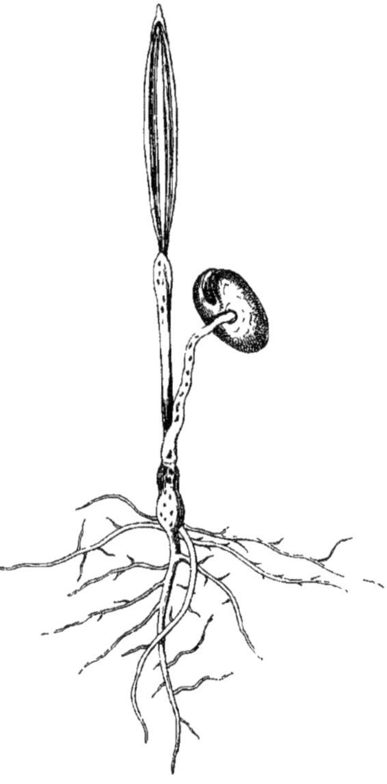

Fig. 87. — Racines secondaires du Phœnix sylvestris Roxb.

* La tige d'un palmier ne fait pas suite à la racine principale, comme cela a

cissement sensible. A la germination, la radicule se dégage des enveloppes de la graine, puis son extrémité se perfore et la véritable racine s'échappe par l'ouverture qui vient de se produire. Les tissus perforés de l'axe hypocotylé forment une collerette à la base de la racine. Cette collerette ou gaîne est désignée sous le nom de *coléorhize*. Bientôt de nouvelles racines, en tout semblables à la première, se développent sur toute la région inférieure de la tige.

La première racine, le pivot des auteurs, meurt et se désorganise complétement peu de temps après la germination. Les racines secondaires périssent à leur tour, les plus âgées mourant d'abord; la destruction des racines procède donc d'arrière en avant. En même temps que les vieilles racines se détruisent, de nouvelles racines naissent sur les parties inférieures plus jeunes de la tige; elles recouvrent les anciennes, atteignent le sol, si elles sont nées sur des régions de la tige situées hors de terre, et là, courent à peu près horizontalement, ne s'enfonçant jamais à une grande profondeur (fig. 87). Pour peu que le sol où végète le palmier soit meuble, peu consistant — et chacun sait que ces plantes recherchent de préférence les endroits sablonneux ou marécageux — le moindre vent suffit pour jeter bas la plante. Ce peu de stabilité de ces arbres est encore accru par cette disposition générale de leur partie aérienne, qui consiste le plus souvent en une longue colonne grêle surmontée d'un panache de feuilles gigantesques sur lequel le vent a toute liberté d'action. Dans nos serres, les palmiers, soutenus et protégés, s'élèvent souvent à une plus grande hauteur que dans leur pays natal. Dans les régions tropicales, les palmiers n'atteignent cette taille que lorsqu'ils sont abrités contre les violences de la tempête par les arbres qui les entourent, ou fixés au sol par les lianes des forêts vierges, câbles gigantesques, entrelacés dans un désordre inextricable, qui donnent à la végétation de ces contrées son cachet particulier.

lieu chez les Dicotylédones; elle se termine par une base qu'on appelle *hypoblaste*, de laquelle naissent un grand nombre de racines adventives.

Cette disposition des racines des palmiers permet de les cultiver aisément dans des caisses de dimensions très-petites relativement

Fig. 88. — Sabal Blackburniana cultivé en caisse, au Jardin botanique d'Édimbourg.

à leur taille (fig. 88). C'est ainsi que devant le grand amphithéâtre du Muséum d'histoire naturelle à Paris, on voit deux palmiers de 15 à 20 mètres de haut, cultivés dans des caisses n'ayant que 1m,30 de côté.

Beaucoup de palmiers émettent des racines adventives quand ils ont atteint un certain âge. Ces racines semblent même parfois supporter le tronc dont la partie inférieure est détruite; j'en citerai comme exemples : les *Chamærops*, les *Euterpe*, les *Chamædorea*, les *Oreodoxa*, les *Iriartea** (l'*Iriartea exorhiza* principalement).

Les racines adventives apparaissent généralement aux renflements ou nœuds des tiges. Si on suit leur formation, on voit d'abord, au point où elles vont apparaître, une petite saillie arrondie; bientôt après, l'écorce se déchire, il en sort un petit corps cylindrique qui, en s'allongeant, devient une racine. Ces racines ne produisent jamais immédiatement de tige ou de fleur : elles ne peuvent engendrer autre chose que des racines. Les racines adventives sont simples, droites et cylindriques, rarement tordues; quelques-unes toutefois forment des boucles. Elles sont dures et solides. Elles émettent souvent des radicelles (deux, trois ou quatre) qui descendent vers la terre en formant un angle aigu avec la racine primitive. La nature du sol et l'humidité de l'atmosphère contribuent beaucoup au développement de ces racines. Bory de Saint-Vincent fut frappé de l'extrême développement que présentèrent, sous ce rapport, les *Hyophorbe Commersoniana*, *Latania Commersonii*, *Areca alba*, *Acanthophœnix crinita*, qu'il rencontra dans l'île de Bourbon.

Le *Chamærops humilis* et les *Trachycarpus* cultivés dans nos serres, où l'atmosphère est toujours humide et tranquille, émettent des racines adventives bien plus nombreuses que leurs congénères croissant en Afrique et en Asie. C'est sur cette faci-

* Les *Iriartea*, dans les forêts vierges de l'Amérique du Sud, présentent une particularité digne d'attention. Sur le tronc naissent des racines adventives qui se développent les unes au-dessus des autres, et descendent obliquement vers le sol pour y puiser la nourriture. Les racines inférieures et la région de la tige sur laquelle elles s'insèrent, meurent et se détruisent peu à peu; de sorte qu'à la fin tout l'arbre semble être soulevé en l'air Les racines adventives, au point où elles pénètrent dans le sol, sont assez espacées pour qu'un homme puisse passer aisément entre elles.

lité de certains palmiers d'émettre des racines adventives qu'est basé le bouturage du dattier, bouturage que les anciens connaissaient : Théophraste et Pline l'Ancien le décrivent. Les Égyptiens se servent encore aujourd'hui du même procédé pour conserver les variétés à fruits délicats. A cet effet, ils enfoncent, à travers le tronc du dattier dont ils tiennent à conserver l'espèce, deux coins de bois en croix à un mètre environ au-dessous des feuilles. On recouvre ces coins et les blessures que l'on a faites à l'arbre, d'un bourrelet de limon soutenu par un réseau de cordelettes. On maintient ce limon toujours humide. Chaque jour en été, un homme monte l'arroser. Il se trouve, à la fin de l'hiver, des radicules formées sous ce bourrelet de limon ; on coupe alors le sommet de l'arbre, puis on le plante dans un trou près d'une rigole pour pouvoir l'arroser plus facilement.

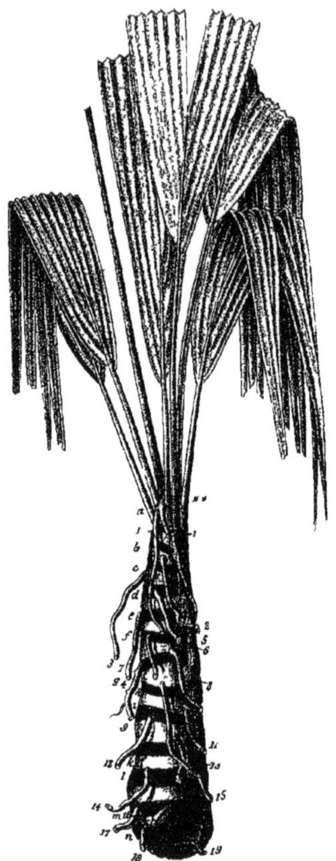

Fig. 89. — Jeune Sabal mexicana.
a-n. Cicatrice des frondes. 1-19. Racines adventives.
xx. Point d'attache de la gemmule.

Dans quelques cas rares, on observe la transformation des racines adventives en épines. Certaines variétés de *Thrinax* émettent sur leur tronc des racines adventives spinescentes, longues d'un ou de deux pouces, et qui se ramifient au moyen de racines latérales, de manière à ressembler aux épines de certaines légumineuses.

Dans ce cas, le cône végétatif de la racine se lignifie et la piléorhize se dessèche. Le *Livistona australis* présente assez souvent de petites fibrilles sèches et dures ressemblant à de jeunes cornes de cerf : ce sont des racines atrophiées.

L'*Acanthorhiza aculeata* et le *Lepidococcus armatus* sont quelquefois couverts de racines adventives spinescentes jusque près de leur sommet. Elles sortent, dirait-on, des cicatrices des feuilles, mais elles ne se développent pas, se dessèchent rapidement, et semblent servir d'organe de défense et de protection au tronc.

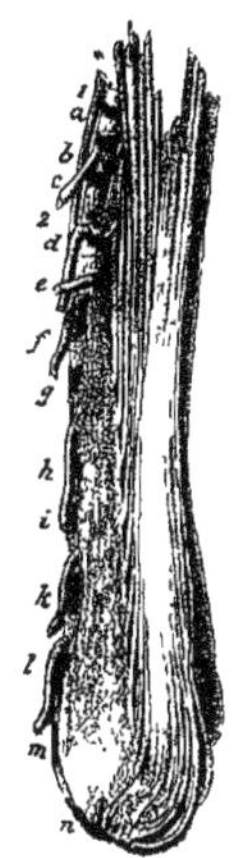

Fig. 90 — Coupe verticale du jeune stipe du Sabal mexicana d'après Martius.

La grandeur des racines adventives varie avec l'âge de la plante et avec l'espèce ; bien plus, les variétés d'une même espèce diffèrent beaucoup entre elles sous ce rapport.

Les racines adventives du Dattier, du *Chamærops*, s'allongent longtemps horizontalement par leur extrémité, et couvrent ainsi une vaste surface de terrain. Quelquefois, dans le *Chamærops humilis* par exemple, le tronc est complétement caché sous une épaisse couche de racines adventives ; parfois aussi, l'abondance des racines adventives se produisant à la base du palmier est telle, que celle-ci acquiert un immense développement. Martius cite un *Acrocomia sclerocarpa* qu'il a vu dans la province de Minas, au Brésil, qui avait 6 mètres de haut et $1^{m},80$ à sa base ; le tronc ne mesurait que 630 millimètres. Tous les palmiers dont le stipe s'élève à une grande hauteur, les *Phœnix*, les *Lodoicea*, les *Attalea*, les *Sabal*, etc., s'enfoncent profondément (pour un palmier) en terre pendant leur germination (fig. 89) *. Les racines adventives ne

* Dans ces palmiers, la première racine de l'embryon s'enfonce profondément dans le sol, prend un assez grand développement en diamètre, et semble continuer directement l'axe hypocotylé, dont elle n'est cependant qu'une production latérale. Cet aspect extérieur, ce semblant de continuité, de communauté de l'axe de l'embryon et de l'axe de la première racine, laquelle persiste pendant un temps assez long, a fait comparer cette disposition des organes de la région inférieure de

naissent sur le pivot qu'au moment où le stipe est assez élevé pour que la plante ait à souffrir des violences des vents et des orages. Dans les espèces dont le tronc reste court, les *Chamædorea* par exemple, dont les graines germent à la surface du sol, la radicule ne s'enfonce pas aussi profondément que dans les autres espèces.

De la Tige ou Stipe. — La tige des palmiers s'appelle *stipe* ou *caudex*.

Le stype des palmiers varie suivant les espèces, suivant le climat et le mode de culture. Il est quelquefois très-court; mais le plus souvent il s'élève, sans se ramifier, en colonne élancée d'une épaisseur sensiblement constante de la base au sommet : il atteint ainsi jusqu'à 50 mètres de hauteur (*Sabal umbraculifera*, fig. 91). Tels sont par exemple les troncs du talipot, du cocotier, du dattier; tels sont encore ceux des *Mau-*

Fig. 91. — Racines, tige et frondes du Sabal umbraculifera

l'embryon de ces palmiers à la disposition des mêmes parties de l'embryon de la grande majorité des Dicotylédones. Dans ces dernières plantes, il est admis, bien que cela n'ait jamais été établi, que l'extrémité inférieure de la tigelle (la radicule), en s'allongeant, devient cette puissante racine pivotante qu'on remarque dans la plupart des Phanérogames dicotylées. Comparant cette puissante racine première à un support général de toute la plante, on l'a nommée *le pivot*. On dit par suite que les palmiers susnommés présentent un pivot, dont la durée n'est jamais très-longue.

ritia flexuosa, Acrocomia. Astrocaryum, Attalea, etc. D'autres palmiers ont leur stipe mince à la base et au sommet, mais notablement renflé dans la partie moyenne (*Oreodoxa regia*, fig. 92). L'*Iriartea ventricosa*, par exemple, ne peut mieux se comparer qu'à ces énormes quenouilles dont les fileuses se servaient autrefois. Quelquefois il est raccourci, renflé, et semble affecter la forme d'un bulbe (*Geonoma*, *Phœnix acaulis*, *Astrocaryum acaule* etc.), mais toujours les palmiers ont un stipe. Celui-ci peut être du reste très-court, et caché complétement par la base de ses feuilles.

Fig. 92. — Oreodoxa regia.

Certains palmiers (*Calamus*, par exemple) ont des tiges sarmenteuses, grêles, flexibles, pouvant atteindre une grande longueur; trop faibles pour se soutenir elles-mêmes, elles rampent sur le sol ou serpentent au loin sur les arbres et les buissons, et atteignent parfois une longueur de plus de 300 mètres.

Beaucoup de palmiers dans leur jeunesse, d'autres pendant toute la période de leur developpement, ont une souche rampante, courte, relevée en arrière (*Sabal*, fig. 89 et 90) ou formant sous terre un rhizome rameux dont le sommet, couronné par des feuilles, se redresse et se développe à la surface du sol (*Rhapis, Calamus, Bactris*, quelques *Chamædorea* et *Geonoma*).

Les diverses formes que présente la tige des palmiers quand elle est simple — et c'est le cas le plus général — ont été rapportées par Hugo von Mohl à cinq types principaux :

1° Les *troncs arundinacés*, dont le type est le tronc des *Chamædorea*, se rencontrent dans beaucoup de palmiers, entre autres dans les *Chamædorea Arenbergiana* (fig. 33), *Schiedeana* (fig. 98), *Ernesti Augusti* et *elegans* (fig. 39 et 40), dans le *Calyptrogyne Ghiesbreghtii* (fig. 94), etc. Leur tige atteint une taille variant de 50 centimètres à 4 mètres. Leurs feuilles sont peu nombreuses et insérées à une assez grande distance les unes des autres. Le centre de la tige est médullaire, c'est-à-dire qu'il renferme une grande quantité de cellules et peu de faisceaux. Les pétioles sont presque toujours minces*.

2° Les *troncs calamiformes*, dont le type est le *Calamus*. Ces troncs sont remarquables par leur écorce luisante. Ils diffèrent des troncs arundinacés par la longueur des entre-nœuds et la dureté du bois. Les *Desmoncus* offrent une disposition qui rappelle à la fois les stipes *calamiformes* et les stipes *arundinacés*. Tous les troncs calamiformes sont remarquables par leur élasticité. Les faisceaux y sont grêles et déliés : ils occupent presque toute la tige, même le centre. La masse médullaire est très-faible.

3° Les *troncs columniformes* (fig. 35) se rencontrent surtout dans les genres *Mauritia*, *Œnocarpus*, *Kunthia* et *Astrocaryum*. La tige est longue et dure. Les feuilles nombreuses sont portées par de longs pétioles très-volumineux; les gaînes ne sont pas aussi serrées que dans les Cocoïdes. Il en résulte que les feuilles embrassant avec moins de force le tronc, le développement du phyllophore est plus rapide. Généralement les palmiers à tronc cylindrique présentent un développement de feuilles très-considérable. On compte parfois sur un pied adulte deux cents à trois cents cicatrices foliaires.

4° Les *troncs cocoides* ont, le nom l'indique, pour type le tronc du cocotier. Parmi eux, il faut citer les *Leopoldinia*, les *Syagrus*, l'*Elæis*, les *Corypha*, le *Livistona australis* (fig. 30); ils sont plutôt coniques que cylindriques, et vont en s'amincissant de la

* Outre les *Chamædorea*, je citerai comme exemple de *troncs arundinacés*, les *Bactris*, *Geonoma*, *Hyospathe*, *Rhapis*, etc.

base au sommet, qui est garni d'une belle couronne de feuilles à pétioles fortement engaînants.

5° Quelques palmiers sont dits *acaules*, soit que leur tronc ait a forme d'un bulbe (*Geonoma acaulis*. *Astrocaryum acaule*,

Fig. 93. — Zalacca macrostachya, Griff.

Diplothemium, *Phœnix acaulis*), soit que leur tronc se trouve en terre (*Zalacca macrostachya*) [fig. 93].

On peut encore grouper les palmiers en *Palmiers à tige dressée* et *Palmiers à tige grimpante*, bien qu'à proprement parler cette distinction ne soit guère scientifique. Certains

Fig. 94 — Calyptrogyne Ghiesbreghti H. Wendl.

genres (*Dæmonorops, Calamus*, etc.) présentent une tige grimpante qui atteint souvent une longueur de plusieurs centaines de mètres. Elles sont trop grêles et trop faibles pour se soutenir verticalement à une telle hauteur. Pour atteindre la région de l'air où elles trouvent les conditions nécessaires à leur existence, elles s'attachent à d'autres végétaux plus robustes, se suspendent aux arbres des forêts en festons gracieux et en guirlandes légères, et courent d'arbre en arbre, les couvrant d'un étroit réseau*. A la différence des plantes grimpantes ordinaires, les palmiers de cette espèce n'enlacent pas leurs appuis : ils s'y attachent et atteignent rapidement le sommet de l'arbre. La plupart des palmiers grimpants sont munis de petits crochets à pointe très-aiguë, qui se trouvent le long du tronc ou des feuilles. Cette disposition rend les plus grands services à ces plantes en leur permettant de s'élever le long des arbres et de s'y maintenir (fig. 95).

Fig. 95. — Cirre du Dæmonorops hygrophilus garni de ses crochets.

La surface de la tige est marquée d'anneaux ou de cicatrices laissées par les feuilles tombées; elles tendent parfois à s'effacer, ou deviennent peu visibles à mesure que le stipe vieillit. Ces cicatrices foliaires sont transversales, et souvent la tige est couverte, vers le haut, des bases des feuilles qui se décomposent; car celles-ci ne sont pas articulées et, par conséquent, ne se détachent pas nettement de la tige, comme les feuilles de nos arbres indigènes.

Dans certaines espèces, les faisceaux des pétioles dont le parenchyme a été brisé par les tempêtes ou détruit par les pluies, subsistent le long du stipe. Ils sont ou mous et élastiques. ou durs et rigides, comme ceux de l'*Attalea funifera*. Ces faisceaux s'amincissent parfois à leur extrémité, et semblent couvrir le tronc d'épines. Ils présentent les formes les plus bizarres,

* Le *Dæmonorops melanochætes* a parfois plus de 150 mètres de longueur, et sa tige atteint à peine la grosseur d'un bras d'enfant.

les plus diverses. Dans le *Scheelea cephalotes*, ils sont fendus, tordus, de couleur noire, et, à première vue, rappellent de loin les poils de l'homme et du cheval. Les faisceaux isolés par la désagrégation de la base des feuilles de l'*Attalea funifera* sont noirs, durs, flexibles. Quelquefois, la désagrégation de la base du pétiole ne produit pas de faisceaux isolés; on les trouve alors enchevêtrés, serrés à la base, plus lâches à une certaine distance de l'insertion. Les *Livistona sinensis*, *australis*, etc., forment à la surface de leurs organes une sorte de drap épais dont l'imperméabilité est telle, qu'il est presque impossible à l'eau de les traverser.

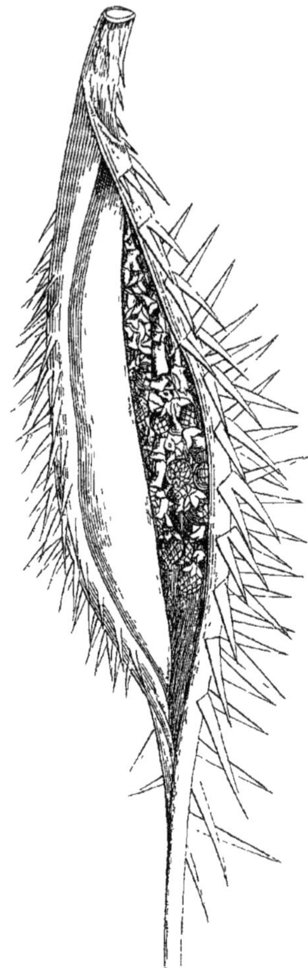

Fig. 96. — Spathe épineuse du Dæmonorops grandis Griff.

Le stipe de certaines espèces est garni d'épines : celles-ci se rencontrent encore sur les pétioles. Ailleurs les épines couvrent les spathes (*Dæmonorops grandis*) [fig. 96] ou même le fruit (*Bactris acanthocarpa*). Ces épines sont cylindriques ou comprimées *, à une ou deux têtes, quelquefois même, mais rarement, à cinq têtes. Elles sont parfois très-longues. Griffith a mesuré celles du *Calamus hystrix* : elles avaient plus d'un

* Quelques palmiers (le *Lepidococcus armatus* par exemple) émettent des dards coniques, sur la nature desquels on ne sait rien de précis.

pied et demi de long. La disposition des épines sur la plante n'est pas régie par une loi fixe; il semble qu'on les rencontre le plus souvent disposées obliquement sur le tronc, en spirale continue (*Zalacca macrostachya*) [fig. 97]. La couleur des épines est souvent noire comme de l'ébène; elles sont luisantes au point de paraître vernissées. Quelques espèces (*Guilielma* et *Acrocomia*) ont des épines plutôt violettes que noires. Parfois on en rencontre qui ont une teinte basanée, brunâtre, comme celle du bois. Peu de variétés ont des épines de couleur gris cendré ; rarement elles sont blanchâtres (*Bactris pallidispina*, *Brongnarti*).

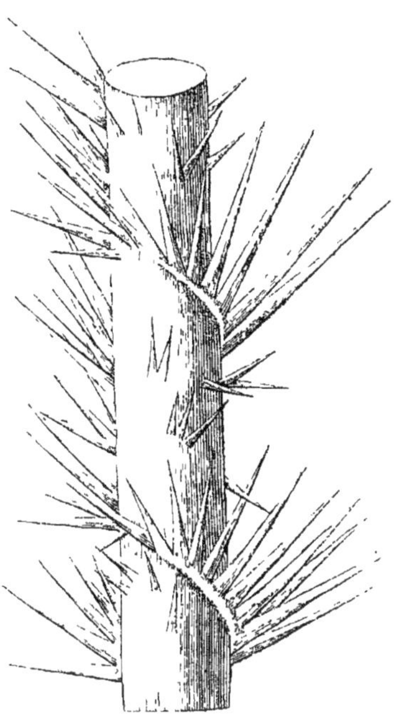

Fig. 97. — Tronc garni d'épines du Zalacca macrostachya.

Ces dards sont des organes transitoires; ils tombent lorsque la plante avance en âge. Aussi n'est-il pas rare de voir des troncs de palmiers dont la base est complétement dénudée, tandis que le sommet du tronc est encore couvert d'épines et de feuilles. Rumph, parlant du *Metroxylon*, dit que le tronc et les pétioles des feuilles se dégarnissent de dards à mesure que le tissu médullaire de l'intérieur de la plante devient granuleux. Les Indiens ont remarqué cette particularité qui leur permet de déterminer approximativement la maturité de l'arbre et l'époque pendant laquelle il contient la plus grande quantité de fécule; ils ne l'abattent que lorsque les dards ont disparu du tronc. Nous ne savons jusqu'à quel point cette observation est exacte. Doit-on l'accepter ou la reléguer parmi les fables au même titre que l'affirmation des Indiens du Brésil, qui prétendent que les blessures faites par les dards des palmiers sont beaucoup plus dangereuses quand elles sont faites pendant la floraison ?

Le revêtement de la surface du stipe des palmiers est formé, dans certaines espèces, de poils *laineux** ou *scarieux***. Ces productions cellulaires ne se rencontrent toutefois que dans les parties jeunes du tronc, et surtout dans celles qui sont recouvertes de la gaîne des feuilles ***.

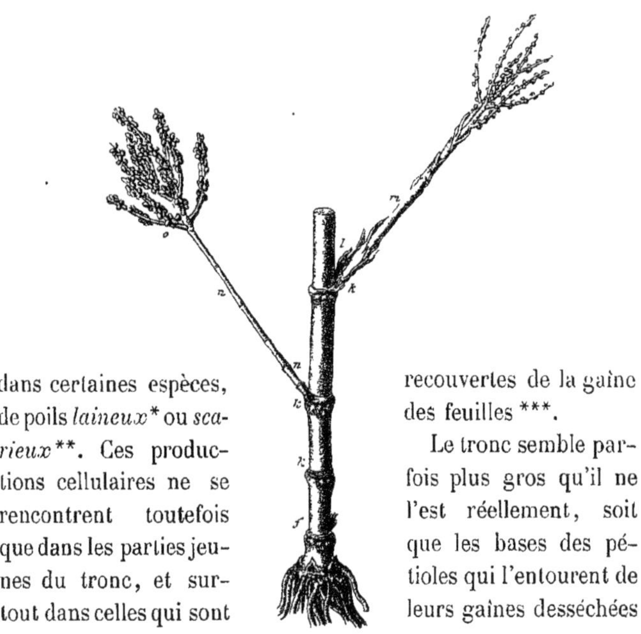

Fig. 98 — Tronc arondinacé du Chamædorea Schiedeana.
k. Cicatrice de la gaîne basilaire des feuilles. — *l*. Spathe. — *n*. Spadice. — *o*. Régime.

Le tronc semble parfois plus gros qu'il ne l'est réellement, soit que les bases des pétioles qui l'entourent de leurs gaînes desséchées soient demeurées intactes, comme dans quelques Phœnix, soit que celles-ci existant sur toute la longueur de la tige se remplissent de plantes parasites ou pseudo-parasites. Au Brésil,

* Le *Bactris tomentosa*.

** *Rhapis flabelliformis*, *Phœnix dactylifera*.

*** Sur les spathes et aux bases des feuilles, on rencontre un grand nombre de formations spinescentes, qui se montrent comme une transition graduelle des poils délicats, flexibles, aux épines dures, acérées et fortes.

certains pieds d'*Arenga saccharifera* sont envahis de cette façon par des Lianes, des Orchidées, des Broméliacées, etc., au point de former des troncs fleuris et verdoyants d'une grosseur colossale et du plus luxuriant aspect. Toute une végétation bizarre se rencontre sur les troncs velus, poilus, tomenteux ou squarreux des palmiers. On y rencontre le plus souvent des Lichens et des Myxomycètes. Sur le stipe d'un grand nombre de palmiers, on remarque comme plante humicole une petite et gracieuse Fougère du genre Hymenophyllum.

Le tronc des palmiers est, dit-on, généralement simple, non ramifié. Ce caractère n'est pas absolu. Les spadices sont des rameaux (fig. 98). Certains palmiers (fig. 99) émettent des branches souterraines (*Calamus Draco, Rhapis flabelliformis*). Dans d'autres espèces, toute une série de bourgeons naissent sur la tige traçante et parfois sur la tige principale au-dessus de terre. Nous devrions même distinguer les rameaux hypogés naissant sous le sol des rameaux extérieurs. Les premiers sont de différentes longueurs. Dans le *Chamædorea elatior*, ils ont parfois 4 pieds de long avant de sortir du sol. Rumph avait remarqué, il y a environ deux siècles, cette même tendance chez le sagoutier. « Les racines, dit-il, rampant sous le sol, produisent des jets si longs, que parfois de jeunes plantes s'élèvent dans un héritage voisin et font naître des procès entre propriétaires; aussi le droit civil a-t-il dû décider que ce qui croît dans le champ du voisin appartient au propriétaire du sol. » Aussi longtemps que les rameaux sont souterrains, ils restent blancs; il en est de même des feuilles qui naissent parfois sous terre, mais celles-ci meurent rapidement.

Le tronc est donc simple d'une manière plutôt apparente que réelle*; il convient même de distinguer les branches de la rami-

* Un mode de végétation fort singulier existe chez certains palmiers : *Diplothemium*, *Sabal*, *Trithrinax*, *Acrocomia*, *Elæis;* tant que la tige n'a pas acquis à la base son diamètre définitif, il se développe en terre une forte pousse latérale à courts entre-nœuds qui s'enfoncent de haut en bas dans le sol. Cette production se couvre de racines à sa face inférieure. On la désigne ordinairement sous le nom de *Sabot*.

fication d'après leur origine en bourgeons terminaux, rameaux adventifs et bourgeons dormants. Les bourgeons terminaux naissent au sommet du tronc, loin du sol, d'après des règles fixes et

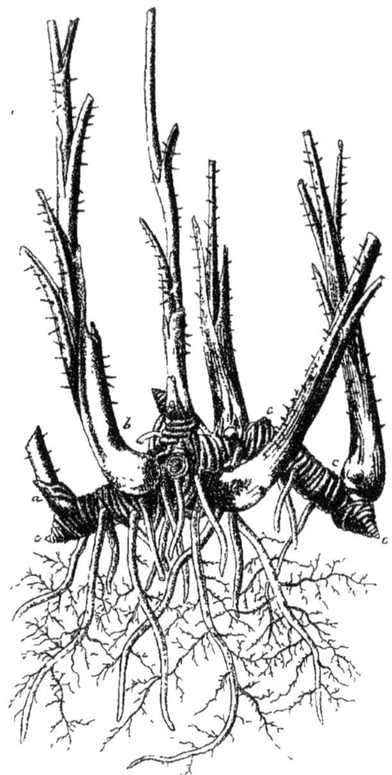

Fig. 99. — Racines, tiges et turions du Calamus Rotang L. (Calamus Roxburghi Griff.). *a* et *b*. Tiges développées. — *cc*. Turions d'où naîtront de nouvelles tiges.

bien déterminées. Un seul genre nous est aujourd'hui connu comme présentant d'une manière constante cette forme : c'est le palmier Doum (*Hyphæne thebaica*) de l'Égypte (fig. 100). Les rameaux adventifs sont ceux qui se développent accidentellement sur le tronc d'un palmier; les bourgeons dormants ne diffèrent des bourgeons terminaux que par leur développement tardif ou souterrain. Nombre de personnes peu versées dans les études botaniques les confondent avec les véritables bourgeons adventifs toujours endogènes *.

Cette faculté d'émettre des drageons n'est pas un caractère propre à certains genres. Elle appartient à certaines espèces à l'exclusion d'autres espèces du même genre. Ainsi le *Caryota sobolifera*, le *Diplothemium maritimum*, le *Phœnix dactylifera*, le *Chamædorea elatior*, présentent souvent cette particularité, tandis que le *Caryota urens*, le *Diplothemium caudescens*, le *Phœnix sylvestris*, le *Chamædorea Schiedeana*, n'émettent presque jamais de rameaux. Le *Phœnix dactylifera* en émet au pied des tiges élevées; on s'en sert comme de rejetons pour le multiplier. Ce fait a été connu de tout temps, et les plus anciens écrivains agricoles de la Grèce en font mention. Bory de Saint-Vincent décrivit il y a longtemps des Arecas qu'il avait vus à l'île de Bourbon, et

Fig. 100. — Hyphæne thebaica.

* Le Dr Beaumont, dans l'excellent journal *The Gardener's Chronicle*, parle de dattiers dont le tronc a 22 pieds de haut jusqu'à la branche la plus basse et 3 pieds 6 pouces d'épaisseur, à 4 pieds du sol. Il a vingt-deux branches, dont dix-huit s'élèvent droites et si serrées qu'il n'est guère possible d'en donner une idée par le dessin. Le Dr Stewart, dans son ouvrage sur les plantes du Punjab, dit qu'à Multan et dans quelques localités du Punjab, le *Phœnix dactylifera* a une tendance à se bifurquer. Le plus remarquable exemple qu'il cite est celui du palmier situé à Jhang (Kæbherri), ayant 12 1/2 pieds de haut et émettant une branche de 3 1/2 millimètres. Beaumont, Stewart et Edgeworth regardent ces branches comme étant des anomalies; ils croient qu'elles proviennent de semences tombées par hasard entre les pétioles des feuilles et la tige.

qui avaient jusque sept ou huit tiges fasciculées (fig. 101 et 102).

Fig. 101. Areca alba.

Les palmiers qui ont besoin d'un air pur et souvent renouvelé, les *Oreodoxa*, les *Latania*, les *Corypha*, et en général tous ces palmiers auxquels la majesté de leur port a fait donner, dans les divers pays où ils croissent naturellement, le nom de *Palmiers royaux*, sont portés sur une tige droite, robuste, élancée. Quand ils n'ont besoin que d'un air humide, plus rarement renouvelé, les tiges rampent à la surface du sol.

Le tronc du *Cocos nucifera* a une direction généralement oblique : croissant au bord des lacs ou de la mer, il semble être attiré par eux et vouloir baigner plus rapidement sa couronne de feuilles dans l'atmosphère humide qui se dégage des vastes nappes d'eau salée aux environs desquelles il aime à croître.

Le Phyllophore. — Le stipe se termine par une masse de tissu cellulaire volumineuse, arrondie, saillante, à la surface de laquelle un observateur exercé reconnaît à l'aide de la loupe seule les premières traces des feuilles. Cette masse de tissu cellulaire très-jeune n'est autre que le bourgeon à son premier état de développement. Les palmiers ont donc un bourgeon terminal : les botanistes l'appellent le *phyllophore*. Le point de végétation du bourgeon terminal affecte la forme d'un hémisphère fortement déprimé à son pôle. Les feuilles y sont disposées d'après un arrangement distique au début, mais cet arrangement se transforme plus tard en une disposition spéciale, qui conduit à la formation des rosettes, dont les feuilles rayonnent en tous sens. Si on suit le développement du point de végétation, on voit apparaître successivement des saillies arrondies; ce sont les premiers indices des

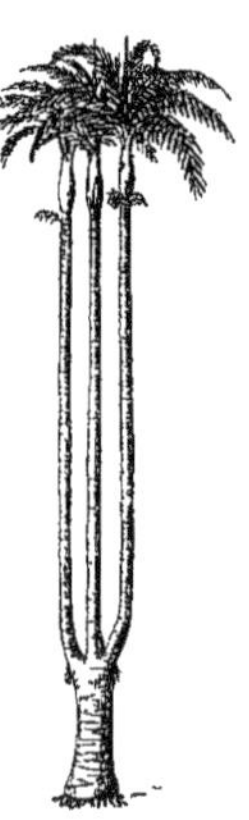
Fig. 102. — Tronc trifurqué de l'Areca alba, d'après Martius.

feuilles. Les plus jeunes feuilles sont les plus voisines du pôle du cône végétatif. En d'autres termes, les feuilles naissent et sont toujours rangées en ordre acropète; les plus éloignées du sommet sont les plus âgées. Les feuilles voisines du phyllophore, les bases et les gaînes des feuilles plus éloignées forment à ce dernier un abri qui rappelle, du moins par son rôle, la pérule de nos arbres fruitiers.

Anatomie du Stipe. — Rumph fut le premier qui, dans les temps modernes, appela l'attention des naturalistes sur la constitution fibreuse du stipe des palmiers. Ses observations remontent au dix-septième siècle. Elles furent confirmées successivement, dans le siècle suivant, par Labat aux Antilles et plus tard par Desfontaines en Afrique. D'accord sur la nature fibreuse du tronc, les botanistes furent longtemps indécis sur la question de l'origine et du parcours des faisceaux. Un fait avait frappé tous les botanistes : la présence dans le stipe de nombreux faisceaux qui aboutissent aux feuilles. Mirbel et von Mohl firent bientôt connaître les détails de la formation du stipe des palmiers. Les observations de Mirbel furent faites sur un dattier de 18 mètres de haut, celles de Mohl sur une foule de palmiers les plus divers comme forme et comme aspect. De Mirbel compta les feuilles produites par un dattier depuis sa naissance, et parvint à établir approximativement le nombre de filets appartenant à chaque feuille, depuis les plus grêles jusqu'aux plus volumineux, et bien que forcément il négligeât une foule de. filets capillaires, ainsi que les gros et moyens filets qui vont joindre les spathes et les pédoncules, il établit que si les hypothèses longtemps admises eussent été vraies, le dattier sur lequel il avait fait cette étude eût eu à sa base plus de *quatre millions* de faisceaux fibro-vasculaires, et eût formé *un cône* dont la base aurait dû mesurer au moins deux mètres de diamètre; or la tige était sensiblement cylindrique, et n'avait à sa base que vingt-cinq centimètres de diamètre. Il constata, en faisant subir une longue macération au stipe, que ces filets prennent naissance de la *périphérie* *

* Il entendait par périphérie interne la zone extérieure du bois, qui est intérieure par rapport à l'écorce.

interne de la partie jeune du stipe. Cette propriété d'engendrer de nouveaux filets s'affaiblit et s'éteint à mesure que le stipe vieillit; mais elle se retrouve dans les parties supérieures de formation plus récente. La vie active se réfugie vers les extrémités; les racines et les bourgeons travaillent de concert à prolonger l'existence de l'arbre.

Aidé de la macération et de la dissection, von Mohl reconnut le parcours des faisceaux. Il montra que la couche ligneuse sous-corticale se compose de ces fibres grêles formées par l'extrémité inférieure considérablement amincie des faisceaux vasculaires. Leur accumulation donne aux tissus une dureté très-grande, très-différente de celle du centre de la tige, où ils sont plus clairsemés et moins riches en fibres libériennes.

Les palmiers diffèrent complétement des Dicotylédones ligneuses au point de vue de la croissance et du développement de leur tige. L'axe de la gemmule et l'axe hypocotylé enfermés dans l'albumen de la graine sont entièrement celluleux avant la germination. A cette epoque, ils s'allongent et leurs faisceaux commencent à se différencier. Les faisceaux sont disposés symétriquement sur une circonférence dont le centre occupe le centre de la section transversale de l'organe, rappelant ainsi les tigelles des plantes dicotylédones ; mais bientôt, à mesure que les feuilles se développent, le nombre de faisceaux devient plus considérable, et, vu leur grand nombre, ils paraissent disposés sans ordre; ils sont plus nombreux et plus grêles à la périphérie qu'au centre. La raison en est que les anastomoses des faisceaux ont lieu dans cette région.

La structure intérieure du stipe des palmiers s'éloigne donc complétement de celle que présentent les arbres de nos forêts. Plus de canal central comme dans les chênes, les hêtres, etc., canal unique destiné à loger la moelle *; plus de rayons médullaires divergeant du centre à la circonférence. Une coupe transversale faite dans le tronc du palmier (fig. 103) et comparée à la coupe

* Ce canal est formé par le bois séparant l'écorce de la moelle.

transversale d'un de nos arbres indigènes. d'un chêne par exemple (fig. 104), montre combien est grande la différence de structure de l'une et de l'autre organisation. D'un côté, on voit une moelle centrale, des zones concentriques, des lignes rayonnantes; dans la tige du palmier, au contraire, sur un fond de couleur pâle, on remarque de petites taches (F) d'une teinte foncée, formées par un tissu plus solide. Ces petits points, déterminés par la section des faisceaux, sont arrondis, plus nombreux, plus pressés, plus colorés, mais moins volumineux vers la circonférence du stipe qu'ils ne le sont vers les parties centrales. Chacun de ces faisceaux, surtout ceux de la région périphérique, est protégé par une masse de fibres à parois épaisses, qui est prise très-souvent pour le faisceau luimême.

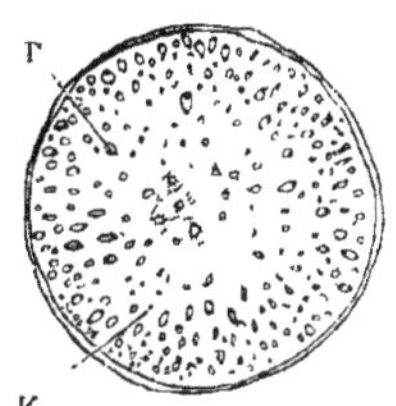
Fig. 103. — Section horizontale de la tige d'un Palmier.

Une tranche longitudinale d'un stipe de palmier (fig. 105) montre la moelle, tissu parenchymateux assez lâche, qui se gerce et se détruit. Dans ce parenchyme, on observe des faisceaux filiformes, plus nombreux et plus grêles à la périphérie du tronc, souvent si rapprochés dans cette partie de la tige, que le parenchyme cortical disparaît presque entièrement. La surface du tronc est alors d'une dureté extrême.

Fig. 104. — Section horizontale de la tige d'un Chêne.

Les faisceaux fibro-vasculaires possèdent des éléments différents selon le point de leur parcours que l'on considère. Une coupe transversale d'un palmier rencontre chaque faisceau en un point différent de celui où elle rencontre le faisceau voisin; les plus extérieurs sont coupés le plus bas, les plus intérieurs, au contraire, sont coupés près de la région où ils quittent la tige pour se rendre dans la feuille. L'examen d'une telle section fait donc connaître très-exactement les variations de structure d'un faisceau dans toute l'étendue de son parcours.

Examinée à un fort grossissement, la coupe transversale d'un faisceau quelconque du tronc des palmiers est circulaire ou elliptique. On y remarque :

1° A la face externe du faisceau, un groupe de cellules parenchymateuses à parois épaisses, qui représente le liber proprement dit, caractérisé par ses fibres libériennes.

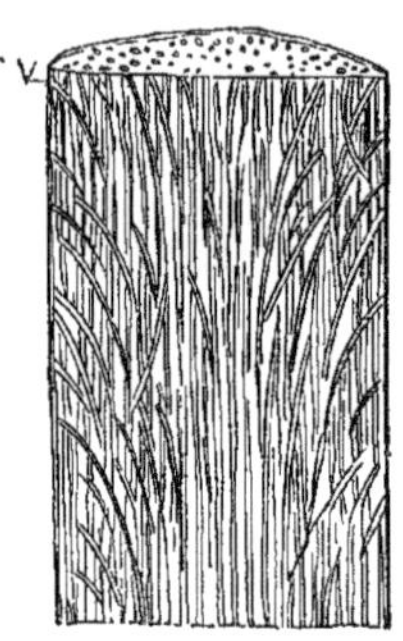

Fig. 105. — Coupe verticale de la tige d'un Palmier.

2° A la face interne du faisceau, une masse de trachées et de vaisseaux annelés, auxquels viennent se joindre, sur la surface qui regarde l'axe du tronc, un ou plusieurs gros vaisseaux ponctués ou rayés, tous entremêlés et flanqués vers l'extérieur de cellules ligneuses à parois minces ou épaissies.

3° Entre le bois et le liber, un faisceau de cellules larges, pleines d'un liquide hyalin (*vasa propria* ou cellules grillagées de von Mohl). Ces cellules représentent les restes du cambium issu de la zone génératrice du phyllophore. Mais comme la zone génératrice cesse de fonctionner de bonne heure, il en résulte que la tige des palmiers ne peut croître en diamètre que pendant un temps très-court. Ce caractère distingue la tige de ces végétaux de toutes celles des arbres de nos pays.

Chaque faisceau fibro-vasculaire suit, dans le stipe, une marche sinueuse, sorte de courbe qui part des feuilles, se dirige en descendant vers le centre de la tige, et revient vers la périphérie du tronc.

Une coupe longitudinale ne montre donc jamais un faisceau dans toute sa longueur. Nous reproduisons, d'après le bel Atlas de MM. Le Maout et Decaisne, auquel nous devons plusieurs de nos gravures, la figure schématique de Hugo von Mohl, résumant les recherches de ce savant botaniste sur le parcours des faisceaux du tronc des palmiers (fig. 106). Chemin faisant, un faisceau peut rencontrer plusieurs des faisceaux situés au-dessous de lui; il vient alors se placer entre ceux-ci et l'écorce. Les faisceaux ligneux sont donc d'autant plus jeunes qu'ils sont plus extérieurs, puisque ce sont les plus extérieurs qui se rendent aux frondes les plus élevées. Les faisceaux sont mous à la base de la feuille et au centre de la tige; ils deviennent durs et ligneux dès qu'ils s'en sont éloignés : tel est le cas que présentent les espèces à tiges très-dures à l'extérieur et molles à l'intérieur.

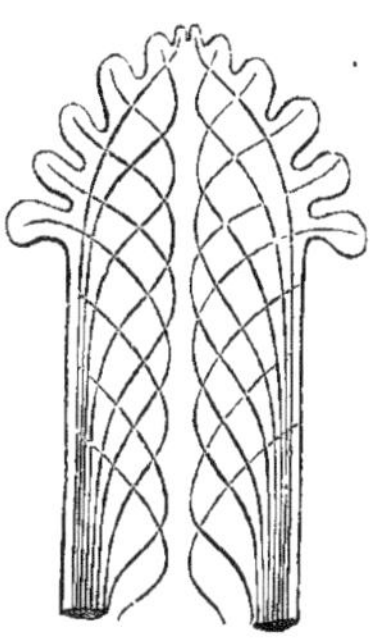
Fig. 106. — Coupe théorique de la tige d'un Palmier.

Nature du Bois de Palmier. — Le bois des palmiers est plus ou moins compacte. Lorsque les fibres sont fortement incrustées et que le parenchyme interposé entre elles se lignifie, il en résulte un corps ligneux d'une très-grande dureté. Le bois des *Astrocaryum, Caryota, Phœnix dactylifera*, présente souvent dans le voisinage immédiat de l'écorce la dureté du fer. Les fibres de quelques palmiers sont parfois colorées en brun foncé, comme les cellules lignifiées de la gaîne qui entoure les faisceaux vasculaires de certaines Fougères tropicales. Cette coloration donne à ces bois un bel aspect.

Les observateurs ont distingué dans les palmiers quatre sortes de bois :

1° Le *bois fibreux*, fort semblable à celui du *Yucca*, du *Dracæna* et d'autres Monocotylédones ligneuses. Cette forme de bois se rencontre dans les *Euterpe oleracea*, *Phœnix dactylifera*, etc.

2° Le *bois spongieux-fibreux*, l'un de ceux qu'on rencontre le plus souvent dans les *Thrinax pumilio* et *parviflora*, *Geonoma pycnostachys*, *Willdenowii* et *Spixiana*, *Astrocaryum*, *Lepidocaryum grande*, *Diplothemium caudescens*, *Cocos nucifera*, etc.

3° Le *bois élastique-fibreux*, propre aux *Calamus*.

4° Le *bois à écorce cornée,* qui se présente surtout chez l'*Iriartea ventricosa*, les *Borassus*, le *Lodoicea*, etc.

Diverses études ont été faites par Martius et von Mohl sur le poids spécifique du bois de palmier. Voici quelques-uns des résultats évalués en kilogrammes, en prenant le pied cube comme unité :

	Poids spécifique
Bois fibreux :	
Phœnix dactylifera	0,3963
Bois spongieux-fibreux :	
Syagrus botryophora	0,7214
Geonoma Pohliana	0,7716
Bois élastique-fibreux :	
Calamus Scipionum	0,6228
Calamus albus	0,7249
Bois à écorce cornée :	
Astrocaryum Murumuru	1,1380

L'écorce des palmiers est peu épaisse, mais elle est persistante et d'une très-grande dureté. Dans certaines espèces, sa surface est lisse, comme vernissée (*Euterpe edulis*); dans d'autres espèces, elle est recouverte par les gaînes pétiolaires et les résidus basilaires des feuilles; alors elle paraît rugueuse. Cette disposition du palmier facilite l'ascension de l'homme dans les pays où les populations, vivant à l'état sauvage, demandent au palmier toutes les ressources de leur misérable vie.

Composition chimique du Stipe. — Le stipe renferme parfois certaines substances plastiques en grande quantité. Les principales sont l'amidon et le sucre.

L'amidon se rencontre en grande abondance dans certains palmiers : *Sagus lævis, Raphia Ruffia*. La quantité d'amidon varie suivant l'âge, l'époque de la floraison et de la fructification de la plante. Certains palmiers (*Sagus*) perdent leur amidon quand ils fleurissent.

Le liquide extrait par compression du parenchyme de la tige de beaucoup de palmiers est sucré, particulièrement à l'époque de la floraison. On a signalé le sucre dans un grand nombre de palmiers, tels que le *Mauritia vinifera*, *Phœnix sylvestris*, *dactylifera* et *spinosa*, etc., le *Saguerus saccharifer* ou *Arenga saccharifera*, le *Raphia vinifera*, le *Borassus flabelliformis*.

Dans l'état de nos connaissances actuelles en physiologie végétale, il y a tout lieu de croire que le sucre résulte d'une transformation de l'amidon; c'est, qu'on nous passe l'expression, de l'*amidon en voyage*. L'amidon est en effet insoluble dans les sacs cellulaires; le sucre, au contraire, est très-soluble, et il y a tout lieu de croire que l'amidon ne peut être utilisé qu'à la condition de se transformer préalablement en sucre. Or. au moment de la floraison, le palmier doit produire en toute hâte des tissus nouveaux; l'amidon accumulé en réserve se transforme en sucre, et celui-ci en matières cellulosiques ou autres, propres à être immédiatement utilisées. Les espèces qui, comme le cocotier, portent chaque mois de nouveaux spadices, produisent du sucre pendant toute l'année. Dans le *Mauritia vinifera*, l'époque de la saccharification coïncide avec celle de la floraison. L'action du sol et de la température exerce une grande influence sur la production du sucre. C'est ainsi que le *Borassus flabelliformis*, au Bengale, fournit du sucre pendant toute l'année, tandis qu'à Madras il n'en donne que pendant les mois de janvier à juillet.

Le sucre du cocotier se dépose par l'évaporation de l'eau qui le tenait en solution, en cristaux beaucoup plus gros que celui de l'*Arenga saccharifera* ou *Sagus saccharifer*, ce qui tient à ce que le *jus sucré* extrait par la compression du stipe du cocotier, contient moins de matières résineuses.

La pureté du sucre et la richesse saccharifère des jus sucrés diffèrent suivant les palmiers. On a calculé que douze litres de jus sucré du *Phœnix sylvestris* fournissent, en moyenne, un kilogramme de sucre.

On rencontre encore dans le tronc des palmiers de la silice, qui se trouve parfois en assez grande quantité pour former des sortes de cailloux qu'on appelle *bézoards de palmier* (*Palmenbezoar*). On en rencontre souvent dans le stipe du *Cocos nucifera*. Pendant longtemps, ces concrétions siliceuses ont porté un nom particulier, celui de *Dendrites Callapparia*. On voit également souvent de pareilles concrétions se former dans le tronc des bambous. Les Orientaux les appellent *Tabaschir*. M. Rosanoff a fait connaître les remarquables propriétés de ces dépôts de silice dans des cellules spéciales du parenchyme, adjacentes aux faisceaux fibro-vasculaires. Cette matière forme, dans chacune de ces cellules, une masse irrégulièrement arrondie, plus ou moins mamelonnée, qui en remplit la cavité. La silice se rencontre abondamment dans les parois des cellules épidermiques des palmiers. L'épiderme des Rotangs ou Rotins (*Calamus*) doit à cette matière son bel aspect vernissé et sa consistance remarquable.

Feuilles des Palmiers. — La feuille des palmiers comprend trois parties : la gaîne, le pétiole et le limbe. Ces trois parties sont déjà reconnaissables sur les jeunes feuilles placées au centre du phyllophore. A cet âge, leur limbe arrondi ou triangulaire présente un bord parfaitement continu.

Les feuilles des palmiers sont toutes engaînantes. Leur gaîne pétiolaire est épaisse et solide; elle se décompose sur place, et laisse ordinairement un réseau fibrilleux au moment de la chute de la feuille; elle persiste longtemps en cet état, mais à la fin cependant, elle disparaît complétement.

La gaîne présente quelquefois à sa partie supérieure un prolongement liguliforme (*Sabal*, *Copernicia*).

Du Pétiole. — Entre la gaîne de la feuille et le limbe se développe généralement un long pétiole. Ce pétiole est toujours convexe en dessous; il est lisse, parfois poilu, d'autres fois armé d'épines sur les bords (*Livistona Hoogendorpi*) ou même sur toute sa surface (*Calamus asperrimus*). Lorsque le pétiole est garni d'épines sur les bords, celles-ci affectent souvent les formes les plus diverses, tantôt droites et raides, tantôt recourbées, tantôt même elles ressemblent à des poignards indiens ou à des criss malais (fig. 107). Elles varient parfois sur la même plante; par exemple le *Livistona speciosa*, dont nous reproduisons deux pétioles, présente sur le même pied des pétioles à épines simples et des pétioles à épines composées (fig. 107 et

108). Le pétiole est parfois grêle (*Rhapis*), parfois très-volumineux et en rapport avec le développement du limbe énorme qu'il supporte. Les pétioles de l'*Arenga saccharifera* dépassent 6 mètres de longueur; ceux du *Ceroxylon andicola*. 8 mètres.

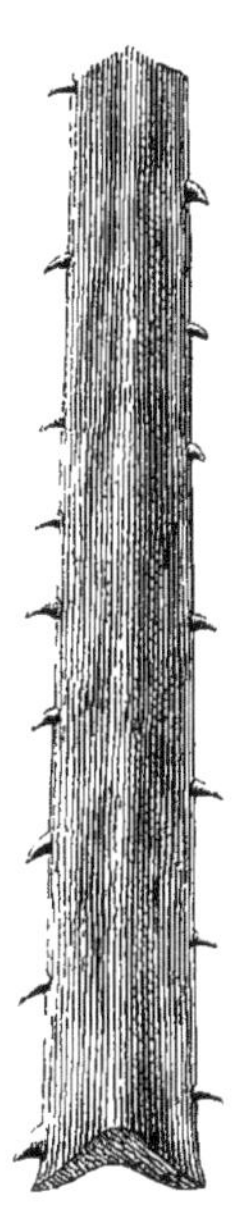

Fig. 107. Pétiole du Livistona speciosa Griff.

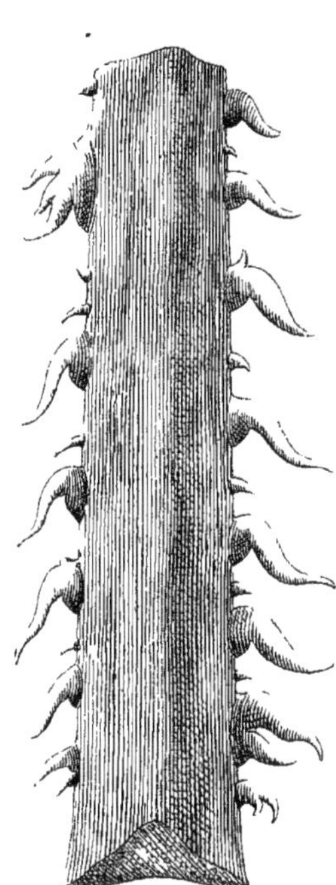

Fig. 108. — Pétiole du Livistona speciosa Griff.

Forme du Limbe. — Dans beaucoup de palmiers, les premières feuilles sont entières, coriaces, et rappellent les feuilles des *Curculigo*. Cette disposition se rencontre surtout dans les espèces à feuilles pennées. Quelques espèces subherbacées gardent leurs feuilles simples pendant toute la durée de leur vie. Une seule grande espèce de palmiers garde ses feuilles indivises : c'est le *Tourloury* des colons de la Guyane, le *Manicaria saccifera* des botanistes. Ses feuilles, entières, oblongues, simplement dentées en scie, d'un tissu très-ferme, atteignent jusqu'à 10 mètres de longueur sur 1m,50 ou 1m,60 de largeur.

Quand les feuilles des palmiers sont jeunes, les limbes sont profondément plissés, et ces plis s'appliquent les uns sur les autres le long de la côte médiane, comme ceux d'un éventail fermé. Quelle que soit la forme des feuilles, palmées ou pennées, toutes doivent leur partition à une série de déchirures régulières opérées pendant l'épanouissement des frondes. Quand la côte médiane de la feuille est courte (fig. 109), celle-ci est flabelliséquée; quand elle s'étend jusqu'au sommet de la feuille, celle-ci est penniséquée.

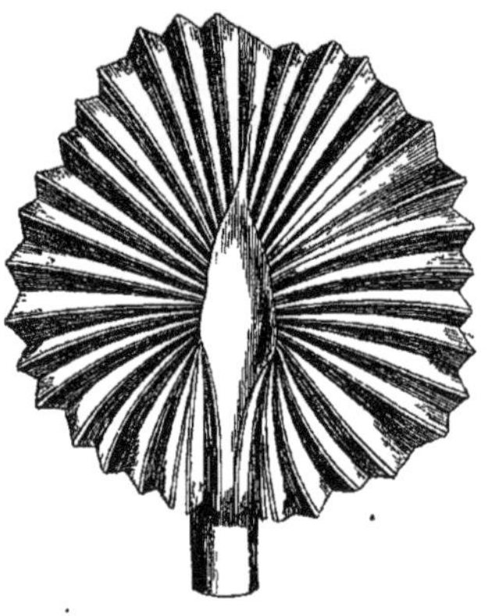
Fig. 109. — Latania Commersonii L.

Les premières feuilles des jeunes palmiers sont parfois réduites au pétiole; tel est, par exemple, le cas du *Chamædorea Schiedeana*, dont la quatrième feuille seule présente un limbe caractérisé. Dans certains groupes de palmiers, ce n'est qu'à la quatrième feuille, dans d'autres à la sixième, à la huitième, et parfois même plus tard, que les premières tendances à la division du limbe se manifestent dans la feuille.

Une seconde forme de limbe se présente dans les espèces à feuilles penniséquées : leurs feuilles sont bifides ou bipartites. Nous citerons comme exemple le plus connu le *Chamædorea elatior*. Plusieurs variétés de *Geonoma* (fig. 110), parvenus à l'âge adulte, conservent encore des feuilles de cette forme. Ces feuilles tiennent en quelque sorte le milieu entre les types flabelliséqués et penniséqués.

Dans les *Phœnix pusilla* et *rupicola* (fig. 76), on trouve quinze à vingt et une pennules dans les feuilles du troisième degré; les feuilles de la plante adulte en comprennent plus de soixante. La succession de ces feuilles plus ou moins divisées est quelquefois très-rapide. De jeunes pieds de *Cocos australis* présentent souvent concurremment les diverses foliations. Mohl rencontra, sur un jeune *Chamærops humilis*, six feuilles simples,

Fig. 110. — Geonoma baculifera Kth.

deux bipartites, une tripartite et deux quinquépartites. La feuille se complique toujours de plus en plus, et atteint son plus haut degré de perfectionnement sur la plante adulte *.

On distingue un grand nombre de formes dans les feuilles adultes des palmiers : les unes, *flabelliformes* (fig. 187), res-

* La feuille est connue sous le nom vulgaire de *palme*, allusion à ce que dans l'une de ses formes elle ressemble à une main ouverte.

semblent à un éventail largement déployé (*Livistòna* [pl. XXXII]. *Brahea* [pl. XXIX], *Sabal* [pl. XXIII], *Pritchardia* [pl. XXVII]. etc.); les autres, *penniséquées* (fig. 111), rappellent une plume

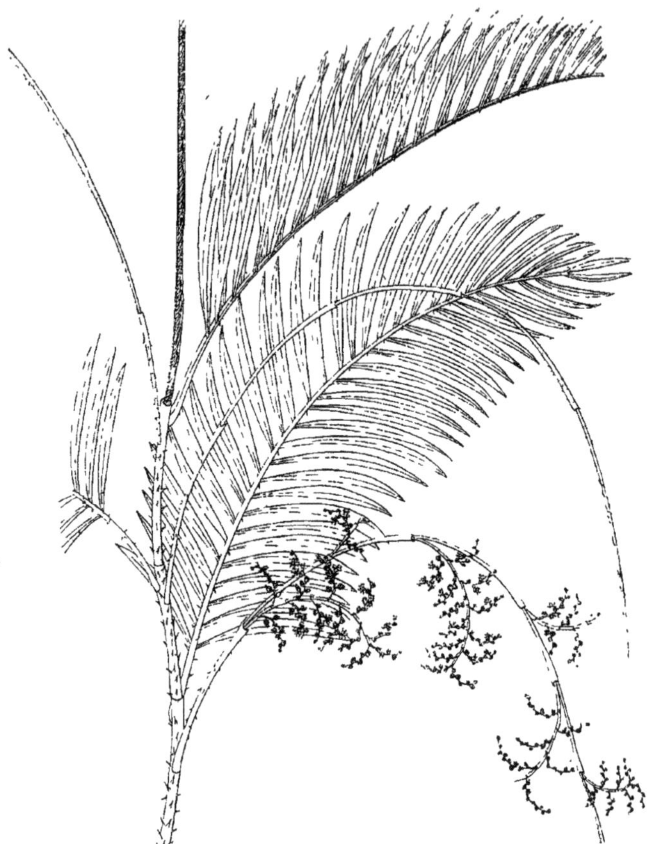

Fig 111. — Tiges, frondes, cirres et régime du Calamus Rotang Roxb.

à barbes écartées; elles sont composées de deux rangs de lanières très-étroites, très-aiguës, alternes et quelquefois opposées (*Phœnix*); d'autres sont *bi-penniséquées*, les segments, divisés eux-mêmes en folioles, affectent, dans les *Caryota* (fig. 159) et

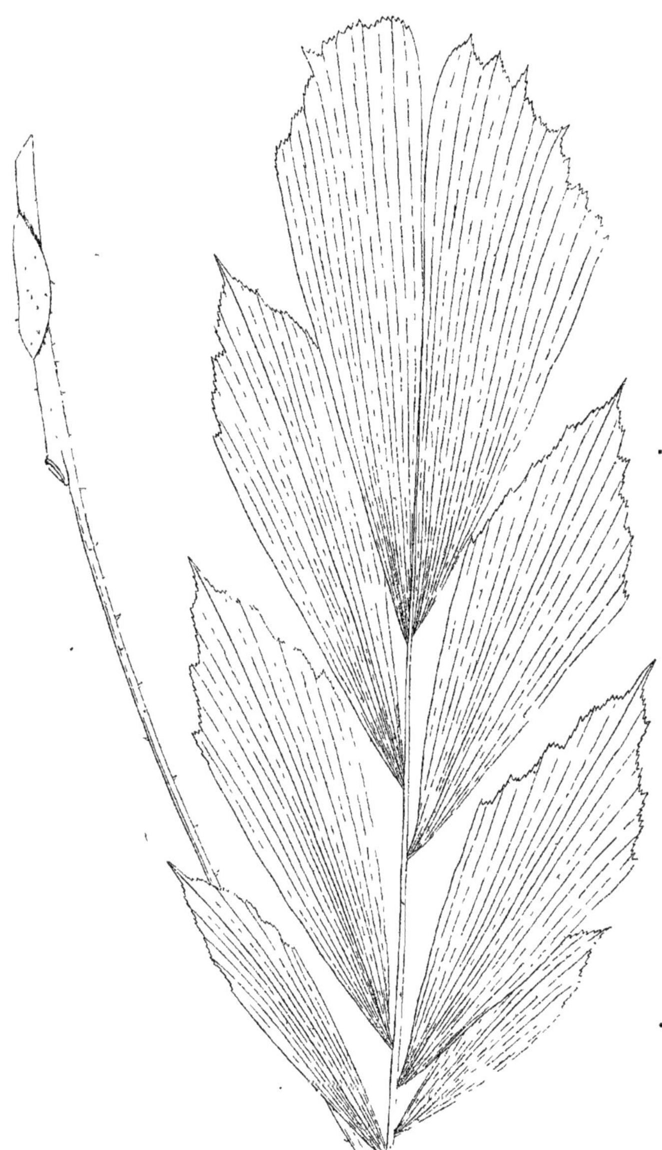

Fig. 112. — Korthalsia scaphigera Mart.

certains *Korthalsia* (fig. 112), la forme d'une queue de poisson;

Fig. 113. — Licuala peltata Roxb.

d'autres, enfin, sont peltiséquées (*Licuala peltata*) [fig. 113] ou simplement fendues (*Phœnicophorium*) [pl. XII]. Les formes les plus ordinaires sont celles des feuilles *penniséquées*, *pennatifides* ou *bi-penniséquées*. Seemann fait remarquer que sur 582 espèces connues, il n'y en a que 91 à feuilles flabelliformes.

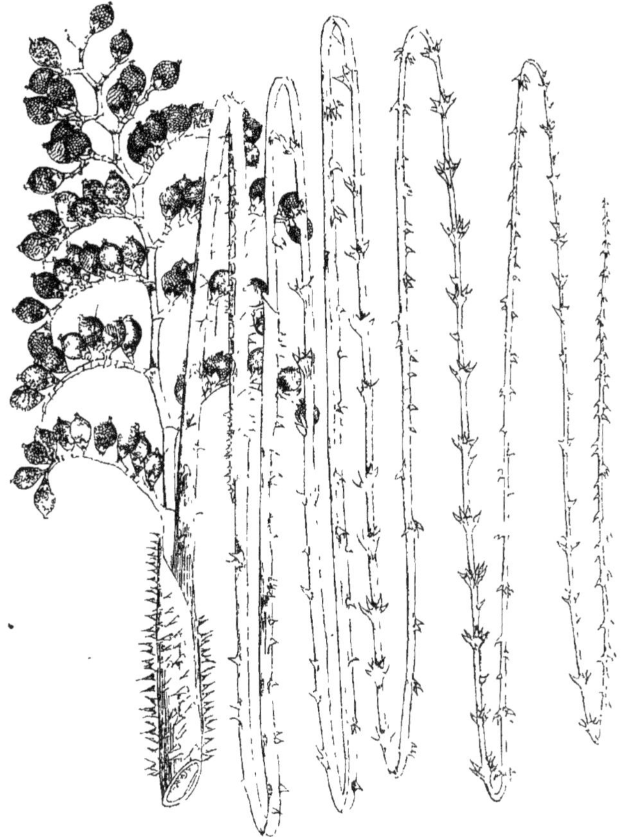

Fig. 111. — Cirre du Calamus Wightii Griff.

Vrilles et Cirres. — Les appendices filiformes, les cirres, se rencontrent principalement chez les Calamus, où ils sont garnis d'épines le plus souvent recourbées. On en trouve d'énormes au spadice de certaines Calamées. Parfois la feuille disparaît complétement : le pétiole s'allonge et devient une vrille

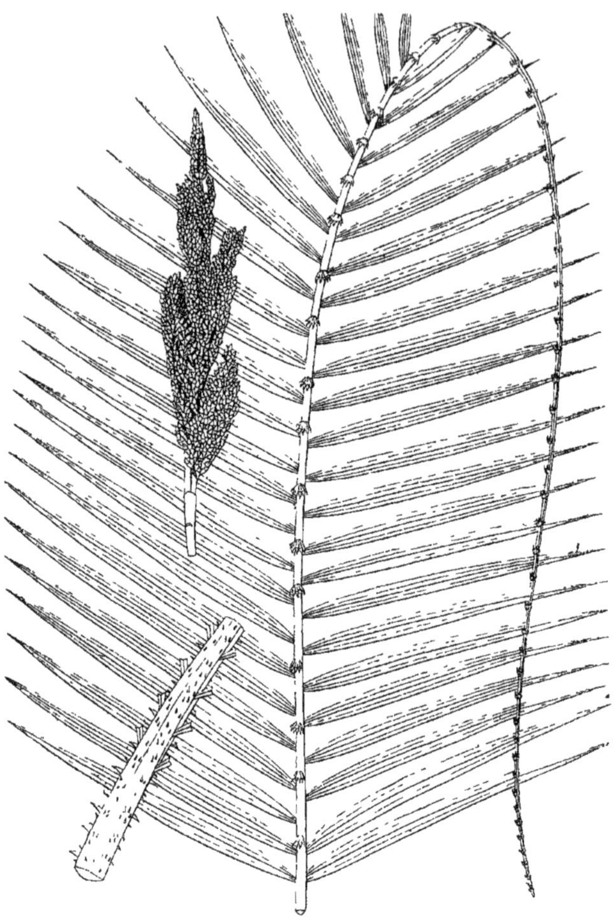

Fig 115. — Calamus angustifolius Mart.

épineuse : *Calamus Rotang Wightii* (fig. 114). On rencontre ces appendices filiformes dans les *Calamus anceps, angustifolius* (fig. 115), *Roxburghii, tenuis,* dans les *Dæmonorops grandis*, *intermedius* et *monticola*, dans les *Korthalsia*, les *Plectocomia*. Ces palmiers appartiennent tous au groupe des Lépidocarynées (Martius) ; ils ne présentent pas cette formation à

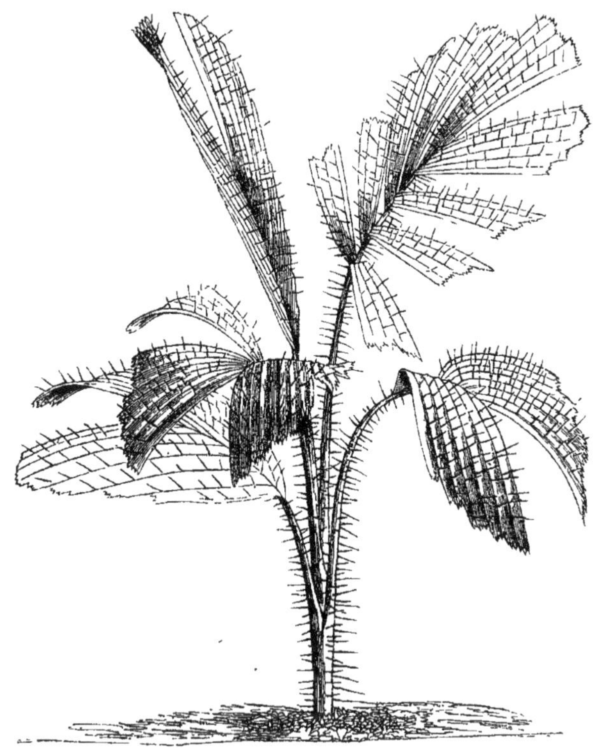

Fig. 116. — Martinezia erosa Hort.

toutes leurs feuilles. Le groupe des Cocoïnées n'offre ces appendices que dans un seul genre, *Desmoncus;* mais, chose remarquable, toutes les feuilles sont garnies de ces appendices. Dans certains cas, ceux-ci ont une longueur de 6 à 8 pieds. Ils servent aux *Calamus* et aux *Korthalsia* des jungles de l'Inde à se suspendre aux branches des arbres.

Les feuilles sont quelquefois armées à leur surface inférieure d'épines crochues; d'autres fois, elles sont garnies de poils souvent fort longs, comme celles du *Martinezia erosa* (fig. 116)*. Dans certaines espèces, lorsque la plante a atteint tout son développement (*Calamus melanochœtes, Lewisianus*) [pl. X], au sommet de ses feuilles, près des spathes, on voit se former un prolongement indivis, portant des crochets recourbés en arrière; à l'aide de cet appareil, ces plantes s'élèvent en s'attachant et en se retenant aux plantes voisines. Le limbe des feuilles des palmiers est vert. Quelquefois il est maculé de points rouges ou jaunâtres (*Phœnicophorium Sechellarum*) [pl. XII]. Certaines feuilles ont des bandes bleues ou jaunâtres (un *Mauritia*, d'après Bonpland); d'autres ont sur le limbe un dépôt blanchâtre, qui peut être assimilé à la pruine des prunes, matière cireuse étudiée par Proust.

Beaucoup de palmiers présentent cet enduit blanchâtre sur la face inférieure de leurs feuilles**; tels sont : les *Lepidococcus aculeatus* et *armatus*, *Ceratalobus glaucescens*, *Diplothemium maritimum*, *Astrocaryum Murumuru* [pl. XXXVIII], *Oreodoxa regia*, etc. Cette cire, qui se trouve sur les feuilles de certains palmiers, les recouvre d'un enduit continu et brillant qui préserve ces parties du contact de l'eau. Le palmier cérifère du Pérou, le *Copernicia cerifera*, et celui du Brésil, le *Ceroxylon andicola* [pl. XVIII], sont les exemples les plus connus de cette production cireuse. Lorsque les jeunes frondes ont atteint un certain développement, ce revêtement cireux donne à la couleur verte des feuilles des reflets bleuâtres. Dans les régions où les palmiers sont soumis aux ardeurs du soleil, leur revêtement cireux fond et produit des gouttelettes qui coulent du limbe sur le pétiole et la tige.

Nutrition du Palmier. — Racine, tige, feuilles, tels sont

* Les pétioles du *Martinezia erosa*, joli palmier des Antilles sont pourvus d'épines noires très-nombreuses; les faces inférieures des feuilles sont couvertes de poils raides et piquants.

** Le *Raphia tædigera*, le *Chamædorea Schiedeana*, le *Cocos pityrophylla*, produisent de la cire sur les jeunes feuilles.

les organes végétatifs des palmiers, c'est-à-dire ceux au moyen desquels l'individu vit et se conserve. Pour continuer à vivre, tout individu doit se nourrir, et par nutrition il ne faut pas entendre seulement l'introduction des matières gazeuses, qui est une forme spéciale de l'absorption, ni le rejet par voie d'excrétion des matières devenues inutiles ou même nuisibles à l'économie.

C'est au moyen de ses racines que le palmier puise dans le sol les matières liquides dont il a besoin pour se nourrir. Près du sommet de la racine se trouvent de petits poils très-délicats au moyen desquels se produit l'endosmose des liquides extérieurs. Ces liquides sont formés en grande partie d'eau contenant en dissolution quelques millièmes de matières salines et organiques. Le liquide se rend dans les vaisseaux, vaste appareil capillaire qui doit être comparé au tube digestif des animaux. C'est au moyen de cet appareil que les liquides montent dans la tige et dans les feuilles. Ce courant se porte vers tous les points où un vide se produit, que ce soit dans une racine ou dans une feuille. En général, il semble marcher de la racine vers le bouquet de feuilles qui termine le stipe, parce que les feuilles étant le siége principal de l'évaporation, c'est là que le besoin d'eau se fait le plus sentir.

Comme la plupart des palmiers vivent dans des régions chaudes et sèches, dans des terrains sablonneux qui pendant de longs mois ne reçoivent d'eau que la rosée du ciel, une trop grande évaporation produirait bientôt la flaccidité des feuilles si elles étaient molles, et par suite entraînerait la mort de la plante. Pour vivre dans le milieu où elles sont appelées à végéter, les feuilles du palmier doivent donc être protégées contre une trop grande évaporation. A cet effet l'épiderme est revêtu d'une cuticule épaisse, et fréquemment cette cuticule est elle-même recouverte d'un enduit de matières cireuses et résineuses. Les stomates ne sont logées qu'à la face inférieure de la feuille et disposées en longues files sur le trajet des lacunes aériennes. D'après les dernières observations, les stomates sont des ouvertures percées dans l'épiderme de la feuille, destinées à mettre en communication avec l'air. extérieur les gaz enfermés dans l'intérieur de la plante (méats et lacunes).

En parcourant le bois, l'eau absorbée par les racines a fourni par endosmose aux organes voisins les substances qui leur sont nécessaires. Dans la feuille, en présence de l'acide carbonique, sous l'action de la chlorophylle influencée par la lumière blanche, apparaît l'amidon sous sa forme cristalline. Cet âmidon n'est visible extérieurement que pour autant qu'il se trouve en excès relativement à la nourriture de la plante. Il suffit, en effet, de placer pendant quelque temps une plante dans l'obscurité pour voir l'amidon disparaître. Au contraire, soumise de nouveau à l'insolation, on voit l'amidon se reformer et les grains, d'abord très-petits, augmenter peu à peu de volume. L'amidon peut, ou bien être employé immédiatement pour former de nouveaux tissus, ou bien être mis en réserve, soit pour les besoins de l'hiver, soit pour la fructification. D'insoluble qu'il était, il devient soluble sans être pour cela sucre de canne, ni sucre de raisin, ni même dextrine, et, sous cette forme, il se rend des feuilles jusqu'au tissu jeune en voie de formation, ou jusqu'au réservoir des matières alimentaires. Comme exemple de ces derniers, nous citerons le parenchyme central de la tige, dont on extrait le sagou ou fécule de palmier, le parenchyme de la racine, les renflements préflorifères de l'*Iriartea ventricosa*, etc., l'albumen d'un grand nombre de graines.

Pour aller d'un point à un autre, l'amidon soluble suit de préférence les cellules grillagées du liber des faisceaux. On remarque en effet, près de chaque grillage, de très-petits grains d'amidon animés d'un mouvement très-rapide, qui semblent se dissoudre pour traverser la paroi, et se reformer sur la face opposée. La plante se nourrit donc au moyen d'eau puisée dans le sol, de vapeur d'eau et d'acide carbonique puisés dans l'atmosphère (respiration diurne de la plante). Les résidus de cette opération sont une certaine quantité d'oxygène qui s'échappe dans l'air, et de l'oxalate de chaux qui se dépose dans les cellules ou dans les parois cellulaires.

L'absorption gazeuse, à laquelle on donne plus généralement le nom de *respiration*, apporte par endosmose dans la plante — et cette endosmose s'exerce par toute la surface — de l'oxygène qui se répand par les méats et les lacunes. Le mouvement du gaz est d'ailleurs beaucoup facilité par les variations de la température et par les mouvements que le vent imprime aux feuilles et à toute la plante. L'oxygène brûle les matières organiques, donne naissance à de l'acide carbonique qui s'échappe au dehors (respiration nocturne), à des acides végétaux (acide tartrique, acide oxalique); parfois, à la suite de décompositions nombreuses et mal connues, se produisent des matières résineuses et des matières grasses.

La sensibilité des palmiers est très-diffuse. Toutefois leurs parties vertes sont assez fortement héliotropiques, c'est-à-dire qu'elles recherchent la lumière, même la lumière diffuse. D'ailleurs, on peut admettre que l'action de la lumière diffuse est plus considérable que celle de la lumière solaire directe; car cette dernière action est accompagnée d'une élévation considérable de température qui a pour objet d'augmenter l'évaporation et l'intensité des combinaisons physiques et chimiques : c'est un travail tout intérieur. Le travail extérieur est par conséquent faible, même nul, surtout si le milieu extérieur est extrêmement sec. La plante se contente pour ainsi dire d'exposer à la lumière et à la chaleur qui l'accompagne sa face la moins évaporante; au contraire, dans le cas de lumière diffuse accompagnée d'humidité, sans que cette dernière soit exagérée, la plante est moins disposée à résister à l'action du milieu extérieur, et elle prend, par rapport à la lumière, une position telle qu'elle puisse exécuter le maximum de travail utile.

Comme toutes les plantes à feuilles persistantes, les palmiers sont extrêmement sensibles à l'action de la chaleur : leur évaporation est nulle vers 8° C.; elle atteint son maximum de 20 à 25°, et elle diminue quand la température s'élève. Ces chiffres auraient peut-être besoin d'une nouvelle confirmation, et surtout les expériences devraient être faites sur un grand nombre d'espèces très-différentes ; mais tels qu'ils sont, ils montrent que le palmier, pour prospérer, ne peut habiter que des climats où la température ne devient jamais trop basse. D'un autre côté, les températures trop élevées lui sont également nuisibles.

Reproduction des Palmiers : Inflorescence.— Étudions maintenant les divers organes qui servent à la reproduction des palmiers. L'inflorescence des palmiers est une grappe à fleurs nombreuses, composée à deux degrés. Elle consiste, en effet, en un axe central supportant différents axes secondaires couverts de fleurs sessiles, généralement enfoncées dans la substance même de l'axe commun. L'axe central est toujours enveloppé, au moins pendant sa jeunesse, par une bractée souvent très-grande nommée *spathe* (fig. 117 A), qui s'ouvre pour le laisser libre. Outre la spathe, qui est commune à toute l'inflorescence, on voit souvent des spathes secondaires ou spathelles à la naissance des axes secondaires. On donne à l'inflorescence des palmiers le nom de *spadice*. Le spadice rameux des palmiers est désigné vulgairement sous le nom de *régime* * (fig. 117 B).

Fig. 117 à 119. — Spathe (A), Régime (B), Fleur ♀ (C) et Fruit (D) du Chamærops humilis L.

De la Spathe. — La spathe est de consistance herbacée ou demi-ligneuse, monophylle ou composée de plusieurs bractées

* Dans quelques espèces (*Geonoma Verschaffelti*) le spadice est simple.

distiques ; elle enveloppe tantôt toute l'inflorescence, tantôt elle ne protége que sa base lorsque celle-ci s'est allongée. Elle acquiert quelquefois des dimensions considérables* : ses parois sont ordinairement coriaces (*Areca*); dans certains genres les spathes sont ligneuses et très-épaisses (*Guilielma*). Elles persistent parfois très-longtemps; parfois elles tombent avant la floraison. Dans certaines espèces (*Calamus*), le spadice est pourvu de petites spathes secondaires complètes. Dans d'autres genres (*Sagus, Raphia*), la spathe générale manque, mais elle est remplacée par des spathes secondaires, coriaces, tubuleuses, à ouverture antérieure comme dans les palmiers que nous venons de citer, à ouverture oblique dans les *Borassus*. Très-souvent on rencontre des spathes incomplètes dans les *Sabal*, les *Copernicia*, les *Rhapis*. Les Cocoïnées présentent généralement plusieurs spathes, mais la spathe interne seule est complète : telle est encore celle de l'*Elæis*. La spathe finit toujours par se décomposer en fibres longitudinales. La plus grande variété se rencontre dans la forme extérieure de la spathe : simple, sans pointe dans le *Jubæa*, elle affecte dans la plupart des Cocoïnées une forme particulière qui la fait ressembler à une massue; dans ce cas elle s'ouvre par son côté ventral. Rarement le régime est nu ou complétement dépourvu de spathe (*Leopoldina*).

A la floraison, la spathe s'ouvre pour donner passage au spadice. Généralement elle se déchire par l'effet du dessèchement de sa partie foliacée. Cette dessiccation, dans certaines espèces, a lieu très-lentement, dans d'autres très-rapidement, parfois subitement même. Lorsque la spathe est ligneuse et dure, on entend, au témoignage de certains auteurs, une détonation lorsqu'elle s'ouvre. Dans les *Bactris*, *Maximiliana*, *Attalea* et *Cocos*, une vapeur aqueuse est renfermée dans la spathe; au moment de la floraison, en se dilatant cette vapeur produit une force extensive qui rompt l'enveloppe et permet au spadice de se dévelop-

* La spathe, très-grande, très-solide, ligneuse, ressemble dans certaines espèces à une sorte de pirogue. Parfois la spathe, moins longue et surtout moins dure, se détruit pendant la dessiccation.

per librement. Dans l'*Oreodoxa*, le régime se dégagerait, dit-on, de sa spathe par la pression qu'exercerait sur celle-ci un liquide sécrété par la plante.

Généralement la spathe ne survit guère au spadice. Dans les Borassinées et les Lépidocarynées de Martius, elle persiste toutefois encore longtemps après la fructification.

Fig. 120 — Régime chargé de fruits de l'Hyphæne thebaica Mart

Du Spadice. — Le spadice des palmiers atteint souvent un très-grand développement. Dans certaines espèces (*Corypha*), il dépasse 4 mètres de long; dans l'*Œnocarpus Bataua*, il a près de 3 mètres Après la floraison, le spadice peut présenter un développement considérable; celui de l'*Hyphæne thebaica* se couvre d'une innombrable quantité de fruits (fig. 120); celui de l'*Elæis guineensis* pèse 20 kilogrammes et plus; il porte de six cents à huit cents fruits très-serrés les uns contre les autres. On com-

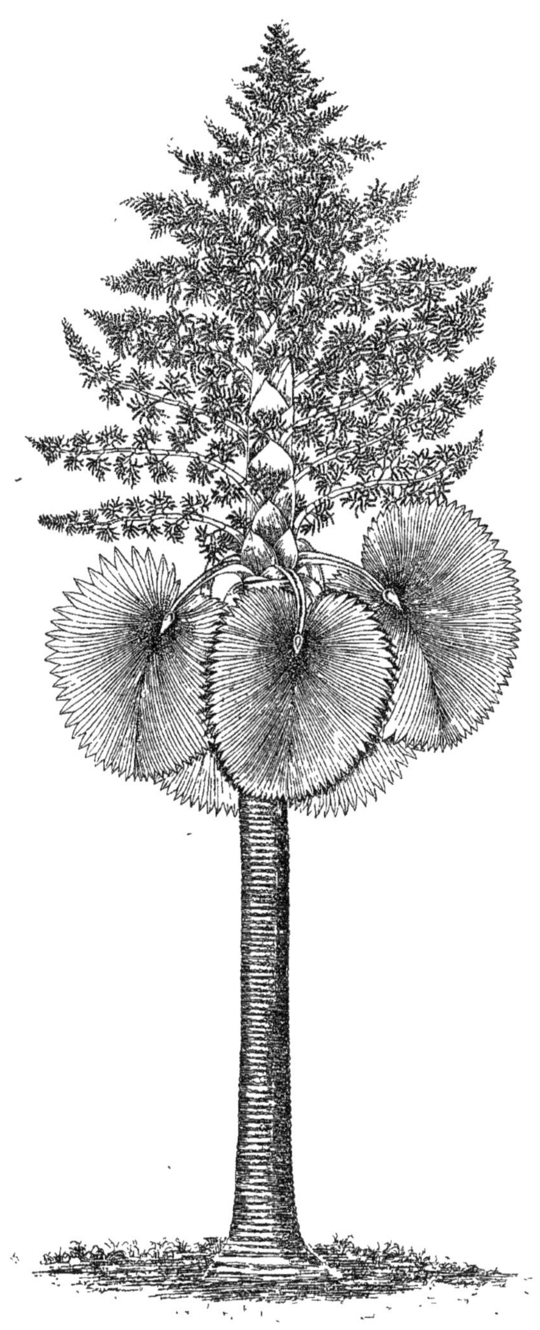

Fig. 121. — Corypha Taliera Roxb.

prend sans peine que les spadices aient une longueur très-différente, suivant le plus ou moins grand nombre de fruits qu'ils doivent porter. Toutes les fleurs d'un spadice ne s'ouvrent pas en même temps. Ainsi il n'est pas rare, surtout chez les Cocoïnées, de voir un spadice porter à la fois des fruits mûrs, des fruits à peine formés et des fleurs. Le spadice paraît sur la plante, soit comme un prolongement direct du stipe lui-même, soit comme un bourgeon latéral axillaire. Dans le premier cas il est dit *terminal* (fig. 121); dans le second cas on le nomme *spadice latéral* (fig. 122).

Le spadice terminal ne se rencontre guère que chez quelques palmiers monocarpiques, vivaces, appartenant à l'Ancien-Monde (*Corypha, Metroxylon, Eugeissonia*). Il est vertical, droit, élancé au centre du bouquet de feuilles qui forme la couronne de l'arbre, et rappelle la hampe florale de l'*Agave americana* et du *Xanthiorrhœa arborea* (fig. 121). Tous les palmiers à spadice terminal sont monocarpiques, c'est-à-dire ne fleurissent qu'après avoir atteint un grand développement, ce qui a lieu vers leur quarantième ou leur cinquantième année. Quand le spadice est latéral, il naît sur la tige à l'aisselle d'une feuille, et son axe correspond toujours à la ligne médiane de celle-ci. La feuille à la base de laquelle apparaît le spadice, ne diffère en rien des autres feuilles de la plante. La présence simultanée de la feuille et du spadice n'est pas nécessaire. Dans certaines espèces, les feuilles tombent avant l'apparition du spadice; dans d'autres, elles persistent pendant toute la durée de la floraison et de la fructification. Aussi a-t-on établi une distinction entre les spadices postfoliaires apparaissant quand la bractée est tombée (*Euterpe, Œnocarpus, Areca, Seaforthia*), et les spadices foliaires qui apparaissent dans l'aisselle d'une feuille florale persistante (*Sagus, Arenga, Phœnix, Mauritia, Borassus* (fig. 122), *Lodoicea, Latania, Hyphœne*). Parfois le spadice fend la gaîne de la feuille pour se faire jour et atteindre son entier développement (*Desmoncus, Wallichia nana*).

Les palmiers à spadices latéraux sont des plantes polycarpiques. Ainsi le cocotier porte des spadices fleuris, d'autres chargés de fruits, en même temps qu'apparaissent de nouveaux bourgeons, d'où s'échapperont de nouveaux spadices. Certains palmiers polycarpiques toutefois, comme les Arengas, les Caryotas et quelques autres palmiers de l'Ancien-Monde,

Fig 122. — Floraison du Borassus flabelliformis L.

qui n'ont qu'une existence très-limitée, cessent de grandir dès que la floraison commence, et semblent consacrer alors toutes leurs forces à l'accomplissement des phénomènes de la reproduction. Les spadices supérieurs commencent à fleurir, puis la floraison continue de haut en bas, jusqu'au moment où l'arbre épuisé meurt (*Caryota sobolifera*) [fig. 123]. Dans certaines espèces, comme l'*Arenga saccharifera*, les spadices mâles naissant à la base des frondes sont pendants et nombreux, tandis que le spadice femelle est unique et terminal.

Le spadice latéral est toujours solitaire; il faut entendre par là qu'il ne s'en forme jamais qu'un seul à l'aisselle d'une feuille. Il n'atteint pas toujours son complet développement, et s'atrophie parfois. L'exemple le plus connu est celui que présente l'*Areca*

Fig. 123. — Caryota sobolifera Wall.

gracilis. De petites productions foliacées apparaissent à l'aisselle des feuilles; elles ont la forme d'une languette. Ce sont des spadices avortés. Dans le *Chamærops humilis* il n'est pas rare de rencontrer de pareilles productions dès la huitième ou dixième feuille qu'émet la plante. Il en est de même des *Chamædorea elegans* et *Schiedeana*. Aucune règle fixe ne peut être établie quant à la manière dont les spadices se succèdent les uns aux autres, ni quant à l'époque où ils se présentent. Certaines espèces, tels que les *Cocos*, les *Calamus*, les *Mauritia* et les *Raphia*, produisent des fruits pendant toute l'année; d'autres, tels que les *Chamædorea*, les *Bactris*, les *Acrocomia*, ne fleurissent que de loin en loin.

Nous avons vu que le spadice terminal est vertical, et que le spadice latéral est toujours perpendiculaire à la gaîne de la feuille. Toutefois il ne conserve cette position que peu de temps. Dès qu'il se développe, entraîné par son propre poids, il s'abaisse vers le sol, et forme souvent un panache parallèle à la tige et retombant le long de celle-ci.

Odeur et Température des Fleurs. — Dans quelques palmiers, les fleurs et les spadices émettent des odeurs très-agréables vers le matin et vers le soir; tel est le cas, par exemple, pour les *Acrocomia sclerocarpa*, *Chamædorea fragrans*, *Morenia fragrans*, *Astrocaryum*, *Diplothemium*, *Bactris*, *Phœnix*, etc. Malheureusement toutes ne produisent pas des parfums aussi agréables. Blume a constaté que l'*Areca Catechu* produit, matin et soir, une odeur fétide semblable à celle d'un spadice en putréfaction. En 1844, un *Arenga saccharifera* fleurit au Jardin botanique de Bruxelles. Charles Morren constata que l'air de la serre était embaumé au loin d'une forte odeur de musc, dans laquelle, dit le célèbre botaniste belge, un nez exercé distinguait le mélange de l'odeur de miel, combinaison bizarre, agréable au premier instant, mais finissant par tellement incommoder la tête et soulever l'estomac, que l'on dut éloigner les fleurs du salon. Cette odeur était si pénétrante, qu'une grappe placée dans un mouchoir le parfuma au point que, huit jours après, on y sentait encore une forte odeur de musc miellé.

Les fleurs, à l'époque de la floraison, dégagent une certaine chaleur (*Bactris*, *Acrocomia*, *Iriartea*). En général ce sont les spadices qui présentent les élévations de température les plus marquées et qui exhalent les odeurs les plus pénétrantes. Martius cite un spadice coupé chargé de fleurs, dont la température atteignait 34° R., tandis que l'air ambiant ne marquait que 29° R. Il attribue cette élévation de température dans la spathe à une émission d'acide carbonique par les fleurs.

Enveloppes extérieures des Fleurs. — Les fleurs des palmiers sont toujours fort petites, quelques-unes même, les fleurs du *Livistona humilis* par exemple (fig. 124), sont microscopiques. Elles sont généralement unisexuées par avortement*.

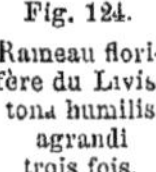

Fig. 124. Rameau florifère du Livistona humilis agrandi trois fois.

Certaines espèces ont leurs fleurs pourvues d'une bractée ou de deux bractéoles opposées. Celles-ci sont libres ou cohérentes. Parfois elles sont réduites à une callosité presque nulle.

Le périgone ou périanthe de la fleur du palmier est remarquable par son peu de développement. Les deux verticilles, calice et corolle, se ressemblent à tel point, qu'il est souvent difficile de les distinguer. D'une symétrie et d'une régularité parfaites, les éléments de chacun de ces verticilles sont semblables et par la taille et par la forme (fig. 125 et 126). Le périgone persiste dans la fleur staminée, et souvent, dans la fleur femelle, il se développe avec le fruit auquel il sert de base (fig. 127).

Les divers éléments qui composent le périgone sont unis ou

* Les fleurs dans les palmiers, comme dans tous les végétaux phanérogames, sont un assemblage de plusieurs verticilles ; elles sont constituées par des feuilles diversement transformées, et disposées les unes au-dessus des autres en anneaux ou étages tellement rapprochés, que leurs entre-nœuds ne sont pas distincts. Ces feuilles, modifiées dans leur tissu, leur couleur et leur consistance, forment le calice, la corolle, l'androcée et le gynécée.

La fleur est incomplète quand elle ne possède pas à la fois les quatre verticilles. Elle est stamino-pistillée (hermaphrodite) quand elle possède androcée et gynécée (on la désigne alors par le symbole ⚥), staminée ou mâle quand elle est pourvue d'un androcée sans gynécée (on indique alors son sexe par le signe ♂) pistillée ou femelle quand elle est pourvue d'un gynécée sans androcée (on la désigne par ♀). Les plantes sont encore dites monoïques, dioïques ou polygames, selon que les fleurs staminées et pistillées habitent la même plante, qu'elles se trouvent sur deux pieds différents, ou enfin, quand les fleurs monoïques ou les fleurs dioïques sont mêlées à des fleurs stamino-pistillées.

séparés; les pièces, au nombre de six, alternent deux à deux. Le cycle externe est plus particulièrement nommé *calice;* le cycle interne est parfois, mais très-improprement, qualifié de *corolle.*

Fig. 125 et 126. — Fleurs mâles et femelles du Livistona humilis considérablement agrandies.

La texture des feuilles du calice et de la corolle varie à l'infini : membraneuse dans l'*Astrocaryum*, herbacée dans le *Chamædorea*, scarieuse dans les *Geonoma*, elle ressemble à du papyrus dans les *Copernicia*, à du cuir dans le *Mauritia*, et a du parchemin dans les Cocoïnées. Les parties du périanthe, presque toujours semblables, sont parfois différentes : l'*Euterpe oleracea* est dans ce cas. Le calice est scarieux, tandis que les pétales des fleurs mâles sont parcheminées. Aussi est-ce avec raison que von Mohl critique A. de Jussieu lorsque ce dernier caractérise la famille des palmiers par la nature coriace des deux verticilles du périanthe.

Couleur des Fleurs. — La couleur des fleurs est terne, peu voyante. Lorsqu'elles ont subi l'action des premiers rayons du soleil, elles deviennent jaunâtres, bistrées, et celles mêmes qui restent blanches, comme celles de l'*Orania macrocladus* et du *Morenia Pœppigiana*, de neigeuses qu'elles étaient dans la spathe, deviennent ternes, perdent leur éclat et rappellent la couleur blanc jaunâtre de l'ivoire. Celles qui ont une teinte fauve deviennent rosées en vieillissant ; d'autres passent du jaune au brun. La plupart des Arécinées et des Coryphinées ont des fleurs vertes. Les fleurs mâles et les fleurs femelles sont de même couleur. Les deux verticilles sont aussi presque toujours de la même teinte, et unicolores. Cependant, d'après Martius, le *Chamærops hystrix* aurait des pétales à la fois roses et jaunes, et le *Harina porphyrocarpa* des pétales roses en dessous et verts en dessus.

Fig. 127. Fruit du Laccospadix australasicus.

Sexe des Fleurs. — Les fleurs des palmiers, avons-nous

dit, sont généralement monoïques par avortement, et l'avortement frappe surtout l'organe femelle. Les fleurs mâles sont donc plus nombreuses que les fleurs femelles; les fleurs unisexuées des deux sexes se rencontrent parfois sur la même inflorescence, dans l'*Areca Catechu* par exemple (fig. 128).

Fig. 128. — Inflorescence monoïque de l'Areca Catechu : les fleurs ♂ en haut, les fleurs ♀ en bas.

Généralement les fleurs mâles se trouvent situées dans le haut des rameaux. Plus bas, quand apparaissent les fleurs femelles, celles-ci sont comme encadrées par les fleurs mâles. Il y a toutefois des exceptions: dans les *Desmoncus*, par exemple, les fleurs femelles sont solitaires et insérées au bas du spadice.

Fig. 129. Rameau de fleurs femelles du Régime de l'Hyphæne thebaica Mart.

Si nous examinons les diverses tribus de palmiers au point de vue de la monœcie et de la diœcie, nous sommes conduits à les répartir dans quatre groupes. Le plus nombreux sera celui des palmiers à fleurs monoïques, soit que celles-ci se trouvent mâles et femelles sur le même spadice, soit qu'on les rencontre (♀ et ♂) sur le même pied, mais dans des spadices différents. Les fleurs monoïques (♀ ou ♂) apparaissent sur le même spadice dans les genres *Sagus* Rumph.-Gærtn., *Leopoldina* Mart., *Hyospathe* Mart., *Euterpe* Gærtn., *Geonoma* Willd., *Areca* L., *Œnocarpus* Mart., *Iriartea* Ruiz et Pavon, *Wallichia* Roxb., *Syagrus* Mart., *Elate* Mart., *Cocos* L., *Diplothemium*

Mart., *Martinezia* Ruiz et Pavon, *Acrocomia* Mart., *Astrocaryum* Meyer, *Attalea* Humb., *Manicaria* Gærtn., etc. Les palmiers appartenant aux genres *Caryota* L., *Elæis* Jacq., *Arenga* Labill. et *Maximiliana* Mart., ont leurs fleurs mâles et femelles réparties dans des spadices distincts. Nous citerons comme exemple de palmiers à fleurs dioïques, les *Chamædorea* Willd., *Morenia* R. et P., *Phœnix* L., *Borassus* L., *Lodoicea* Comm., *Latania* Comm., et *Hyphæne* Gærtn. (fig. 129), tandis que les *Rhapis* L., les *Chamærops* L., les *Lepidocaryum* Mart., les *Mauritia* L., les *Seaforthia* R. Brown, et les *Oreodoxa* Willd, sont des plantes polygames. Quelques genres sont hermaphrodites : ce sont les *Thrinax* L., *Sabal* Adans., *Licuala* Rumph., *Livistona* R. Brown, *Corypha* L., *Calamus* L., *Ptychosperma* Labill., *Jubæa* Humb., *Aiphanes* Willd.

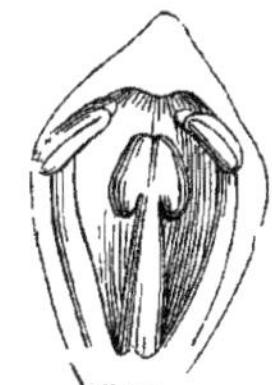

Fig. 130. — Demi-Andocée et Sépale du Rhapis flabelliformis.

On peut difficilement distinguer à première vue, dans les palmiers dioïques, les pieds mâles des pieds femelles *. On a toutefois remarqué que, généralement, les pieds à fleurs pistillées donnent moins de feuilles et moins de spadices que ceux à fleurs staminées (*Chamædorea* et *Geonoma*). Dans les *Calamus* et les *Dæmonorops*, on croit également avoir pu constater des différences dans le nombre et la force des poils et des épines, comme dans ceux des spathes et des spadices.

Des Étamines. — Le nombre normal des étamines de la fleur d'un palmier est de six ; rarement il se réduit à trois.

Fig. 131. Pinanga, Fleur ♀

Le nombre des étamines est parfois beaucoup plus considérable ; tel est le cas de l'*Attalea compta* (24 étamines), *Lodoicea* (36), *Saguerus saccharifer* (90), *Sa-*

* M. Édouard André, le savant rédacteur de l'*Illustration horticole*, signalait en 1874 le fait suivant, que nous croyons devoir mentionner : Un très-beau pied de Chamærops, à la villa Vigier à Nice, haut de 4 mètres au moins, couronné d'une magnifique tête de feuillage, fut l'objet, en 1874, d'un phénomène assez rare : le changement complet de sexe. En 1872 et 1873, il portait un grand

guerus Langkab (213) *. Des palmiers de la même famille présentent souvent de grandes différences dans le nombre de leurs étamines. Le *Caryota Rumphiana* n'a que 13 étamines au maximum, tandis que le *Caryota furfuracea* en a 23, le *Caryota propinqua*, 27, et le *Caryota urens*, 38. On comprend sans peine qu'il est impossible d'établir une classification des espèces en se basant sur ce caractère.

Les étamines, dans les palmiers, sont ou hypogynes (libres d'adhérence avec le pistil et le calice), ou périgynes (s'insérant sur le calice). Dans le dernier cas ces étamines sont insérées sur les pétales (épipétales) [fig. 132]. Dans les fleurs mâles on rencontre souvent des traces d'étamines atrophiées, qu'elles soient régulièrement constituées mais dépourvues de pollen, ou qu'elles soient demeurées rudimentaires.

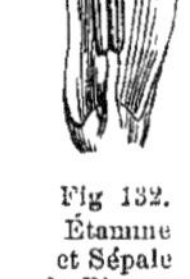

Fig 132. Étamine et Sépale du Pinanga

Les filets sont parfois distincts, mais généralement, dans les fleurs à étamines atrophiées, ils sont coalescents à leur base, en manière d'anneaux comme dans l'*Acrocomia*, en cupule simple comme dans l'*Attalea*, tridentés dans l'*Astrocaryum Murumuru*, hexadentés dans le *Calamus viminalis* et l'*Oreodoxa oleracea*, en tube cylindrique dans les *Geonoma*. Les étamines dans les fleurs mâles ont toujours leurs filets libres (fig. 133); à peine sont-ils légèrement soudés dans leur partie inférieure. Les anthères sont à deux loges, qui s'ouvrent sur toute la longueur : elles sont introrses. Le pollen est contenu dans les deux paires de sacs polliniques, qui se trouvent au sommet du filet de l'étamine (fig. 133) **. Les fleurs staminées tombent aussitôt

Fig. 133 — Fleur mâle du Chamærops humilis L.

nombre de panicules femelles, qui donnèrent nombre de graines fertiles dont la plupart ont germé et fourni de vigoureuses plantes. En 1874, le même arbre portait quinze panicules mâles couvertes de milliers de fleurs, parmi lesquelles nous n'avons, dit M. André, pas pu constater la présence d'une seule fleur femelle.

* Comme exemple de la variabilité du nombre des étamines, nous citerons encore l'*Areca triandra* et l'*Orania regalis*. Le *Chamærops humilis* présente de grandes irrégularités dans ses fleurs: elles ont tantôt 4, 5, 6, 7, 8 et 9 étamines

** Dans certains *Lepidocaryum* et *Mauritia*, ainsi que dans le *Rhapis flabellifor-*

après la pollinisation sans laisser sur le torus ou réceptacle d'autres traces de leur passage qu'une légère dépression (fig. 146).

Du Pistil. — Le pistil libre est formé normalement de trois carpelles, qui constituent généralement un ovaire à trois loges *uniovulées*, surmonté d'un style à trois divisions ou stigmates (fig. 137); plus rarement les trois carpelles sont distincts et séparés. L'ovaire subit des modifications sensibles dans sa composition, soit que deux des carpelles s'atrophient dès le premier développement du pistil, soit qu'un seul carpelle ne se développe pas. Tel est le cas d'un bon nombre de Coryphinées, des *Arenga* et des *Attalea*. Dans une espèce de *Thrinax*, l'ovaire est monocarpellé dès sa naissance. Aucun genre ne présente plus de trois carpelles; on cite cependant quelques fleurs monstrueuses du *Chamærops humilis* comme ayant présenté 4, 5. 6, 7 carpelles.

Fig. 134. — Fleurs mâles de l'Hyphæne thebaica Mart.

Les carpelles sont ou soudés dès leur naissance (*Chamædorea*), ou distincts à leur origine, mais s'unissant graduellement (*Corypha*). A la maturité, souvent un seul carpelle se développe (exemple : le fruit des *Cocos*). L'ovaire des palmiers est globuleux, ovoïde, arrondi, cochléaire ou en cuiller, turbiné ou subtrigone. Les carpelles sont ordinairement rudimentaires dans les fleurs mâles.

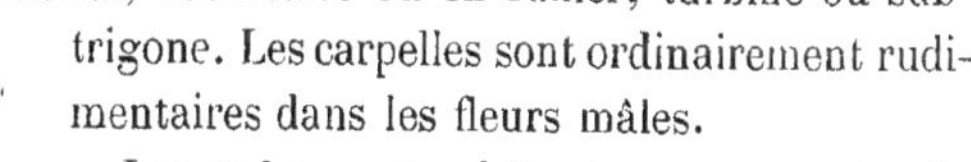

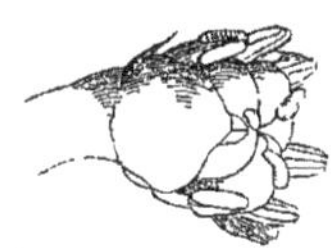

Fig. 135. — Fleur stamino-pistillée du Chamærops humilis L.

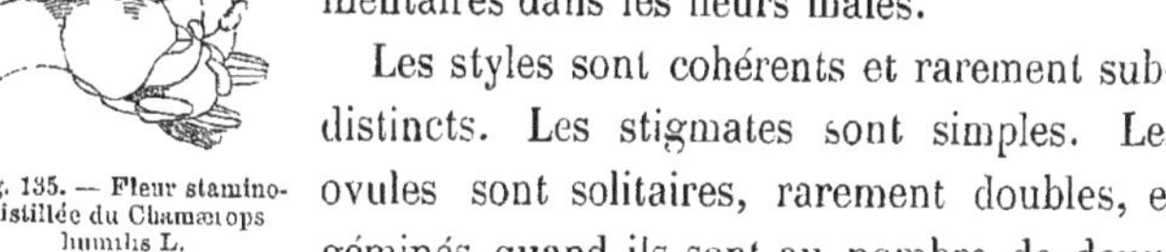

Les styles sont cohérents et rarement subdistincts. Les stigmates sont simples. Les ovules sont solitaires, rarement doubles, et géminés quand ils sont au nombre de deux, collatéraux, fixés dans l'angle un peu au-dessus de la base de

mis, les étamines qui se trouvent dans les fleurs pistillées sont pourvues de filets, d'anthères et de pollen, mais il paraît que celui-ci est sans puissance fécondante.

la loge tantôt orthotrope, tantôt anatrope à micropyle infère ou regardant la paroi de l'ovaire.

La fécondation des fleurs opérée, la vie se concentre dans les ovules et dans l'ovaire qui les renferme et les protége. Ces deux parties continuent à croître, et offrent bientôt de nouveaux caractères. L'ovule devient la graine, l'ovaire devient le péricarpe, et leur ensemble constitue le fruit. Celui-ci est donc l'ovaire qui a mûri ou qui a noué, comme disent nos jardiniers. Un fruit peut contenir une ou plusieurs graines fertiles, c'est-à-dire munies d'un embryon : tel est le cas du *Saguerus Langkab* (fig. 138), qui en contient généralement deux*.

Fig. 136 et 137. Pistil et ovaire triloculaire de l'Hyphæne thebaica Mart.

Fécondation. — Dans les palmiers à fleurs hermaphrodites, comme dans ceux à fleurs monoïques, mais réunies sur le même spadice ou sur le même pied, la fécondation a lieu facilement soit par l'intermédiaire du vent, soit par les insectes qui circulent d'une fleur à l'autre, alléchés par le nectar que la nature a déposé dans les fleurs.

Parfois encore les étamines sont douées de certains mouvements automatiques, et projettent autour d'elles les grains de pollen. Plusieurs palmiers présentent parfois le singulier spectacle que Delile a observé sur les *Phœnix* mâles en Égypte : au lever du soleil, les anthères laissent échapper une telle quantité de pollen que l'arbre semble disparaître dans un léger nuage, et que les feuilles et les spadices, quand il s'est dissipé, sont revêtus d'une légère couche de poussière blanchâtre.

Fig. 138. — Coupe transversale du fruit du Saguerus Langkab Bl.

L'homme, dans les pays où le palmier est cultivé et exploité, aide, en quelque sorte, l'action de la nature : il pratique des

* Il existe dans les magnifiques collections du Muséum de Kew un spécimen étrange d'une graine monstrueuse de palmier. C'est un fruit d'*Attalea excelsa*, ayant renfermé quatre embryons. Il est vrai que les jeunes plantes sont mortes rapidement.

fécondations artificielles. Cette opération a été connue de tout temps. Cette pratique est même nécessaire pour certaines espèces de palmiers cultivés. Les dattiers sauvages femelles donnent des fruits lorsqu'ils ont été fécondés naturellement par les pieds mâles. Il n'en est point ainsi des dattiers cultivés : ils ne fructifient point si on a négligé au temps de la floraison d'apporter et de secouer sur leurs ovaires les rameaux mâles. La fécondation artificielle produit souvent de merveilleux résultats : à Nice, par exemple, un *Phœnix reclinata*, fécondé par le pollen des *Phœnix tenuis, reclinata* et *pumila*, a porté plus de 20,000 graines.

Le pollen conserve longtemps sa puissance fécondante. Kæmpfer assure que le pollen des fleurs mâles peut être employé encore une année après son émission. Gleditsch, en 1749, 1750, 1751, prouva que le pollen d'un *Chamœrops humilis* transporté de Leipzig à Berlin — et les voyages étaient à cette époque loin d'être aussi rapides qu'aujourd'hui — pouvait féconder un pied femelle cultivé à Berlin. Kœlreuter, en 1767, envoya du pollen de *Chamœrops humilis* de Carlsruhe à Berlin et à Saint-Pétersbourg. Ce pollen arriva en parfait état : on l'utilisa, et bientôt des fruits apparurent. Sur les dattiers femelles fécondés par ce pollen, on répéta la même expérience avec succès, dix-huit ans après. Cette persistance de la puissance fécondante du pollen peut rendre de grands services à l'horticulture. Il suffit de garder le pollen dans un endroit bien sec.

Sitôt après la fécondation, dans tous les palmiers, les cellules de l'endosperme naissent par voie de formation libre à l'intérieur de la couche protoplasmique pariétale du sac embryonnaire. Elles sont sphériques à l'origine, et indépendantes les unes des autres. A mesure qu'elles s'agrandissent, elles se compriment mutuellement et deviennent polyédriques. Ces cellules primaires peuvent remplir immédiatement la cavité du sac embryonnaire ; mais si ce sac est très-volumineux, comme celui de la noix de coco (fig. 139), il n'est pas rempli complétement par l'endosperme, et un liquide clair, appelé dans ce cas *lait de coco*, subsiste toujours, alors même que la graine est entièrement mûre.

Les cellules de l'endosperme se remplissent à la maturité de substances protoplasmiques concentrées, d'huiles grasses et d'amidon; tantôt l'un ou l'autre de ces principes se trouve en plus grande quantité.

Pendant que l'albumen se forme dans le sac embryonnaire, les téguments de l'ovule se transforment en téguments séminaux. En même temps la paroi ovarienne métamorphosée porte désormais le nom de *péricarpe*. Elle se subdivise en *épicarpe* ou membrane épidermique plus ou moins épaisse (brou de la noix de Coco), en *mésocarpe* (pulpe du fruit), et en *endocarpe* (noyau du fruit).

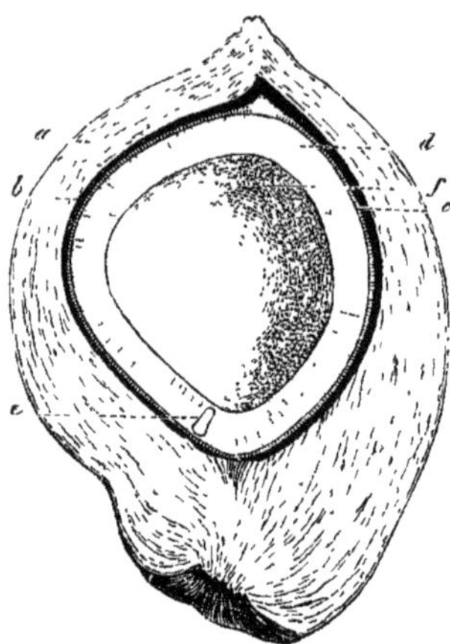

Fig. 139. — Noix de Coco coupée transversalement. — *a*. Coire ou brou — *b*. Endocarpe *c*. Testa. — *d* Albumen. — *e*. Embryon. *f*. Cavité occupée par le lait.

Maturation des Fruits. — La maturation du fruit est souvent fort lente, même chez les palmiers à graines petites. Les *Chamædorea*, par exemple, fleurissent dans leur pays natal en février, et les fruits ne sont mûrs qu'en octobre; l'*Iriartea ventricosa* fleurit en janvier, et ses fruits mûrissent seulement huit mois après.

La disproportion entre la fleur et le fruit est quelquefois fort considérable (fig. 141 et 142). Les plus grandes fleurs de palmiers, les fleurs femelles de quelques *Cocos*, des *Borassus*, des *Lodoicea* et de quelques *Eugeissonia*, atteignent à peine 26 lignes, tandis que les fruits du *Cocos nucifera* et du *Lodoicea Sechellarum* sont de beaucoup plus volumineux *.

* Le fruit du *Lodoicea Sechellarum* est souvent long de 50 centimètres; il a presque toujours une circonférence de 1 mètre, et pèse jusqu'à 25 kilogrammes. Les fruits les plus simples sont ceux des *Licuala* et des *Corypha*. Dans les *Areca*, le fruit est plus compliqué. Dans les cocotiers, le fruit atteint le plus haut degré de complication.

Les fruits des palmiers peuvent être considérés à un triple point de vue : au point de vue de leur formation, d'après la réunion des carpelles, on les divise en fruits composés, agrégés, lobés ou simples ; d'après leur consistance, on les divise en drupes ou baies ; enfin, d'après leur aspect extérieur, on les classe en fruits lisses et en fruits ornés.

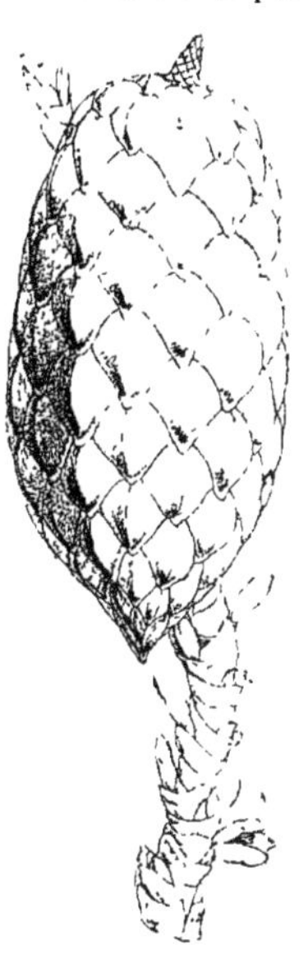

Fig. 140
Fruit écailleux du Raphia Hookeri M. et Wendl.

Le fruit du palmier est une drupe ou une baie couronnée par le périanthe persistant. Il est à épicarpe lisse (fig. 127), ou écailleux (fig. 140 et 144) ; son mésocarpe (couche intermédiaire du fruit) est charnu ou fibreux. tandis que son endocarpe (partie extérieure) est tantôt fibreux, tantôt ligneux ou même pierreux, tantôt enfin offrant la consistance du parchemin*. Le fruit des palmiers varie considérablement de grosseur : les deux extrêmes sont d'un côté celui des *Geonoma*, du *Calamus symphysipus* (fig. 144), du *Laccospadix australasicus*, qui n'a pas la grosseur d'une baie du groseillier épineux (fig. 127), et celui du *Lodoicea Sechellarum*, qui est de tous les fruits connus le plus considérable.

Fig 141 et 142. — Fleur et Graine du Raphia Hookeri M. et Wendl.

L'enveloppe de la graine est toujours très-mince ; dans un grand nombre d'espèces le tégument de la graine est intimement uni à l'endocarpe (*Sagus, Lepidocaryum, Mauritia, Leopoldina, Attalea, Cocos, Astrocaryum, Diplothemium, Euterpe, Bactris, Geonoma, Œnocarpus, Elæis, Hyphæne, Borassus, Areca*).

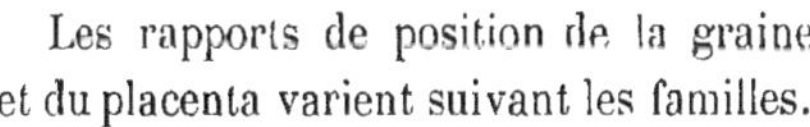

Les rapports de position de la graine et du placenta varient suivant les familles.

* L'ovaire d'un palmier peut être modifié dans sa couleur, sa texture, son goût,

C'est ce caractère de l'insertion des graines sur la paroi de l'ovaire que M. Wendland a pris pour l'une des bases de sa remarquable classification des palmiers.

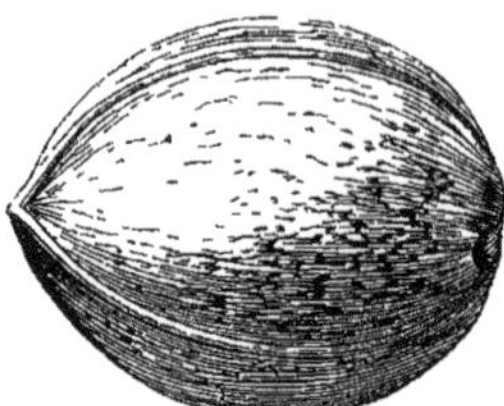

Fig. 143. — Fruit du Cocos nucifera L Noix vue dans sa longueur, montrant les trois côtes correspondant à chacun des carpelles.

Fig. 144. — Régime et fruits du Calamus symphysipus Mart.

Les fruits des palmiers les plus connus en Europe sont ceux du *Chamærops humilis*, du dattier et du cocotier. Le fruit du *Chamærops* est une baie ronde le plus souvent, lisse, à pulpe charnue (fig. 147). Sous cette pulpe est une semence cornée, très-dure, arrondie (fig. 177). Le fruit du dattier est une baie lisse, ovale, à pulpe charnue, sucrée et moelleuse (fig. 148). Elle enveloppe un noyau corné, ovale, cylindrique, cannelé longitudinalement d'un côté, et relevé en bosse du côté

Fig. 145. — Fruit écailleux du Raphia Ruffia Mart.

sa grosseur et sa forme par un pollen étranger. Le cas le plus remarquable constaté par M. Naudin est rapporté dans une lettre adressée en 1866 à M. Hooker. M. Naudin raconte qu'il a vu, croissant sur un *Chamærops humilis*, des fruits que M. Denis, d'Hyères, avait obtenus en employant le pollen d'un dattier (*Phœnix dactylifera*). La drupe produite était deux fois aussi grosse et aussi allongée que celle du *Chamærops*, et se trouvait, sous ce rapport aussi bien que sous celui de la texture, intermédiaire entre ses deux parents. Ces graines hybrides ont germé et ont opposé (fig. 78 et 79), sur le milieu duquel se trouve l'embryon (fig. 81). Le fruit du cocotier est ligneux. Il atteint ordinairement la grosseur d'une tête d'homme. Les fruits du cocotier sont relevés de trois arêtes peu prononcées, ombiliquées aux deux bouts (fig. 142). Le noyau dur, noirâtre, arrondi, renferme presque toujours les restes de trois ovules, dont deux sont avortés. A l'un des pôles du fruit jeune, sont trois trous (fig. 149) qui correspondaient chacun à un carpelle uniovulé.

Fig. 146. — Régime et Fruit du Laccospadix australasicus Wendl. et Dr.

Le fruit du *Lodoicea* ou cocotier des Séchelles est une drupe énorme, fibreuse, ordinairement monosperme par avortement, mais assez souvent aussi 2-3-4-sperme : on aperçoit, dans ce cas, à l'extérieur autant de lobes qu'elle contient de graines.

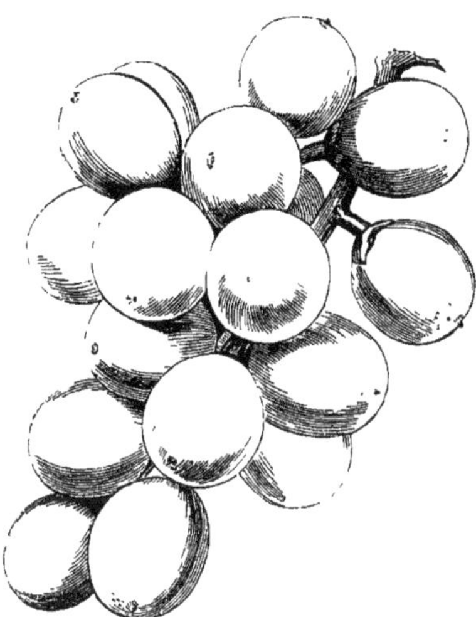

Fig. 147. — Régime de Fruits du Chamærops humilis L. (grandeur naturelle).

Les fruits des *Phytelephas* (fig. 42 et 151), ces palmiers si étranges que certains auteurs hésitent à les classer, ayant douté qu'ils appartinssent à cette famille, présentent un aspect tout particulier et sur lequel nous croyons devoir insister à raison de la grande quantité de

également produit des plantes intermédiaires. M. Durieu de Maisonneuve, à Bordeaux, a obtenu des graines ovoïdes et non réniformes en fécondant un *Chamærops* par un *Phœnix*.

Les fruits du Chamærops diffèrent souvent entre eux. Ils sont tantôt ovoïdes presque sphériques, de la grosseur d'une petite olive, tantôt oblongs, de la grosseur d'un œuf de pigeon, ou même sensiblement allongés et dactyliformes.

noix d'ivoire végétal, introduites dans ces derniers temps en Europe. Ces fruits, dont nous avons déjà parlé (p. 87), doivent à leur aspect bizarre leur nom populaire de *Cabes del*

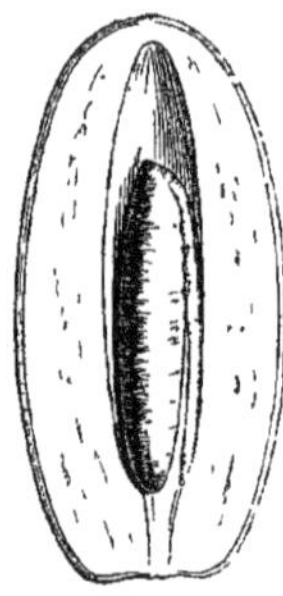

Fig. 148. — Datte (fruit coupé verticalement).

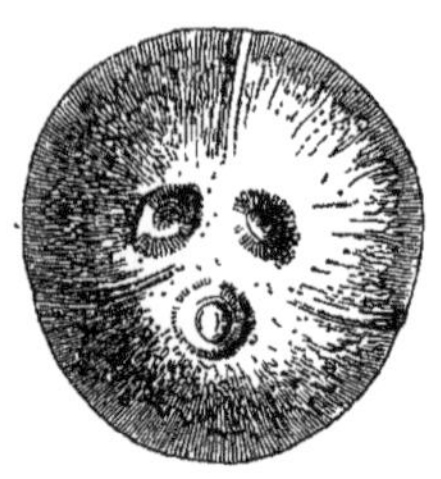

Fig. 149. — Noix de Coco vue par dessous et montrant les trois trous correspondant aux carpelles primitifs

negro; on dirait, en effet, une tête de nègre dont les cheveux crépus seraient indiqués par les protubérances fibreuses. La forme est ronde, plus ou moins anguleuse, déprimée au sommet.

Fig. 150 — Hermann Wendland.

Classification. — La classification des palmiers est de date toute récente, et pour cause. Le monde ancien ne connaissait que trois espèces de palmiers; Linné n'en décrivit que quinze espèces; Ruiz et Pavon en découvrirent huit nouvelles espèces; Rumph, qui habitait aux Indes orientales, en connut davantage; Humboldt et Bonpland signalèrent un nombre de types plus considérable encore. Depuis lors les travaux de Martius, Liebmann, Griffith, d'Orbigny, Blume, Spruce, Wallich, Seemann, Brongniart, Hooker,

Wendland, Kurz, Scheffer, Drude, Mann, Beccari, etc., les introductions des grands établissements horticoles anglais et belges, les envois et les échanges des Jardins botaniques de la Hollande et de ceux des régions tropicales, ont considérable-

Fig. 151. — Phytelephas Microcarpa R. et Pav.

ment augmenté le nombre des palmiers connus. En 1854 M. H. Wendland publiait une liste des palmiers cultivés alors dans les serres européennes; elle renfermait plus de trois cents espèces; mais aujourd'hui, le nombre des espèces décrites est au moins trois fois aussi considérable.

L'illustre historiographe des palmiers, Martius, fut le premier qui entreprit d'établir une classification de ces arbres, qu'on a suivie jusqu'à ce jour, et qui est regardée par beaucoup d'auteurs comme étant encore la meilleure. S'appuyant sur les caractères tirés de l'inflorescence, des spathes, du nombre des loges de l'ovaire, du fruit, du nombre des graines et de la position de l'embryon dans celles-ci, Martius divise les palmiers en cinq familles : les Lépidocaryées, les Cocoïnées, les Coryphinées, les Arécacées et les Borassinées; il subdivise chacun de ces groupes en tribus, d'après les formes de la feuille.

CLASSIFICATION DES PALMIERS D'APRÈS MARTIUS.

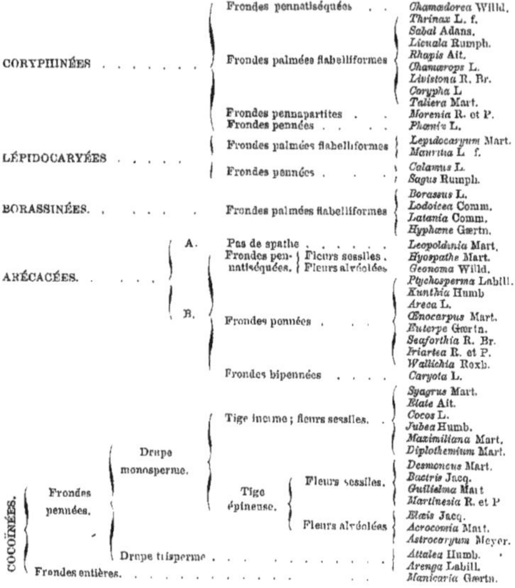

Familles	Subdivisions	Caractères	Genres
CORYPHINÉES		Frondes pennatiséquées	*Chamædorea* Willd.
		Frondes palmées flabelliformes	*Thrinax* L. f. *Sabal* Adans. *Licuala* Rumph. *Rhapis* Ait. *Chamærops* L. *Livistona* R. Br. *Corypha* L. *Taliera* Mart.
		Frondes pennapartites	*Morenia* R. et P.
		Frondes pennées	*Phœnix* L.
LÉPIDOCARYÉES		Frondes palmées flabelliformes	*Lepidocaryum* Mart. *Mauritia* L. f.
		Frondes pennées	*Calamus* L. *Sagus* Rumph.
BORASSINÉES		Frondes palmées flabelliformes	*Borassus* L. *Lodoicea* Comm. *Latania* Comm. *Hyphæne* Gærtn.
ARÉCACÉES	A.	Pas de spathe	*Leopoldinia* Mart.
	B.	Frondes pennatiséquées. Fleurs sessiles	*Hyospathe* Mart.
		Frondes pennatiséquées. Fleurs alvéolées	*Geonoma* Willd.
		Frondes pennées	*Ptychosperma* Labill. *Kunthia* Humb. *Areca* L. *Œnocarpus* Mart. *Euterpe* Gærtn. *Seaforthia* R. Br. *Iriartea* R. et P. *Wallichia* Roxb.
		Frondes bipennées	*Caryota* L.
COCOÏNÉES	Frondes pennées. Drupe monosperme.	Tige inerme; fleurs sessiles	*Syagrus* Mart. *Elate* Ait. *Cocos* L. *Jubea* Humb. *Maximiliana* Mart. *Diplothemium* Mart.
		Tige épineuse. Fleurs sessiles	*Desmoncus* Mart. *Bactris* Jacq. *Guilielma* Mart. *Martinezia* R. et P.
		Tige épineuse. Fleurs alvéolées	*Elæis* Jacq. *Acrocomia* Mart. *Astrocaryum* Meyer.
	Frondes pennées. Drupe trisperme		*Attalea* Humb. *Arenga* Labill.
	Frondes entières		*Manicaria* Gærtn.

Blume, s'aidant des travaux de ses prédécesseurs, Rumph,

TABLEAU INDIQUANT LA CLASSIFICATION DES DIVERSES FAMILLES DE PALMIERS D'APRÈS M. H. WENDLAND

- **ARÉCACÉES.** Graines ombiliquées. Hile net, ponctiforme ou linéaire allongé.
  - **ARÉCINÉES.** Raphé et ses ramifications placés à la face interne de la graine. Embryon situé vers la face externe, fréquemment près du hile, assez souvent au milieu et rarement au sommet de la graine.
    - **EUARÉCINÉES.** Fruit uniloculaire.
      - Fruit droit. Stigmates terminaux.
        - Graines basilaires. Hile ponctiforme.
        - Graines latérales. Hile linéaire.
          - 1 Areca, L.
          - 2 Pinanga, Bl.
          - ... Nengella, Becc.
          - 3 Linospadix, Wendl.
          - 4 Grisebachia, Dr. et Wendl.
          - 5 Carpoxylon, Dr. et Wendl.
          - 6 Hedyscepe, Dr. et Wendl.
          - 7 Loxcospadix, Dr. et Wendl.
          - 8 Calyptrocalyx, Bl.
          - 9 Cyrtostachys, Bl.
          - 10 Kentia, Bl.
          - 11 Hydriastele, Dr. et Wendl.
          - 12 Rhopalostylis, Wendl. et Dr.
          - 13 Veitchia, Wendl.
          - 14 Dictyosperma, Dr. et Wendl.
          - 15 Nenga, Wendl. et Dr.
          - 16 Archontophœnix, Wdl. et Dr.
          - 17 Ptychosperma, Labill.
          - 18 Drymophlœus, Bl.
          - 19 Actinorhytis, Wendl. et Dr.
          - 20 Loxococcus, Wendl. et Dr.
          - 21 Jessenia, Karst.
          - 22 Œnocarpus, Mart.
      - Fruit à demi courbé. Stigmates latéraux.
        - 23 Euterpe, Mart.
        - 24 Oncosperma, Bl.
        - 25 Clinostigma, Wendl.
        - 26 Nephrosperma, Balf.
      - Fruit entièrement courbé. Stigmates basilaires.
        - 27 Verschaffeltia, Wendl.
        - 28 Roscheria, Wendl.
        - 29 Phœnicophorium, Wendl.
        - 30 Acanthophœnix, Wendl.
        - 31 Deckenia, Wendl.
        - 32 Oreodoxa, Willd.
        - 33 Hyospathe, Mart.
        - 34 Iguanura, Bl.
        - .... Sommieria, Becc.
    - **ARÉCOÏDÉES.** Fruit triloculaire, 1-2-loculaire par avortement, rarement 4-6-loculaire.
      - Feuilles paripennées à segments rejetés en arrière.
        - Fruit imparfaitement triloculaire.
          - 35 Rheinhardtia, Liebm.
          - 36 Malortiea, Wendl.
        - Fruit triloculaire, 1-2-loculaire par avortement, rarement 4-6-loculaire.
          - Segment foliaire avec une côte principale saillante sur la face supérieure du segment.
            - 37 Hyophorbe, Gærtn.
            - 38 Dypsis, Nor.
            - 39 Morenia, Ruiz et Pav.
            - 40 Chamædorea, Willd.
            - 41 Synechanthus, Wendl.
            - 42 Gaussia, Wendl.
            - 43 Podococcus, Mann et Wendl.
            - 44 Bentinckia, Berry.
            - 45 Leopoldinia, Mart.
            - 46 Geonoma, Willd.
            - 47 Calyptrogyne, Wendl.
            - 48 Calyptronoma, Wdl. et Gr.
            - .... Rœbelia, Engel.
            - 49 Welfia, Wendl.
            - 50 Manicaria, Gærtn.
            - 51 Phytelephas, Ruiz et Pav.
            - 52 Orania, Zipp.
            - 53 Sclerosperma, M. et Wendl.
            - 54 Ceroxylon, Humb.
          - Segment foliaire sans côte médiane. Plusieurs nervures saillantes sur la face inférieure du segment.
            - 55 Catoblastus, Wendl.
            - 56 Wettinia, Pœpp. et Endl.
            - 57 Dictyocaryum, Wendl.
            - 58 Iriartella, Wendl.
            - 59 Iriartea, Ruiz et Pav.
            - 60 Socratea, Karst.
      - Feuilles imparipennées à segments rejetés en dedans.
        - Segments dentés.
          - 61 Arenga, Labill.
          - 62 Didymosperma, Wendl. et Dr.
          - 63 Wallichia, Roxb.
          - 64 Caryota, L.
        - Segments entiers.
          - 65 Phœnix, L.
      - Stigmate basilaire.
        - 66 Nannorhops, Wendl. et Dr.
        - 67 Sabal, Adans.
        - 68 Corypha, L.
      - Feuilles palmées flabelliformes.
        - Stigmate terminal.
          - Raphé distinct.
            - Albumen homogène.
              - 69 Colpothrinax, Wendl.
              - 70 Acanthorhiza, Wendl.
              - 71 Trithrinax, Mart.
              - 72 Pritchardia, Seem. et Wendl.
            - Albumen ruminé.
              - 73 Copernicia, Mart.
              - 74 Chamærops, L.
              - 75 Thrinax, Sw.
          - Raphé diffus.
            - Stigmates adhérents.
              - 76 Brahea, Mart.
              - 77 Livistona, R. Br.
              - 78 Licuala, Rumph.
              - 79 Pholidocarpus, Bl.
              - 80 Teysmannia, Zoll. et Rchb. fils.
            - Stigmates isolés.
              - 81 Trachycarpus, Wendl.
              - 82 Rhapidophyllum, Wdl. et Dr.
              - 83 Rhapis, L.
  - **LÉPIDOCARYNÉES.** Raphé et ses ramifications placés à la face externe de la graine. Embryon situé vers la face interne.
    - **CALAMÉES.** Fruit imparfaitement triloculaire.
      - Raphé distinct. Endocarpe membraneux.
        - Chalaze latérale.
          - 84 Calamus, L.
          - 85 Ceratolobus, Bl.
          - 86 Korthalsia, Bl.
          - 87 Pigafetta, Bl.
        - Chalaze apicale.
          - 88 Plectocomia, Mart.
          - 89 Zalacca, Reinw.
        - Chalaze basilaire.
          - 90 Sagus, Rumph.
      - Raphé diffus. Endocarpe ligneux.
        - 91 Eugeissona, Griff.
    - **RAPHIÉES.** Fruit triloculaire. Feuilles paripennées.
      - Embryon droit homotrope.
        - 92 Ancistrophyllum, M. et Wdl.
        - 93 Oncocalamus, M. et Wendl.
        - 94 Laccosperma, M. et Wendl.
        - 95 Eremospatha, M. et Wendl.
      - Embryon courbe hétérotrope.
        - 96 Raphia, Comm.
    - **MAURITIÉES.** Fruit triloculaire. Feuilles palmées.
      - 97 Mauritia, L. f.
      - 98 Lepidocaryum, Mart.
      - 99 Lepidococcus, Dr. et Wendl.
- **COCOÏNÉES.** Graines non ombiliquées. Hile diffus.
  - **BORASSINÉES.** Loges stériles du fruit distinctes des loges fertiles.
    - **NIPACÉES.** Ovaire triloculaire. Carpelles distincts.
      - 100 Nipa, Thbg.
    - **EUBORASSINÉES.** Ovaire triloculaire. Carpelles soudés.
      - Fruit uniloculaire, monosperme par avortement.
        - 101 Hyphæne, Gærtn.
      - Fruit triloculaire, trisperme.
        - 102 Lodoicea, Comm.
        - 103 Borassus, L.
        - 104 Latania, Comm.
  - Loges stériles des fruits mêlées aux loges fertiles.
    - Trous operculaires situés dans la moitié supérieure du fruit.
      - BACTRIDÉES. Plantes épineuses.
        - 105 Desmoncus, Mart.
        - 106 Bactris, Jacq.
        - 107 Guilielma, Mart.
        - 108 Astrocaryum, Meyer.
        - 109 Acrocomia, Mart.
        - 110 Aiphanes, Willd.
      - ÉLÆIDÉES. Plantes non épineuses.
        - 111 Elæis, Jacq.
    - Trous operculaires situés dans la moitié inférieure du fruit. Plantes non épineuses. EUCOCOÏNÉES.
      - 112 Syagrus, Mart.
      - 113 Diplothemium, Mart.
      - 114 Cocos, L.
      - 115 Scheelea, Karst.
      - 116 Maximiliana, Mart.
      - 117 Jubæa, Humb.
      - 118 Attalea, Humb.
      - 119 Orbignia, Mart.

Martius, Roxburgh et Wallich, publia, dans son grand travail sur les plantes des Indes orientales, une nouvelle classification des palmiers. Les caractères qu'il a employés diffèrent peu (plutôt par leur ordre d'importance que par leur nature) des caractères employés par Martius. La position de l'embryon dans la graîne le préoccupait toutefois davantage que celui-ci. Se basant également sur ces rapports de position, M. H. Wendland (fig. 150) a publié, dans ces dernières années, une série de monographies qui nous ont servi à dresser un tableau synoptique.

On a souvent reproché à M. Wendland et à ses collaborateurs, MM. Mann et Drude, d'avoir énormément augmenté le nombre des genres; mais, comme le dit avec raison M. Scheffer, après un examen exact des espèces archipélagiques et australiennes, on doit soit réunir toutes les Arécinées à pétales imbriquées dans deux ou trois genres, renfermant un grand nombre de formes qui sont fort éloignées les unes des autres, soit admettre un grand nombre de genres très-nettement distingués. En présence de ce dilemme, personne ne peut hésiter à adopter la manière de voir du savant allemand.

Les caractères principaux auxquels on doit avoir égard dans la description des palmiers sont : 1° la forme du limbe et sa division; 2° pour les espèces pennatifrondes, le sommet des pinnules; 3° la nervure; 4° la nature et la place de l'inflorescence (*palmæ infrafrondales vel interfrondales*) ; 5° le nombre des spathes et leur nature; 6° la division du spadice; 7° la disposition des fleurs males et femelles; 8° la préfloraison du calice mâle et de la corolle femelle, qui est toujours constante; 9° l'attache des anthères (basifixes ou oscillantes); 10° le nombre des étamines; 11° le nombre des ovules; 12° leur nature (attachées à la base de l'ovaire ou latéralement aux parois de celui-ci); 13° la place que la cicatrice des stigmates occupe sur le fruit (sur le sommet ou concentrique, latérale ou excentrique); 14° la place du raphé; 15° la ramification; 16° la nature de l'albumen (ruminé ou égal); 17° la direction de l'embryon; 18° la présence d'épines sur la tige ou sur les feuilles.

INDEX GÉNÉRAL

DES NOMS ET SYNONYMES DES ESPÈCES CONNUES.

* Les noms en italique sont ceux qui, d'après M. Wendland, doivent être conservés. Ceux imprimés en caractères romains sont les synonymes.

Areca Piit Bl.
— *polystachys* Miq. — Syn. : Ptychosperma Miq.
— *propria* Bl.
— pumila Bl., vide *Areca triandra* Roxb. var. *pumila* Miq.
— punicea Bl., vide *Drymophlæus* Mart.
— rubra Bory, vide *Acanthophœnix* Wendl.
— rubra Hort, vide *Dictyosperma* Wendl. et Dr.
— sapida Sol., vide *Rhopalostylis Baueri* Wendl. et Dr.
— sapida Mart., vide *Rhopalostylis Baueri* Wendl. et Dr.
— saxatilis Burm., vide *Drymophlæus* Miq.
— speciosa Hort., vide *Hyophorbe amaricaulis* Mart.
— spicata Lam., vide *Calyptrocalyx* Bl.
— spinosa Hass., vide *Oncosperma filamentosum* Bl.
— sylvestris Lour., vide *Pinanga* Bl.
— *tenella* Becc.
— tigillaria Jack., vide *Oncosperma filamentosum* Bl.
— *triandra* Roxb.
— — var. *pumila* Miq. — Syn.: Areca pumila Bl.
— — var. *Bancana* Scheff. — Syn. : Ptychosperma polystachya Miq.
— — var. *humilis* Mart. — Syn. : Areca humilis Blanco.
— vaginata Gis., vide *Drymophlæus appendiculatus* Mart.
— Verschaffelti Lem., vide *Hyophorbe Verschaffelti* Wendl.
— vestiaria Gis., vide *Pinanga* Bl.
— *Wallichiana* Mart.
— *Wendlandiana* Scheff.

Arenga Labill., vide *Saguerus* Rph.
— Bonnetti Hort., vide *Saguerus* Rph.
— Griffithi Seem. Griff., vide *Saguerus* Rph.
— javanica Hort., vide *Saguerus* Rph.
— manillensis Lind., vide *Saguerus.*
— obtusifolia Mart., vide *Saguerus Langkab* Bl.
— saccharifera Labill., vide *Saguerus saccharifer* Bl.
— Westerhoutii Griff., vide *Saguerus* Wendl.

Arenga Wightii Griff., vide *Saguerus* Wendl.

Astrocaryum G. F. W. Meyer.
— *acanthopodium* B. Rod.
— *acaule* Mart.
— *aculeatum* Mey. — Syn. : Astrocaryum Awarra de Vries.
— argenteum Hort. Bull.
— *aureum* Gr. et Wendl.
— Awarra de Vries, vide *Astrocaryum aculeatum* Mey.
— *Ayri* Mart. — Syn. : Toxophœnix aculeatissima Schott.
— Borsigianum K. Koch, vide *Phœnicophorium Sechellarum* Wendl.
— *campestre* Mart.
— *caudescens* B. Rod.
Chonta Mart.
— *farinosum* B. Rod.
— filare Hort. Bull.
— flexuosum Hort.
— *guyanense* Splitg.
— *gynacanthum* Mart.
— *Huaimi* Mart.
— *humile* Wallace.
— *Jauri* Mart.
— *Malybo* Karst.
— *mexicanum* Liebm.
— *minus* Trail.
— *Munbaca* Mart.
— *Murumuru* Mart.
— *Paramaca* Mart.
— *princeps* B. Rod.
— pumilum Hort.
— *rostratum* Hook. f.
— sclerocarpum Hort., vide *Astrocaryum aculeatum* Mey.
— *Tucuma* Mart.
— *vulgare* Mart. — Syn.: Palma Tucum Pison.
— *Warscewiczii* Krst.

Attalea Humb., Bonpl. et Kth.
— acaulis Hort.
— *agrestis* B. Rod.
— *amygdalina* Hb. Kth. — Syn. : Attalea nucifera Krst., A. inæquiloba Hort.
— *blepharopus* Mart.
— butyrosa Lodd., vide *Attalea humilis* Mart.
— cephalotes Pœpp., vide *Scheelea* Krst.
— *Cohune* Mart.
— *compta* Mart.

Bactris granatensis Wendl. — Syn.: Guilielma Krst.
— *granariuscarpa* B. Rod.
— *hirta* Mart.
— *horrida* Œrst.
— hylophila Spruce, vide *Bactris pectinata* Mart.
— *incommoda* Trail.
— *infesta* Mart.
— integrifolia Wallace, vide *Bactris fissifrons* Mart.
— *interrupte-pinnata* B. Rod.
— *inundata* Mart.
— *inermis* Trail.
— *juruensis* Trail.
— *leucacantha* Lind. et Wendl.
— *linearifolia* B. Rod.
— *littoralis* B. Rod.
— *longifrons* Mart.
— *longipes* Pœpp.
— Macanilla Hort.
— *macroacantha* Mart.
— *macrocarpa* Wallace.
— *major* Jacq. — Syn.: Augustinea Krst, Pyrenoglyphis Krst.
— *Maraja* Mart.
— *Marajay* B. Rod.
— *Marajuaca* B. Rod.
— martineziæfolia Hort., vide *Martinezia corallina* Mart.
— *mexicana* Mart.
— microcarpa Spruce, vide *Bactris pectinata* Mart.
— *microspatha* B. Rod.
— *minax* Miq.
— minima Gærtn., vide *Aiphanes corallina* Wendl.
— *minor* Jacq.
— *mitis* Mart. — Syn.: B. Bactris uaupensis Spruce, B. tenuis Wallace.
— *monticola* B. Rod.
— negrensis Spruce, vide *Bactris simplicifrons* Mart.
— *nemorosa* B. Rod.
— *obovata* Wendl.
— *Œrstediana* Trail. — Syn.: Bactris bifida Œrst.
— *oligocarpa* B. Rod. et Trail.
— *ovata* Wendl. — Syn.: Augustinea ovata Œrst., Pyrenoglyphis Krst.
— *pallidispina* Mart. — Syn.: Bactris flavispina Hort.

Bactris palustris B. Rod., vide *Bactris bidentula* Spruce.
— paraensis Splitg.
— *paucijuga* B. Rod
— *Pavoniana* Mart.
— *pectinata* Mart. — Syn.: Bactris microcarpa Spruce. B. hylophila Spruce. B. setipinnata B. Rod. B. turbinata Spruce.
— *pilosa* Krst.
— *Piranga* Trail.
— *Piritu* Wendl. — Syn.: Guilielma Krst.
— *Plumeriana* Mart.
— *præmorsa* Pœpp.
— *riparia* Mart.
— *rivularis* B. Rod.
— *sanctæ-paulæ* Engel.
— *sciophylla* Miq.
— *setosa* Mart.
— setipinnata B. Rod., vide *Bactris pectinata* Mart.
— *setulosa* Krst.
— *simplicifrons* Mart. — Syn.: Bactris arenaria B. Rod., B. brevifolia Spruce, B. carolensis Spruce, B. cricetina B. Rod. B. gracilis B. Rod. B. negrensis Spruce. B. xanthocarpa. B. Rod.
— *socialis* Mart
— speciosa Krst., vide *Guilielma* Mart.
— speciosa var. Chichiqui Krst., vide *Guilielma*.
— *sphærocarpa* Trail.
— *subglobosa* Wendl.
— *syagroides* B. Rod. et Trail.
— *sylvatica* B. Rod.
— *tenera* Wendl. — Syn.: Guilielma Krst
— tenuis Wallace, vide *Bactris mitis* Mart
— *tomentosa* Mart.
— *Trailiana* B. Rod.
— *trichospatha* Trail.
— turbinata Spruce, vide *Bactris pectinata* Mart.
— *turbinocarpa* B. Rod.
— uaupensis, vide B. *mitis* Mart.
— *umbraticola* B. Rod.
— *umbrosa* B. Rod.
— varinensis Hort.
— xanthocarpa B. Rod., vide *Bactris simplicifrons* ? Mart.

Calamus dealbatus Hort., vide *Acanthophœnix rubra* Wendl.
— *deerratus* Mann. et Wendl.
— *delicatulus* Thw.
— *depressiusculus* Theysm. et Binnd.
— *Diepenhorstii* Miq.
— *dioicus* Lour.
— *discolor* Mart.
— *Draco* Willd. — Syn.: Dæmonorops Mart., Palmijuncus, Draco Rph., Calamus Rotang δ L.
— *elegans* Hort.
— *elongatus* Wendl. — Syn. : Dæmonorops Bl.
— *epetiolaris* Mart.
— *equestris* Willd. — Syn.: Palmijuncus equestris Rph. Calamus Rotang L. var. ζ.
— *erectus* Roxb.
— *exilis* Griff.
— *extensus* Roxb.
— farinosus Lind.
— *fasciculatus* Roxb.
— *Fernandezii* Wendl. — Syn : Dæmonorops fasciculatus Mart.
— *fissus* Wendl. — Syn. : Dæmonorops Mart.
— *Flagellum* Griff.
— *floribundus* Griff.
— *Gaudichaudii* Wdl. — Syn.: Dæmonorops Mart.
— geminiflorus Griff., vide *Plectocomia* Wendl.
— *geniculatus* Griff. — Syn.: Dæmonorops Mart.
— *glaucescens* Bl.
— *gracilipes* Miq. — Syn.: Dæmonorops longipes Miq.
— gracilis Blanco, vide *Calamus Blancoi* Kth.
— *gracilis* Roxb.
— *graminosus* Bl.
— *grandis* Griff. — Syn. : Dæmonorops Mart.
— *Griffithianus* Mart.
— *Guruba* Hamilt — Syn.: Calamus Mastersianus Griff. Dæmonorops Mart.
— *Hænkeanus* Mart.
— *heliotropium* Ham. — Syn. : Phœniscorpiurus Plukenet.
— *Hellerianus* Kurz.
— *heteracanthus* Zipp. — Syn. : Dæmonorops heteracanthus Bl.

Calamus heteroideus Bl.
— *heteroideus* var. β *procerus* Bl. — Syn.: Calamus viminalis Reinw.
— *heteroideus* var. γ *refractus* Bl.
— *heteroideus* var. δ *conjugatus* Bl.
— *heteroideus* var. ε *spissus* Bl.
— *hirsutus* Wendl. — Syn.: Dæmonorops Bl.
— Hookeri M. et Wendl., vide *Eremospatha* M. et Wendl.
— *horrens* Bl.
— hostilis Hort. Calc., vide *Calamus arborescens* Griff.
— *Hügelianus* Mart.
— *humilis* Roxb.
— *hygrophilus* Griff. — Syn.: Dæmonorops Mart.
— *hypoleucus* Wendl. — Syn. : Dæmonorops Kurz.
— *Hystrix* Griff. — Syn.: Dæmonorops Mart.
— Impératrice Marie Hort.
— *inermis* T. Anders.
— *insignis* Griff.
— *intermedius* Griff. — Syn.: Dæmonorops Mart.
— *javensis* Bl. — Syn. : C. equestris Bl.
— *Jenkinsianus* Griff. — Syn. : Dæmonorops Mart.
— *Korthalsii* Wendl. — Syn.: Dæmonorops Bl.
— *lævigatus* Mart.
— lævis M. et Wendl., vide *Laccosperma* M. et Wendl.
— *latifolius* Roxb
— *leptospadix* Griff.
— *leptopus* Griff. — Syn. : Dæmonorops Mart.
— *Lewisianus* Griff. — Syn. : Dæmonorops fissus Bl.
— *littoralis* Bl.
— *longipes* Griff. — Syn.: Palmijuncus verus angustifolius Rph. C. verus Lour. Dæmonorops Mart.
— *longisetus* Griff.
— *macroacanthus* T. Anders.
— *macrocarpus* Griff.
— macrocarpus M. et Wendl., vide *Eremospatha* M. et Wendl.
— *macropterus* Miq.
— *Manan* Miq.
— *manicatus* Teysm. et Binnd.

Calamus secundiflorus Pal. Beauv., vide *Ancistrophyllum* M. et Wendl.
— *siphonospathus* Mart.
— *spectabilis* Bl.
— *stolonifer* Teysm. et Binnd.
— *strictus* Wendl., — Syn. : Dæmonorops Bl.
— *subangulatus* Miq.
— *symphysipus* Mart.
— *tenuis* Roxb.
— *tetrastichus* Bl.
— *tigrinus* Kurz.
— *trichrous* Miq.
— *unifarius* Wendl.
— *usitatus* Blanco.
— Verschaffelti, vide *Acanthophœnix crinita* Wendl.
— *verticillatus* Griff. — Syn.: Dæmonorops Mart.
— verus Lour., vide *C. Rumphii* Bl.
— *verus* β *prostratus* Bl.
— *viminalis* Willd. Syn.: Calamus Rotang : δ. C., viminalis α amplus Mart., Palmijuncus Rph.
— *Wightii* Griff. — Syn.: Dæmonorops Griff.
— Zalacca Gærtn., vide *Zalacca edulis* Reinwdt.
— Zalacca Roxb., vide *Zalacca Wallichiana* Mart.

Calyptrocalyx Bl.
— *spicatus* Bl. — Syn.: Areca Lam., Pinanga globosa Rph.

Calyptrogyne Wendl.
— *elata* Wendl.
— *Ghiesbreghti* Wendl. — Syn.: Geonoma Lind. et Wendl., Geonoma Verschaffelti Hort., Chamædorea Hort.
— *glauca* Wendl. — Syn.: Geonoma Œrst.
— *sarapiquensis* Wendl.
— *spicigera* Wendl.—Syn.: Geonoma K. Koch.

Calyptronoma Grsb. et Wendl.
— *dulcis* Wright.
— *intermedia* Wendl.
— *robusta* ? Trail.
— *Schwartzii* Gr. et Wendl. — Syn.: Elæis occidentalis. Sw.

Carpoxylon Wendl. et Dr.
— *macrosperma* Wendl. et Dr.

Caryota L.
— *Alberti* F. Müll.
Caryota Cumingii Lodd. Miq. — Syn.: Caryota urens Blanco non L.
— elegans Hort.
— excelsa Hort.
— furfuracea Bl.
— — β *caudata* Bl. — Syn.: C. javanica Zipp.
— *Griffithi* Becc. — Syn.: Caryota sobolifera Griff.
— horrida Jacq., vide *Bactris caryotæfolia* Mart.
— humilis Rwd., vide *Didymosperma porphyrocarpa* Wendl. et Dr.
— *javanica* Zipp. — Syn.: Caryota furfuracea. β caudata Bl.
— majestica Hort.
— *maxima* Bl.
— *mitis* Lour.
— *obtusa* Griff.
— onusta Blanco, vide *Saguerus saccharifer* Bl.
— *propinqua* Bl.
— *Rumphiana* Mart. — Syn.: Saguaster major Rph. Caryota urens Decaisne.
— — α moluccana Becc. β papuana Becc. γ australiensis Becc δ borneensis Becc. ε javanica Becc. ζ indica Becc.
— *sobolifera* Wall. — Syn. : Drymophlœus Zippelii. Caryota urens Jcq.
— sobolifera Griff., vide *Caryota Griffithii* Becc.
— tremula Blanco, vide *Didymosperma* Wendl. et Dr.
— *urens* L.

Catoblastus Wendl.
— *præmorsus* Wendl. — Syn.: Iriartea præmorsa Kltz. Oreodoxa Willd.
— *pubescens* Wendl. — Syn.: Iriartea pubescens Karst.

Ceratolobus Bl.
— *concolor* Bl.
— *glaucescens* Bl.

Ceroxylon Humb.
— *andicola* Humb. — Syn.: Iriartea Sprengel. Beethovenia cerifera Engel.
— ? *australe* Mart.
— *coarctatum* Wendl. — Syn.: Klopstockia Engel.
— ferugineum Hort.

Chamædorea Sartorii Liebm.—Syn.: Ch. mexicana Hort., Morenia oblongata conferta Wendl., Eleutheropetalum Œrst.
— *scandens* Liebm.
— *Schiedeana* Mart.—Syn.: Kunthia xalappensis Otto et Dietr.
— simplicifrons Hort., vide *Chamædorea Ernesti Augusti* Wendl.
— spectabilis Hort.
— *Tepejilote* Liebm. — Syn.: Stephanostachys Œrst.
— *Verschaffelti* Hort.
— *Warscewiczii* Wendl.
— *Wendlandi* Wendl. — Syn.: Stephanostachys Œrstedt.

Chamærops L.
— acaulis Michx., vide *Sabal Adansoni* Guerns.
— arborescens Mart., vide *Chamærops humilis* var.
— arundinacea Sm., vide *Rhapidophyllum Hystrix* Wendl. et Dr.
— Biroo Sieb., vide *Livistona rotundifolia* Mart.
— cochinchinensis Lour., vide *Rhapis cochinchinensis* Bl.
— excelsa Thnb., vide *Trachycarpus* Wendl.
— Fortunei Hook., vide *Trachycarpus* Wendl.
— Ghiesbreghti Hort., vide *Sabal*.
— glabra Mill., vide *Sabal Adansoni* Guerns.
— Griffithiana Lodd.
— *humilis* L. — Syn.: Phœnix humilis Cav. Chamæriphes major et minor Gærtn.
— *humilis* L. *var*. Hort. — Ch. arborescens Mart. Pers., bilaminata Wendl., depressa vel duplicifolia Hort., cochinchinensis Lodd., conduplicata Kickx, gracilis Lodd., elata Mart., nivea Hort., robusta Hort., fragilis Hort., tenuifrons Hort., etc., etc.
— hystrix Fras., vide *Rhapidophyllum* Wendl. et Dr.
— khasyana Griff., vide *Trachycarpus* Wendl.
— Martiana Wall., vide *Trachycarpus* Wendl.
— Mocinni Knth., vide *Acanthorrhiza* Wendl.

Chamærops Palmetto Mchx., vide *Sabal Palmetto* Lodd.
— Ritchiana Griff., vide *Nannorhops* Wendl.
— serrulata Mchx., vide *Brahea* Wendl.
— stauracantha, vide *Acanthorrhiza aculeata* Wendl.

Cleophora dendroformis Lodd., vide *Latania Loddigesii* Mart.
— lontaroides Gærtn., vide *Latania Commersoni* L.

Clinostigma Wendl.
— Billiardieri Becc., vide *Cyphokentia* Brongt.
— bractealis Becc., vide *Cyphokentia* Brongt.
— Deplanchei Becc., vide *Cyphokentia* Brongt.
— eriostachys Becc., vide *Cyphokentia* Brongt.
— gracilis Becc., vide *Cyphokentia* Brongt.
— Humboldtianum Becc., vide *Cyphokentia* Brongt.
— macrostachyum Becc., vide *Cyphokentia* Brongt.
— *Mooreanum* (Lepidorhachys) Wendl. et Dr. — Syn.: Kentia F. Müll.
— Pancheri Becc., vide *Cyphokentia* Brongt.
— robustum Becc., vide *Cyphokentia* Brongt.
— *samoense* Wendl.
— surculosum Becc., vide *Cyphokentia* Brongt. *Kentia* F. Müll.
— vaginatum Becc., vide *Cyphokentia* Brongt.

Cocos L.
— æquatorialis B. Rod., vide *Cocos Inajai* Spruce.
— aculeata Jacq., vide *Acrocomia sclerocarpa* Mart.
— amara Jacq., vide *Syagrus* Mart.
— *argentea* Engel.
— *australis* Mart.
— Bonneti Hort.
— butyrosa L., vide *Attalea humilis* Mart.
— botryophora Mart., vide *Syagrus* Mart.

Cocos butyracea Mart., vide *Scheelea* Krst.

Douma thebaica Poir., vide *Hyphæne*.
Drymophlœus Zipp.
— *ambiguus* Becc.
— *angustifolius* Mart., vide *Ptychosperma* Bl.
— *appendiculatus* Mart. — Syn.: Ptychosperma Miq. Seaforthia jaculatoria Mart. Areca olivæformis var. α gracilis et var. β. vaginata Gis. Iriartea monogyna Zipp
— *bifidus* Becc
— *ceramensis* Miq.—Syn.: Saguaster major Rph.
— *communis* Scheff. — Syn.: Ptychosperma Bl. Seaforthia Mart.
— filifera Scheff., vide *Ptychosperma* Wendl.
— *jaculatorius* Mart. — Syn.: Ptychosperma appendiculata Bl.
— *olivæformis* Mart. — Syn.: Seaforthia Mart. Areca Gis. Areca elæocarpa Reinw. Ptychosperma Rumphii Bl. Harina Rumphii Mart. Iriartea ? leprosa Zipp.
— ? paradoxus Scheff., vide *Ptychosperma* Scheff
— *propinquus* Becc.
— — var. *Keiensis* Becc.
— *puniceus* Mart. — Syn.: Areca Bl. Ptychosperma Miq. Seaforthia Rumphii Mart. Pinanga sylvestris glandiformis secunda Rph. Areca glandiformis β Gis.
— *saxatilis* Mart. — Syn.: Areca Burm. Areca oryzæformis β Gis. A. humilis Willd. Seaforthia Mart. Ptychosperma Bl.
— Zippeli, vide *Caryota sobolifera*.
Dypsis Noronh.
— *forficifolia* Mart.
— *hirtula* Mart.
— *nodifera* Mart. — Syn.: Phlega polystachya Noronh.
— *pinnatifrons* Mart. — Syn.: Areca gracilis Aub. du P. Th.
Elæis Jacq.
— *guineensis* Jacq.
— *melanococca* Gærtn — Syn.: Alfonsia oleifera H. et Kth.
— ? occidentalis Sw., vide *Calyptronoma* Gr.
— *odora* Trail.

Elate L.
— sylvestris L., vide *Phœnix sylvestris* Roxb.
Eleutheropetalum Wendl. Œrst., vide *Chamædorea*.
— Ernesti-Augusti Œrst., vide *Chamædorea* Wendl.
— Sartori Œrst, vide *Chamædorea* Liebm.
Eremospatha M. et Wendl.
— *cuspidata* M. et Wendl. — Syn : Calamus M. et Wendl.
— *Hookeri* M. et Wendl. — Syn.: Calamus M. et Wendl.
— *macrocarpa* M. et Wendl. — Syn.: Calamus M. et Wendl.
Eugeissona Griff.
— *triste* Griff.
Euterpe Mart.
— aculeata Spr., vide *Aiphanes* Willd.
— *acuminata* Wendl. — Syn.: Oreodoxa Willd. Œnocarpus utilis Klotzsch.
— *andicola* Brongt.
— antioquensis Hort., vide *Euterpe montana* Grah.
— *Caatinga* B. Rod.
— *brevivaginata* Mart.
— caribæa Spreng., vide *Oreodoxa oleracea* Mart
— *Catinga* Wall. — Syn.: Euterpe mollissima B. Rod.
— *decurrens* Wendl.
— *edulis* Mart. — Syn.: Euterpe globosa Gærtn. ? E. pisifera β Gærtn. Manaca Maraitonorum vel Palmeto Humb.
— *ensiformis* Mart. — Syn.: Martinezia ensiformis R. et Pav.
— filamentosa Bl., vide *Oncosperma* Bl.
globosa Gærtn., vide *Euterpe edulis* Mart.
— — β Gærtn., vide *Euterpe edulis* Mart.
— *Hænkeana* Brongt.
— *Karsteniana* Engel.
— *longebracteata* B. Rod.
— *longepetiolata* Œrst.
— *longevaginata* Mart.
— *macrospadix* Œrst.
— Manihot Lodd.
— mollissima B. Rod., vide *Euterpe Catinga* Wall.

Geonoma *palustris* B. Rod.
— *paniculigera* Mart.
— paraensis Spruce, vide *Geonoma multiflora* Mart.
— *paraguanensis* Karst.
— *pauciflora* Mart.
— *personata* Spruce.
— *pinnatifrons* Willd.
— *Pleeana* Mart.
— *Plumeriana* Liebm.
— *Pœppigiana* Mart.
— *Pohliana* Mart.
— *Poiteauana* Kth. — Syn.: Gynestum acaule Poit.
— *Porteana* Wendl.
— *procumbens* Wendl.
— *pulchra* Engel.
— *pumila* Lind. et Wendl.
— *Purdieana* Spruce.
— *pycnostachys* Mart. — Syn.: Geonoma stricta Kth. Gynestum Poit.
— *ramosa* Engel.
— *rectifolia* Wallace.
— *Schomburgkiana* Spruce.
— *Schottiana* Mart.
— simplicifrons Willd., vide *Geonoma Willdenowii* Kl.
— *speciosa* B. Rod.
— spicigera Koch, vide *Calyptrogyne* Wendl.
— *Spixiana* Mart.
— *Spruceana* Trail. — Syn.: Geonoma tuberculata Spruce.
— stricta Kth., vide *Geonoma pycnostachys* Mart.
— Swartzii Gr. et Wendl., vide *Calyptronoma* Gr.
— *synanthera* Mart.
— *tamandua* Trail.
— *trijugata* B. Rod.
— tuberculata Spruce, vide *Geonoma Spruceana* Trail.
— *uliginosa* B. Rod.
— *undata* Klotzsch. — Syn.: Geonoma margaritoides Engel.
— *vaga* Gr. et Wendl.
— *ventricosa* Engel.
— *versiformis* Wendl.
— *Verschaffelti* Hort., vide *Calyptrogyne* Wendl.
— Wallisii Hort. Lind.
— *Willdenowii* Kl. — Syn.: Geonoma simplicifrons Willd.
— zamorensis Hort. Lind.

Gomutus Spreng., vide *Saguerus* Rph.
— obtusifolius Bl., vide *Saguerus Langkab* Bl.
— saccharifer Spr., vide *Saguerus* Bl.
Glaziova, vide Cocos.
— elegantissima Mart., vide *Cocos Weddelliana* Wendl.
— insignis Mart., vide *Cocos* Mart.
Grisebachia Wendl. et Dr. — Syn.: Kentia.
— *Belmoreana* Wendl. et Dr. — Syn.: Kentia. F. Müll. Howea Becc.
— *Forsteriana* Wendl. et Dr. — Syn.: Kentia F. Müll. Howea Becc.
Gronophyllum Scheff.
— *microcarpum* Scheff.
Guilielma Mart.
— *caribœa* Wendl. — Syn.: Bactris Krst.
— *ciliata* Wendl. — Syn.: Bactris Mart. Martinezia R. et P.
— granatensis Krst., vide *Bactris*.
— *insignis* Mart.
— *Macana* Mart.
— Piritu Karst., vide *Bactris* Wendl.
— *speciosa* Mart. — Syn.: Bactris Gasipaès H. et Kth. Bactris minor Jacq.
— tenera Karst., vide *Bactris* Wendl.
— *utilis* Œrst.
Gynestum Poit., vide *Geonoma* Willd.
— acaule Poit., vide *Geonoma Poiteauana* Kth.
— baculiferum Poit., vide *Geonoma* Kth.
— deversum Poit., vide *Geonoma* Kth.
— maximum Poit., vide *Geonoma* Mart.
— strictum Poit., vide *Geonoma pycnostachys* Mart.
Harina caryotoides Ham., vide *Wallichia* Roxb.
— densiflora Mart., vide *Wallichia densiflora* Mart.
— nana Griff., vide *Didymosperma* Wendl. et Dr.
— oblongifolia Griff., vide *Wallichia densiflora* Mart.
— Rumphii Mart., vide *Drymophlœus olivæformis* Mart.
Hedyscepe Wendl. et Dr.
— *canterburyana* Wendl. et Dr. — Syn.: Kentia Moore et Müller Veitchia F. Müller.
Heterospathe Scheff.

Kentia Bl.
— *acuminata* Wendl. et Dr.
— Belmoreana F. Müll., vide *Grisebachia* Wendl. et Dr.
— canterburyana F. Müll., vide *Hedyscepe canterburyana* Wendl. et Dr.
— *costata* Becc.
— Deplanchei Brongt. et Gris, vide *Cyphokentia* Brongt.
— *elegans* Brongt. et Gris.
— ? *exorhiza* Wendl.
— Forsteriana F. Müll., vide *Grisebachia Forsteriana* Wendl. et Dr.
— *fulcita* Brongt.
— gracilis Brongt. et Gris, vide Cyphokentia Brongt.
— gracilis Lind., vide *Kentropsis divaricata* Brongt.
— Joannis. F. Müll., vide *Veitchia* Wendl.
— Humboldtiana Brongt., vide *Clinostigma* Wendl.
— Lindeni Hort. Lind., vide *Kentiopsis macrocarpa* Brongt.
— macrocarpa Vieill., vide *Kentiopsis* Brongt.
— macrostachya Panch., vide *Cyphokentia* Brongt.
— *moluccana* Becc.
— monostachya F. Müll., vide *Linospadix monostachyos* Wendl.
— Mooreana F. Müll., vide *Clinostigma Mooreanum* Wendl. et Dr.
— ? oleracea Seem.
— olivæformis Brongt. et Gris., vide *Kentiopsis* Brongt.
— paradoxa Mart., vide *Nengella* Becc.
— Pancheri Brongt. et Gris, vide *Kentiopsis* Brongt.
— polystemon Panch., vide *Kentiopsis divaricata* Brongt.
— *procera* Bl.
— robusta Hort. Lind., vide *Kentia Vieillardi* Brongt.
— sapida Mart., vide *Rhopalostylis sapida* Wendl.
— Storckii F. Müll., vide *Veitchia* Wendl.
— subglobosa F. Müll., vide *Veitchia* Wendl.

Kentia Brongt.
— *Vieillardi* Brongt. et Gris. — Syn.: Kentia robusta Hort. Lind.
— Wendlandiana F. Müll., vide *Hydriastele Wendlandiana* Wendl. et Dr.

Kentiopsis divaricata Brongt. — Syn.: Kentia polystemon Panch K. gracilis Hort. Lind.
— *macrocarpa* Brongt. — Syn.: Kentia Vieill. K. Lindeni Hort.
— *olivæformis* Brongt. — Syn.: Kentia Brongt. et Gris.

Klopstockia Krst., vide *Ceroxylon* Mart.
— cerifera Krst., vide *Ceroxylon Klopstockiæ* Mart.
— coarctata Engel., vide *Ceroxylon* Wendl.
— interrupta Krst., vide *Ceroxylon* Wendl.
— parvifrons Engel., vide *Ceroxylon* Wendl.
— quindiuensis Krst., vide *Ceroxylon* Wendl
— utilis Krst., vide *Ceroxylon* Wendl.
— Vogeliana Engel., vide *Ceroxylon* Wendl.

Korthalsia Bl. — Syn.: Calamosagus Griff
— *angustifolia* Bl. — Syn.: Korthalsia flagellaris Miq.
— *debilis* Bl.
— *celebica* Miq.
— flagellaris Miq., vide *Korthalsia angustifolia* Bl.
— *flabellum* Miq.
— *Junghuhni* Miq.
— *laciniosa* Mart. — Syn.: Calamosagus Griff.
— Lobbiana Wendl., vide *Korthalsia rigida* Bl.
— *penduliflora* Miq.
— *polystachya* Mart. — Syn.: Calamosagus ochriger Griff.
— *rigida* Bl. — Syn.: Korthalsia Lobbiana Wendl.
— *robusta* Bl.
— *rostrata* Bl.
— *scaphigera* Mart. — Syn.: Calamosagus Griff.
— *Teysmanni* Miq.
— *wallichiæfolia* Wendl. — Syn.: Calamosagus Griff.
— *Zippelii* Bl. — Syn.: Ceratolobus Zippelii Bl. C. plicatus Zipp.

Licuala spinosa Wurmb.—Syn.: Licuala ramosa Bl.
— *telifera* Becc.
— ternata Griff., vide *Licuala triphylla* Griff.
— *triphylla* Griff. — Syn.: Licuala ternata Griff.
— Wiruhe Rœm. et Schult., vide *Rhapis javanica* Bl.
— ? Waraguh Rœm. et Schult., vide *Rhapis javanica* Bl.
Linospadix Wendl. — Syn.: Bacularia F. Müll.
— *arfakianus* Becc.
— *flabellatus* Becc.
— *monostachyos* Wendl.—Syn.: Areca monostachya Mart.
— *multifidus* Becc.
Lithocarpus cocciformis Targ.-Tozz., vide *Cocos lapidea* Gærtn.
Livistona R. Br.
— altissima Zoll.
— *australis* Mart. — Syn.: Corypha australis R. Br.
— ? *Bissula* Mart.
— *chinensis* R. Br. — Syn.: Latania Jcq. Latania borbonica Lam. Livistona mauritiana Wall. Saribus chinensis Bl.
— *cochinchinensis* Mart. — Syn.: Corypha Saribus Lour.
— Diepenhorsti Hasskl., vide *Pholidocarpus Ihur* Bl.
— filifera Hort., vide *Livistona inermis* R. Br.
— ? Gaudichaudi Mart., vide *Pritchardia Gaudichaudi* Wendl.
— *Hasseltii* Hasskl.
— *Hoogendorpii* Teysm. et Bnd.
— *humilis* R. Br. — Syn.: Livistona Leichardti F. Müll.
— *Jenkinsiana* Griff.
— *inermis* R. Br. — Syn.: Livistona Ramsayi F. Müll.
— Leichhardtii F. Müll., vide *Livistona humilis* R. Br.
— Martiana Gaud., vide *Pritchardia Martiana* Wendl.
— mauritiana Wall., vide *Livistona chinensis* Mart.
— moluccana Hort.
— Mülleri Hort.
— *olivæformis* Mart. — Syn.: Saribus Bl. Corypha Gebanga Hort.
Livistona papuana Becc.
— Ramsayi F. Müll., vide *Livistona inermis* R. Br.
— *rotundifolia* Mart. — Syn.: Chamærops Biroo Hort. Corypha umbraculifera L. Licuala Bl. Saribus rotundifolius Bl., Livistona spectabilis Griff.
— spectabilis Griff., vide *Livistonia rotundifolia* Mart.
— speciosa Kurz.
— *subglobosa* Mart. — Syn.: Saribus Hasskl.
Lodoicea Comm.
— Callipyge Comm., vide *Lodoicea Sechellarum* La Bill.
— maldivica Pers., vide *Lodoicea Sechellarum* La Bill.
— *Sechellarum* La Bill.—Syn.: Lodoicea Callipyge Comm. L. maldivica Pers. Borassus Sonnerati Giseke. Cocos maldivica. Poir.
Lontarus Rumph.
— domestica Rph., vide *Borassus flabelliformis* L.
— sylvestris Rph., vide *Corypha* Mart.
Loxococcus Wendl. et Dr.
— *rupicola* Wendl. et Dr. — Syn.: Ptychosperma rupicola Thw.
Macrocladus Griff.
— sylvicola Griff. — Syn.: *Orania macrocladus* Mart.
Malortiea Wendl.
— *gracilis* Wendl. — Syn.: Chamærops fenestrata Hort. Geonoma Hort. Chamædorea Hort.
— *intermedia* Wendl.
— lacerata Hort.
— *latisecta* Wendl.
— *simplex* Wendl.
— speciosa Hort.
Manicaria Gærtn. — Syn.: Pilophora Jcq.
— *Plukenetii* Gr. et Wendl.
— *saccifera* Gærtn.
Marara Karst., vide *Aiphanes* Willd.
— aculeata Krst., vide *Aiphane* Willd.
— bicuspidata Krst., vide *Aiphane elegans* Wall.
— caryotæfolia Krst., vide *Aiphanes* Wendl.
— erinacea Krst., vide *Aiphanes* Wendl.

Nenga variabilis Becc.
— Wendlandiana Scheff., vide *Nenga pumila* Wendl. et Dr.
Nengella Becc.
— *montana* Becc
— *flabellata* Becc.
— *paradoxa* Becc. — Syn.: Areca Griff. Kentia Mart. Pinanga Scheff.
Nephrosperma Balf.
— *Van Houtteanum* Balf. — Syn.: Oncosperma? Van Houtteanum Wendl. Areca nobilis Hort.
Nipa Thbg.
— arborescens Wurmb., vide *Sagus lævis* Rph.
— *fruticans* Thbg. — Syn.: Nipa littoralis Blanco.
— littoralis Blanco, vide *Nipa fruticans* Thbg.
Nunnezharia Ruiz et Pav., vide *Chamædorea* Willd.
— ? *geonomoides* Spruce.
Nunnezia Willd., vide *Chamædorea* Willd.
Œnocarpus Mart.
— *Bacaba* Mart.
— *Bataua* Mart.
— *circumtextus* Mart.
— dealbatus Hort., vide *Lepidococcus armatus* Wendl. et Dr.
— *distichus* Mart.
— gracilis Hort.
— *Mapora* Karst.
— *minor* Mart.
— *multicaulis* Spruce.
— regius Spr., vide *Oreodoxa regia.*
— Sancona Spr., vide *Oreodoxa Sancona* Humb. et Kth.
— *Tarampabo* Mart.
— utilis Klzsch., vide *Euterpe acuminata* Wendl.
Oncocalamus Wendl.
— *Mannii* Wendl.
Oncosperma Bl.
— *fasciculatum* Thw.
— *filamentosum* Bl. — Syn.: Areca Nibung Mart., Areca tigillaria Jacq. Areca spinosa Van Hass.
— *horridum* Seem. — Syn.: Areca horrida Mart.
— ? Van Houtteanum Wendl., vide *Nephrosperma Van Houtteanum* Balf.
Orania Zipp. Bl.
Orania aruensis Becc.
— *macrocladus* Mart. — Syn.: Macrocladus sylvicola Griff.
— *nicobarica* Kurz.
— porphyrocarpa Bl., vide *Didymosperma* Wendl. et Dr.
— *regalis* Bl. — Syn.: Arausiaca excelsa Bl.
Orbignya Mart.
— Cuci Kth., vide *Orbignya phalerata* Mart.
— *dubia* Mart.
— *humilis* Mart.
— *phalerata* Mart. — Syn.: Orbignya Cuci Kth
Oreodoxa Willd.
— acuminata Humb. et Kth., vide *Euterpe* Wendl.
— *frigida* Humb. et Kth.
— *Manaele* Mart.
— *oleracea* Mart. — Syn.: Areca oleracea L. Euterpe caribæa Spreng.
— præmorsa Willd., vide *Catoblastus præmorsus* Wendl.
— *regia* Kth. — Syn.: Œnocarpus regius Spreng.
— *Sancona* Humb. et Kth — Syn.: Œnocarpus Sancona Spreng.
— ventricosa, vide *Gaussia Ghiesbreghti* Wendl.
Pericycla Bl.
— penduliflora Bl., vide *Licuala penduliflora* Zipp.
Phloga polystachya Noronha, vide *Dypsis nodifera* Mart.
Phœnicophorium Wendl.
— *Sechellarum* Wendl. — Syn.: Astrocaryum aureo-pictum Lem. A. Borsigianum K. Koch. Areca Sechellarum Hort. Stevensonia grandifolia Duncan.
— viridum Hort., vide *Roscheria melanochætes* Wendl. et Dr.
Phœnix L.
— *acaulis* Roxb.
— — β *melanocarpa* Griff.
— *dactylifera* L. — Syn.: Phœnix excelsior Cav.
— excelsior Cav., vide *Phœnix dactylifera* L.
— *farinifera* Roxb. — Syn.: Phœnix Loureirii Kth. P. pusilla Gærtn.
— Hanceana Hort.

Sabal mexicana Mart. — Syn. : Sabal umbraculifera vel Palmetto Hort.
— minima Nutt, vide *Sabal Adansoni* Guerns.
— minor Pers., vide *Sabal Adansoni* Guerns.
— *Palmetto* Lodd. — Syn. : Chamærops Palmetto Mchx.
— princeps Hort. Versch.
— serrulata Rœm. et Schult., vide *Brahea serrulata* Wendl.
— *umbraculifera* Mart. — Syn. : Corypha Jacq. Sabal Blackburniana Kirkl.
— *Woodfordii* Lodd.

Saguerus Rumph.
— americana Poir., vide *Mauritia flexuosa* L. f.
— *australasicus* Wendl. et Dr.
— *Langkab* Bl. — Syn. : Gomutus Bl. Arenga obtusifolia Mart.
— Rumphii Roxb., vide *Saguerus saccharifer* Bl.
— *saccharifer* Bl. — Syn : Saguerus Rumphii Roxb. Arenga saccharifera Labill. Gomutus Spreng. Caryota onusta Blanco Borassus Gomutus Lour. Elate sp. Houtt Palma indica vinaria II Rumph.
— *Westerhoutti* Wendl. et Dr — Syn. : Arenga Griff.
— *Wightii* Wendl. et Dr. — Syn. : Arenga Griff.

Sagus Rumph.
— elata Reinw., vide *Pigafetta* Bl.
— farinifera Poir., vide *Raphia Ruffia* Mart.
— farinifera Poir., vide *Sagus longispina* Rph.
— filaris Rph., vide *Pigafetta* Bl.
— *genuina* Rph.— Syn. : Sagus Rumphii Willd. S. spinosus Roxb. Metroxylon Rumphii Mart.
— inermis Roxb., vide *Sagus lævis* Rph.
— Kœnigii Griff., vide *Sagus lævis* Rph.
— *lævis* Rph. Jacq. — Syn. : Sagus inermis Roxb. S. Kœnigii Griff. Metroxylon Sagus Rottb. Sagus genuina var. δ lævis Giseke. Nipa arborescens Wurmb. Sagus Rumphii Bl. Metroxylon læve et inerme Mart.

Sagus longispina Rph. — Syn. : Metroxylon Mart. Sagus genuina var. γ Giseke. S. farinifera Poir.
— *micracantha* Bl. — Syn : Metroxylon Mart. Sagus genuina Labill.
— microcarpa et microsperma Zipp, vide *Pigafetta filaris* Bl.
— Palma Pinus Gærtn., vide *Raphia Gærtneri* M. et Wendl.
— pedunculata Lam., vide *Raphia Ruffia* Mart.
— Raphia Poir., vide *Raphia vinifera* Gærtn.
— Ruffia J., vide *Raphia Ruffia* Mart.
— Ruffia var. β Willd., vide *Raphia vinifera* P. de B.
— Rumphii Bl., vide *Sagus lævis* Rph.
— Rumphii Willd., vide *Sagus genuina* Rph.
— spinosa Roxb., vide *Sagus genuina* Rph.
— *sylvestris* Rph. — Syn. : Metroxylon Mart. Sagus genuina var. ε Giseke.
— vinifera Lam., vide *Raphia vinifera*. P. de B.
— *vitiensis* Wendl. — Syn. : Cœlococcus Wendl.

Salacca edulis Reinw., vide *Zalacca* Mart.

Saribus Rumph.
— chinensis Bl., vide *Liristona* Mart.
— cochinchinensis Bl., vide *Liristona* Mart.
— olivæformis Hassk, vide *Liristona* Mart.
— rotundifolius Bl., vide *Liristona* Mart.
— subglobosa Hassk., vide *Liristona* Mart.

Sclerosperma M. et Wendl.
— *Mannii* M. et Wendl.

Scheelea Karst.
— *attaloides* Krst.
— *butyracea* Krst.
— *Cephalotes* Krst. — Syn. : Attalea Pœpp.
— *excelsa* Krst.
— *insignis* Krst. — Syn : Maximiliana Mart.
— *macrocarpa* Krst.
— Maripa Hort.
— *princeps* Krst. — Syn. : Attalea Mart
— *regia* Krst.

Seaforthia R. Br.

CHAPITRE X.

UTILITÉ DU PALMIER.

SOMMAIRE. — Assainissement des pays tropicaux. — Usages auxquels servent les racines du palmier. — Épines du palmier. — Usages auxquels se prête le bois de palmier. — Résine du palmier. — Palmiers vinifères. — L'arack. — Sucre de palme. — Sagou. — Des frondes du palmier. — Manilla-Bast. — Le papier et le palmier. — Crin végétal. — Brosses et balais. — Tissus faits des fibres du palmier. — Usage des feuilles sèches et des cendres. — De la cire. — Le Chou palmiste. — Usage des spathes. — Des fruits de palmier. — La Datte. — La noix de Coco. — Les fruits du Rondier. — Vin fait avec les fruits du palmier. — Huile et tourteau de palme. — Le coir. — Fruits sculptés. — Noix d'Arec et Bétel. — Ustensiles de ménage.

Introduction. — Dans les régions chaudes du globe, les palmiers servent, dit leur illustre historiographe, Martius, à des usages si multiples, qu'un volume ne suffirait pas à les décrire. M. W. Fergusson a publié sur un seul palmier, le rondier (*Borassus flabelliformis*), un livre de plus de cent pages, et les poètes de langue tamil ont longuement chanté les huit cent et un usages différents auxquels il se prête. D'après Seemann, ce poème (*Tala vilassim*) serait encore incomplet. Comme nous n'avons ni leur imagination, ni la poésie et la langue tamil pour excuse, nous serons plus sobre de descriptions.

Assainissement des Pays tropicaux. — Dans les contrées à moitié submergées de l'Inde et du Brésil, les palmiers, pénétrant dans le sol par de nombreuses racines, enlèvent à la terre l'excès d'humidité qui, sans l'absorption et l'évaporation qu'ils opèrent, rendraient le pays fiévreux et inhabitable. Les *Nipa fruticans* des marais de l'Inde aqueuse, les *Phœnix paludosa* (fig. 23) des jungles du Bengale, les *Mauritia* des bords de l'Orénoque, les *Sabal* des alluvions du Mississipi, les *Chamærops* (*Rhapidophyllum*) *hystrix* des marécages de la Floride, viennent ainsi en aide à la civilisation. Les habitants de Trincommaly (île de Ceylan) jouissaient d'un climat salubre grâce aux forêts de cocotiers du voisinage. Ils les détruisirent follement, et furent décimés par des fièvres.

Pendant la saison humide et au changement des moussons, d'effroyables orages éclatent dans la région intertropicale du

Fig. 152. — Rondier et Cocotiers dans un village siamois.

globe. Les cocotiers et les rondiers, qui dominent tout ce qui les entoure, servent alors de paratonnerre naturel, et préservent les pauvres huttes des indigènes (fig. 152).

Si, dans les contrées tropicales marécageuses, les palmiers favorisent l'assèchement du sol, ils exercent aussi une bienfaisante influence sur l'hygiène et la fertilité des contrées désertiques, retardant l'évaporation trop rapide des eaux pluviales sous les rayons du soleil, et conservant ainsi plus longtemps au sol l'humidité nécessaire à la culture. Grâce au voisinage des taillis de *Chamærops humilis*, certaines terres arides ont pu être utilement cultivées en Algérie et en Espagne.

Usages auxquels servent les Racines du Palmier. — La médecine emploie les racines de certains palmiers, dont les propriétés sont astringentes ou émollientes. Dans l'Inde, on administre, contre les fièvres, des décoctions de racines du cocotier, additionnées de gingembre et de sucre brut. Cette même décoction, mêlée à de l'huile de coco fraîche, est donnée en gargarisme. Les racines du cocotier remplacent, chez quelques peuples, le fruit de l'*Areca Catechu* dans la préparation du bétel; celles du *Corypha Gebanga* constituent un remède souvent employé pour combattre la dysenterie. Les racines du *Copernicia cerifera* sont le succédané de la salsepareille; celles du *Sabal Adansoni* contiennent du tannin, dont se servent les usines de la Caroline et de la Floride.

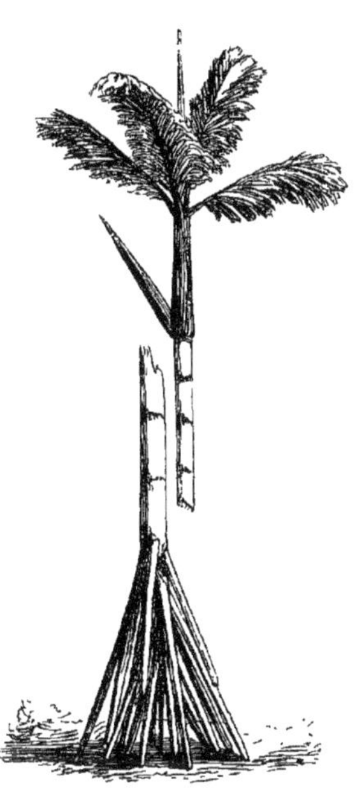

Fig. 153 et 154. — Racines, tronc et feuilles de l'Œnocarpus Bataua Mart.

Les indigènes de quelques îles tropicales, populations sauvages et primitives, cherchent un abri contre les intempéries du climat entre les racines adventives de certains palmiers : les racines des Œnocarpus (fig. 153 et 154) et des Iriartea (fig. 155) sortent du tronc, l'élèvent au-dessus du sol, et le font ressembler à une colonne élancée supportée par un faisceau de colonnettes, entre lesquelles une famille entière peut s'abriter.

Des Épines du Palmier. — Les formations spinescentes qui se rencontrent sur quelques racines de palmiers (*Iriartea ventricosa*), servent d'égrugeoirs aux Indiens de la vallée de l'Amazone. Celles qui viennent sur le tronc de certains palmiers (*Astrocaryum, Zalacca affinis* [fig. 156]) sont souvent employées comme instruments de tatouage. Le service qu'elles rendent paraîtrait équivoque si le tatouage n'était parfois, pas toujours, la sauvegarde de la pudeur.

Fig. 155. — Iriartea gigantea Wendl.

Usages divers auxquels se prête le Bois de Palmier. — Le bois tout à la fois léger, dur et nerveux du palmier, est d'une précieuse ressource aux habitants des régions tropicales pour la construction de leurs cases, qui résistent aux ouragans les plus terribles.

La légèreté et l'élasticité du bois des dattiers les ont fait rechercher par les Algériens pour la confection des ponts établis sur les canaux d'irrigation. Dans la Nouvelle-Grenade, les *Chamædorea* sont fort nombreux ; on s'en sert pour jeter des ponts aériens, légers et solides, sur les ravins et les torrents. En général le bois de palmier résiste parfaitement au contact de l'eau. Les tiges élancées et grêles des Oreodoxa et des Borassus fournissent à peu de frais d'excellents tuyaux pour la conduite des eaux ; la durée en est très-considérable, même quand ils sont enterrés dans le sol. Le tronc cylindrique du palmier est parfois d'un bois si dur (*Oreodoxa Sancona*), qu'il fait rebrousser les meilleures haches. Le palmier doit cette qualité précieuse à la disposition de ses fibres et à la grande quantité de silice que son tronc contient. Aussi les tiges de plusieurs

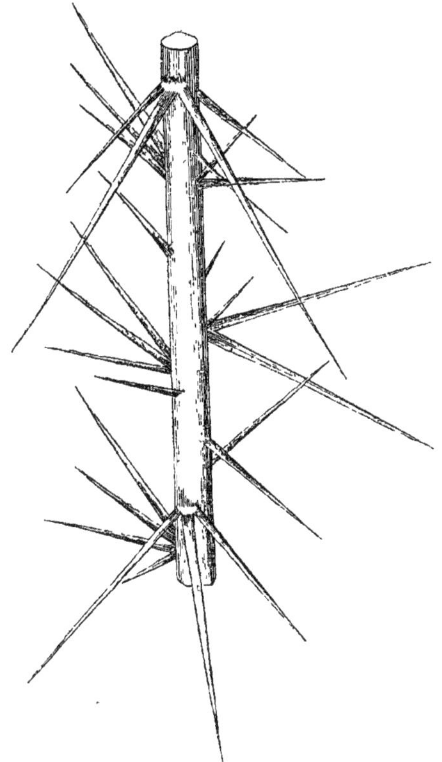

Fig. 156. — Tronc spinescent du Zalacca affinis Griff.

espèces sont-elles recherchées pour faire des pilotis (*Areca Nibung*, *Thrinax pumilio*), ou pour boiser les puits et prévenir des éboulements dans les terrains sablonneux comme le sont ceux de l'Algérie (*Phœnix*). Aux États-Unis, le tronc du *Sabal Palmetto* est préféré à tous les autres bois de construction pour l'édification des quais, parce qu'il est moins exposé que d'autres bois aux attaques des tarets.

On prise fort le palmier dans la grosse menuiserie et dans l'ébénisterie pour sa ténacité et la beauté de son aspect. On introduit chaque année en Angleterre une grande quantité de bois de cocotier (Porcupine Wood). Un grand nombre de palmiers (*Guilielma*, *Iriartea* [fig. 155], *Astrocaryum*, *Borassus* et *Caryota*) servent à confectionner des armes et des objets de tabletterie. Le bois du *Copernicia cerifera* est recherché par les facteurs d'instruments de musique.

Le commerce anglais importe en Europe, sous le nom de Ground Rattan ou Rottins, un grand nombre de tiges d'espèces grêles (*Calamus*, *Rhapis*, *Bactris*, *Martinezia*, *Licuala*); on en fait des lignes de pêche, des cannes, etc. Les tiges du *Licuala acutifida*, qu'on tire de Malacca, de Singapore et de Poulo Pinang, produisent les sticks les plus estimés (Pinang Lawyers). Pour les préparer, on les râcle avec du verre, et on les passe au feu avant de les polir.

Les tiges des *Calamus platyacanthos* et *Scipionum* sont fort estimées quand elles sont grêles et à longs entre-nœuds. Divisées en lanières, celles de tous les *Calamus* servent à garnir les siéges dits « cannés », et à tresser des paniers et des corbeilles. C'est surtout à cet emploi qu'il doit son nom d'*osier indien*. Les tiges du *Calamus rudentum*, câbles naturels d'une solidité à toute épreuve, sont souvent employées à arrimer les navires et même, paraît-il, à capturer au lacet, les éléphants sauvages dans les jungles de l'Inde. Cette flexibilité extrême n'est pas propre à tous les Rotangs. Quelques espèces émettent de longues tiges si dures et si résistantes, que les Malais les emploient de préférence à tout autre bois pour en faire des piques (*Calamus petreus*, *Calamus arborescens* [fig. 157]).

Résine du Palmier. — De la tige et des fruits de certains palmiers exsude souvent une gomme appelée de noms différents, selon les localités et les espèces qui la produisent. Cette gomme-résine est très-recherchée dans divers pays; on lui attribue une

Fig. 157. — Calamus arborescens Griff.

vertu spécifique contre la dysenterie, les blessures et les contusions. Celle du *Calamus Draco* est connue sous le nom de *Sang-dragon*.

Palmiers vinifères. — Tout le monde sait qu'on extrait de la tige d'un grand nombre de palmiers un liquide chargé de principes sucrés. Dès les temps les plus reculés, selon le témoignage d'Hérodote, de Pline et de Dioscoride, les peuplades de l'Asie et de l'Afrique savaient extraire la séve du dattier. Fermentée, celle-ci leur procurait une boisson agréable et enivrante.

Fig. 158. — Borassus flabelliformis L.

Les palmiers vinifères sont nombreux : citons entre autres le *Borassus flabelliformis* (fig. 158) des îles de la Sonde et de l'Asie tropicale, le *Caryota urens* (fig. 159) des régions montagneuses de l'Inde, le *Mauritia vinifera* du Brésil, le *Raphia* des côtes de l'Afrique, le *Phœnix sylvestris* du Bengale, le *Scheelea regia* de la Nouvelle-Grenade, les cocotiers et les dattiers de la zone intratropicale, et le *Saguerus saccharifer* ou *Arenga saccharifera*, car il porte indifféremment ces deux noms dans les Indes orientales.

Le vin de palmier est connu sous bien des noms *, et le goût en diffère selon les espèces qui le produisent**. Toutes les popu-

* C'est le Lagmi ou Lagby des Arabes, le Toddy des Indiens, le Bourdon des habitants de la côte d'Afrique, etc.

** Celui du Borassus est doux et agréable; il rappelle certains vins du Rhin. Celui du *Raphia vinifera* est de tous les vins que donne le palmier, le plus fort, le plus coloré et le plus enivrant.

lations musulmanes en usent et en abusent, si l'on en croit les récits des voyageurs. Un pareil abus étonne au premier abord. Le

Fig. 159. — Caryota urens L. (Jeune plante.)

Prophète a défendu l'usage du vin à ses fidèles : le Coran est formel, mais il est convenu que « l'eau de palmier » n'est pas du vin.

Le vin de palmier est un liquide d'abord gris pâle, assez semblable à de l'eau d'orge troublée; son goût est presque fade, tant il est doux et sucré. Quelques heures après on entend un bruissement dans le vase. La fermentation s'opère; le breuvage pétille; une mousse légère vient se former contre les parois du vase. Dans cet état il rivalise avec les meilleurs vins de Champagne, et égaie sans enivrer. Mais cet état n'est que passager. Quelques heures encore, et ce vin de Champagne devient une bière blanche, épaisse comme du lait, au goût légèrement aigre. Défiez-vous-en alors, car il n'égaie plus : il grise comme l'eau-de-vie.

Le vin de palmier est la plus éphémère des boissons. Ce breuvage sucré, ce champagne pétillant, cette bière enivrante se transforme bientôt en un liquide visqueux, nauséabond, plein de petites mouches rougeâtres. On ne peut boire le vin de palmier, disent les Arabes, qu'à l'ombre de l'arbre qui le produit. C'est, comme l'écrivait un jour le baron de Krafft, un éloquent prédicateur de la philosophie d'Horace : il semble nous rappeler la sentence : « Jouissez du jour qui passe, et ne vous fiez pas au lendemain. »

Liqueur extraite du Vin de Palmier. — La grande quantité d'alcool que contient la séve fermentée du *Caryota urens*, permet d'en obtenir par la distillation une liqueur très-capiteuse, connue dans le commerce sous le nom d'*arack* ou *rack*. Ceux qui y prennent goût en deviennent insatiables, car cette liqueur perfide stimule la soif sans l'étancher. Il en est du rack comme du toddy : le Prophète ayant négligé de l'interdire, peut-être parce qu'il ne le connaissait pas — les prophètes ne savent jamais tout — les croyants en font le plus fréquent usage. Il n'est point de propriétaire de plantations de palmiers dans les Indes, ni en Afrique, qui ne prépare lui-même cette liqueur par des procédés de distillation des plus primitifs, et qui lui donnent un alcool incolore titrant 20 à 21 degrés.

Sucre de Palme. — Le liquide extrait de certains palmiers est plus ou moins riche en substances saccharines, qu'on peut aisément séparer du liquide qui les tient en suspension. Dans l'Inde, de temps immémorial, les populations savent, par un traitement primitif à la vérité, extraire de la séve du palmier les principes sucrés qu'elle renferme. Lors de la découverte de l'Amérique, on a trouvé chez les indigènes la même industrie. Le sucre est un besoin de l'existence chez les populations tropicales, et la statistique a établi que l'Américain du Sud consomme annuellement dix fois plus de sucre que l'Allemand, le Belge et le Français.

Les palmiers dont on extrait le sucre sont : le *Borassus flabelliformis*, le *Phœnix sylvestris*, le *Caryota urens*, le *Saguerus saccharifer* ou *Arenga saccharifera*, etc. Le sucre de palme, dont Berthelot a extrait du sucre normal, est hygroscopique et paraît être purgatif lorsqu'on le prend en grande quantité. Il a besoin d'être purifié et clarifié pour perdre cette propriété.

Voici quel est le procédé mis en œuvre : On coupe les feuilles inférieures de la couronne vers la fin d'octobre, et on dénude le tronc à l'endroit où l'on veut pratiquer une incision dans la tige. Cette incision est triangulaire ; elle a 3 centimètres de profondeur et 15 de hauteur. Chaque soir on adapte à cette plaie un tuyau de bambou qui sert de gouttière et conduit la séve dans un pot de terre destiné à la recevoir. De grand matin on enlève les pots pleins de jus sucré, et on les porte à l'usine, installée le plus souvent dans un grossier hangar recouvert de feuilles de palmier, car c'est dans la plantation même qu'il faut travailler le jus sucré. Il fermente rapidement, et dans cet état il est impossible d'obtenir encore, par la concentration, le sirop (ou goor), mélange de mélasse et de sucre cristallisé, duquel on extrait le sucre (40 p. 100 en moyenne), soit en faisant subir au goor des pressions considérables, soit en le soumettant, pour le clarifier, à une opération semblable à l'osmose des sucreries de betteraves.

Le Sagou. — Le tissu cellulaire qui, dans un grand nombre de palmiers* (*Caryota urens*, *Livistona rotundifolia*, *Mauritia*

* Quelques Cycadées (*Cycas revoluta* Willd., *Cycas circinalis* L.) fournissent également du sagou au commerce européen.

flexuosa, Arenga saccharifera ou *Saguerus saccharifer*, *Corypha Gebanga, Sagus lævis*, etc.) remplit le centre du tronc, renferme une fécule abondante, de bon goût et très-nutritive, que les Malais ont appelée *sagou*, mot qui, dans leur langue, signifie pain, farine. Pour eux elle remplace en effet le pain, et, sous forme de bouillie, elle entre pour une large part dans leur alimentation. Les Javanais consomment exclusivement celle qu'on extrait du *Saguerus saccharifer*. Un palmier de cette espèce, âgé de 20 ans, contient environ 25 kilogrammes de fécule, inférieure, il est vrai, à celle du vrai sagoutier, les *Sagus* de Rumph, désignés souvent sous le nom de *Metroxylon* que leur ont donné Roxburgh et Martius. Ceux-ci sont les sagoutiers par excellence. Ils ont, aux Moluques et dans la Papouanie, pour l'alimentation, l'importance du froment et du seigle en Europe, du riz dans les Indes et la Chine, du bananier dans les îles de l'Archipel, et de l'arbre à pain dans celles de la mer du Sud. Les *Sagus lævis* (fig. 184) forment des forêts aux îles Moluques, à la Nouvelle-Guinée, dans les Célèbes, et sont cultivés dans toutes les îles de l'Archipel, depuis la côte occidentale de Sumatra jusqu'à la Nouvelle-Guinée *. Ils fournissent la plus grande partie du sagou qui vient en Europe. On extrait encore la fécule du tronc d'autres espèces, telles que les *Sagus longispina, micracantha, sylvestris* et *filaris* (fig. 25).

Les gouvernements européens encouragent les plantations de sagoutiers dans leurs colonies, et, par de prudentes mesures administratives, préviennent la destruction des forêts que forme ce précieux végétal. A la destruction aveugle ont succédé une rotation et un aménagement qui perpétuent et accroissent même régulièrement les plantations, la culture et le produit annuel. Les sagoutiers se reproduisant d'eux-mêmes par de nombreux stolons.

La quantité de sagou renfermée dans un arbre varie d'après

* On pourrait assigner d'une façon générale, comme aire de dispersion du sagoutier, toutes les terres situées entre la Nouvelle-Guinée et la côte occidentale de Sumatra, sur une large bande formée autour du globe par 10° lat. bor. et austr.

l'âge de la plante. On distingue, sous ce rapport, dans l'Inde archipélagique les diverses phases de l'existence du sagoutier. Lorsqu'il est arrivé à maturité, c'est-à-dire quand il donne le maximum de sagou en qualité et en quantité, ses pétioles blanchissent : c'est le moment de la récolte. Dès que la spathe apparaît et se gonfle, l'arbre contient moins de sagou, et la quantité de fécule diminue à mesure que se développent le spadice, la fleur et le fruit. Quand ce dernier est mûr, l'arbre ne contient presque plus de fécule.

Les grains de sagou du palmier (fig. 160 à 173) sont ronds et rarement irréguliers ou anguleux ; leur grosseur varie depuis celle d'un grain de millet jusqu'à celle d'une graine de navette. La

Fig. 160 à 173.
Sagou du Palmier et petite Druse de cristaux qu'il renferme.

Fig. 174 à 183.
Granules amylacés en partie gonflés de Sagou du Palmier.

couleur n'en est pas uniforme : tantôt ils sont transparents, d'un blanc pur, et forment ce qu'on appelle dans le commerce le *sagou perlé;* tantôt ils ont une coloration jaunâtre, brunâtre et même rougeâtre. Ils sont durs à l'état sec, mais ils gonflent peu à peu dans l'eau (fig. 174 à 183). Alors on y distingue sans peine les granules amylacés qui caractérisent la forme du sagou, mais ce n'est que grâce à un fort grossissement (220 diamètres) qu'on aperçoit la petite druse de cristaux (fig. 161 *a*) que contiennent les grains de sagou de palmier *.

Le sagou des Indes orientales est le plus recherché. Les Chinois de Singapore, laborieux, patients et habiles, comme tous les Chinois, aux manipulations industrielles, ont à peu près tout

* Le lecteur pourra consulter avec fruit, au sujet du sagou, l'ouvrage : *Des Aliments*, par A. Vogl. Paris, Rothschild.

Fig. 184. — Sagus lævis Rph.

le monopole de la préparation de ce produit, objet d'une industrie importante. La matière première est fournie par les populations des îles de Bornéo, de Sumatra et des îles orientales de l'Archipel. Le sagou s'y récolte encore de la manière décrite par Rumph il y a deux siècles. Quand on croit qu'un arbre est parvenu à maturité, on examine la qualité du sagou qu'il renferme. Pour cela on en recueille un échantillon en perforant la tige de l'arbre et on

Fig. 185. — Récolte du Sagou dans les Iles de l'Archipel indien.

abat cet arbre si l'apparence est favorable. On le dépouille alors de ses feuilles et de ses épines, et on le fend en deux parties. On obtient ainsi deux moitiés de cylindre pleines d'une moelle blanchâtre, qu'on réduit en une poudre grossière, semblable à la sciure du bois. Celle-ci est soumise à un pétrissage et à une série de lavages à grande eau, qui la débarrassent des éléments étrangers. Ces opérations se font d'une manière très-primitive, et souvent le sagoutier abattu a fourni tous les matériaux nécessaires à la préparation du sagou brut : un tronc d'arbre évidé au centre sert de récipient et quelques nattes de fibres de palmiers tiennent lieu de tamis (fig. 185).

Frondes. — Les frondes du palmier sont employées à de nombreux usages ; elles servent à la nourriture des animaux en Algérie, sur les confins du désert africain (*Phœnix*) et au Brésil (*Copernicia*). A Ceylan, les feuilles vertes du cocotier entrent pour une large part dans la nourriture des éléphants domestiques, qui s'en montrent très-friands.

Le pétiole des frondes est d'une grande dureté; le vernis naturel dont il est couvert lui donne la propriété de se conserver très-longtemps sans altération. Aussi l'emploie-t-on souvent et de temps immémorial dans la construction des habitations et des huttes, soit qu'il serve, comme, chez nous, le crépi et les ardoises, à protéger les murailles contre la pluie (dattiers en Orient et en Algérie), soit qu'on en fasse des planchers (cocotier au Malabar) ou des cloisons (sagoutier aux Indes néerlandaises).

Les feuilles mêmes du palmier ont de tout temps servi aux peuplades indiennes d'abris contre le soleil et la pluie. Les habitants pauvres de Ceylan et du Malabar couvrent leurs huttes des larges frondes du *Corypha umbraculifera* *. Sans être aussi grandes, les feuilles des sagoutiers et des rondiers servent au mêmes usage dans les Indes.

Fabrication des Nattes, des Paniers, des Chapeaux. — Les qualités textiles des feuilles de palmier ne doivent pas être négligées. On les a partout connues et appréciées de bonne heure. En Espagne, les feuilles du *Chamærops humilis* (fig. 186), divisées en bandes plus ou moins larges et entrelacées, forment de petites nattes et des tresses qui servent à la confection de cabas destinés à l'emballage des marchandises. Souvent on retord ces frondes et on les réunit pour en faire de petites cordes très-résistantes qu'on entremêle à celles du sparte (*Lygeum Spartum* L., *Stipa tenacissima* L. ou *Macrochloa tenacissima* Kth.). Les frondes du dattier sont réservées en Espagne à la tresse fine des chapeaux.

* Ces feuilles ont plus de 10 mètres de circonférence.

En Algérie, au Maroc et en Égypte, on utilise les fibres textiles que produisent les feuilles et même les spadices rameux du

Fig. 186. — Chamærops humilis L.

dattier. La cueillette des dattes terminée, on déchire ces derniers, on les bat pour en séparer les fibres, qui sont longues et fortes; on les mêle aux folioles minces du dattier et on en fait des cordes très-lisses qui servent aux bateliers du Nil et aux chameliers arabes. Les gaînes membraneuses de la base des feuilles ont des fibres qu'on utilise de la même manière. Les indigènes des pays tropicaux font avec les feuilles de divers palmiers (*Cocos*, *Copernicia*, *Ceroxylon*, *Sabal Palmetto*, *Putchardia pacifica* [pl. XXVII], *Corypha Gebanga*, *Livistona Jenkinsii*)

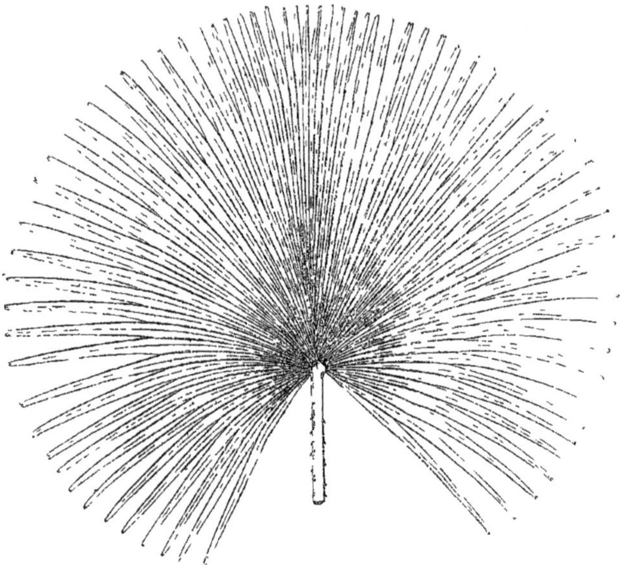

Fig. 187. — Feuille du Livistona Jenkinsii Grift.

[fig. 187], des chapeaux, des nattes, des paniers et une foule d'ustensiles de ménage.

Les Indiens des contrées équatoriales du Brésil ont de tout temps fabriqué des filets et des hamacs très-solides en se servant des lanières des feuilles fortes et coriaces des *Mauritia* et des *Astrocaryum*. A Madagascar les femmes emploient les frondes du *Raphia* avec une rare adresse. Elles divisent en fils le derme de la foliole de ce palmier, les font sécher et, les disposant en trame sur leurs métiers, en font une étoffe légère et souvent d'un fort bel aspect. Les jeunes filles des îles Séchelles travaillent également les filaments qu'elles retirent des feuilles du Lodoicea et les utilisent pour la confection de charmants objets de vannerie fine. On peut voir, au Musée de Kew, des boîtes faites des feuilles de ce palmier, dont les ornements sont d'une finesse et d'une délicatesse qu'admireraient les meilleurs tabletiers de Paris.

Dans ces dernières années on a importé en Europe, sous le nom de *manilla-bast,* des ligatures jaunes, souples, minces et d'une grande légèreté. Le microscope a révélé que ce sont des fibres de palmier. Elles provenaient, en effet, d'un palmier commun dans les endroits bas et marécageux des forêts de l'Asie, de l'Afrique et de l'Amérique, le *Raphia tædigera.*

Le Palmier et le Papier. — Suidas raconte que les Crétois se vantaient les premiers de s'être servis des feuilles du palmier comme de papier. De là, selon lui, l'origine de la légende qui attribue au phénix l'invention de l'alphabet. Un grand nombre de peuplades d'Asie écrivent encore aujourd'hui avec un style ou une aiguille sur les feuilles du *Corypha umbraculifera* ou du *Borassus flabelliformis.* On sépare la feuille de celui-ci en lamelles, auxquelles, dans l'Inde, on donne le nom d'*olles.* Les manuscrits de cette espèce se conservent mal. Les olles sont fragiles et les insectes les détruisent. Que de documents précieux anéantis, si l'on songe que l'olle était, il y a deux mille ans, employé comme aujourd'hui !

On écrit sur ce bizarre papier végétal en tenant l'olle d'une main et en traçant de l'autre main des caractères à l'aide du style. Pour rendre les caractères plus lisibles, on passait souvent sur la feuille écrite une couleur noire composée d'huile et de suie ou poussière de charbon, que remplaçait parfois le suc d'une feuille de bananier. On a vu à l'Exposition universelle de 1858 — et l'on voit aujourd'hui au Musée indien de Londres — d'intéressants échantillons, qui montrent comment la feuille du rondier, allongée, préparée, battue, découpée ensuite en fragments de 20 centimètres de longueur, devient un véritable papier. Le comte Goblet d'Alviella raconte, dans la relation si pittoresque de son voyage aux Indes orientales, que les prêtres bouddhistes conservent, dans de riches boites de laque, leurs gros livres liturgiques, formés de feuilles de palmier réunies sous une couverture d'argent. Les divers livres tamouls, c'est-à-dire écrits dans la langue de la côte de Coromandel, sont moins luxueusement entretenus : au lieu d'être serrés entre deux planchettes, comme les livres birmans, ils sont enfilés dans des cordes.

L'industrie moderne ne s'est pas contentée de cette forme rudimentaire de papier ni des anciens procédés de fabrication. En ce siècle, qui mériterait d'être appelé le siècle du papier, il a fallu, en présence de la consommation inouïe qu'on en fait, chercher des moyens plus économiques et plus rapides. Les machines nouvelles dévorent les matières premières : les anciennes ne suffiraient plus. Le prix des chiffons de laine et de coton augmentant chaque jour, on a fait de nombreux et d'heureux essais sur les matières végétales. La paille des graminées, le bois, la sparte, furent les premières substances employées. Depuis 1852 on a essayé d'utiliser les fibres du *Chamærops humilis* et du *Sabal Palmetto*, et aujourd'hui les feuilles de plusieurs espèces de palmiers sont importées, chaque année, en grande quantité par les ports anglais en Europe *. Comme ces feuilles sont plus faciles à traiter à l'état vert qu'à l'état sec, des fabriques de papier ont été établies en Algérie même, et un journal algérien, l'*Akbar*, est imprimé sur ce papier végétal.

Des Fibres du Palmier et de leur Emploi. — Les rudes fibres du palmier servent encore à d'autres industries, soit que, provenant des feuilles, du pédoncule ou de la tige, elles aient été désagrégées mécaniquement (*Caryota urens, Sabal serrulata, Elæis guineensis*), soit que, séparées naturellement, elles forment autour du tronc une épaisse ceinture de fibres libres (*Attalea*,

* En 1871, 1,171,737 kilogrammes de feuilles de *Chamærops humilis* ont été exportées de l'Algérie.

Saguerus saccharifer). Les fibres du *Caryota urens*, connues sous le nom commercial de Kittul, se vendent de 90 centimes à 1 franc sur le marché de Londres, et servent à faire des balais, des paniers et même des chapeaux.

Crin végétal. — Les fibres plus fines de l'*Arenga*, auxquelles leur élasticité et leur couleur donnent l'aspect de crins noirs, servent au calfeutrage des navires et peuvent, dans un grand nombre de cas, remplacer le crin animal. Les fibres du *Chamærops humilis* (fig. 186) forment aussi un excellent crin végétal dont l'usage se généralise chaque jour. On l'emploie à remplir les matelas, les oreillers et les coussins. Le prix de cette matière est de beaucoup inférieur à celui du crin animal. De plus, elle échappe aux attaques des insectes. Des usines à vapeur ont été créées à Oran et à Alger pour transformer les feuilles du *Chamærops humilis* en crin végétal, et telle est aujourd'hui l'importance de cette fabrication, qu'en 1872 plus de 2,394,000 kilogrammes de crin végétal ont été introduits en France et en Angleterre.

Brosses et Balais. — Le hasard vient souvent en aide à l'industrie de l'homme. Un palmier brésilien, l'*Attalea funifera* (fig. 188), porte des fibres noires, dures, épaisses, produites par la désagrégation de la base de son pétiole. On s'en servait depuis longtemps au Brésil pour la fabrication des cordages, mais elles n'y avaient aucune valeur marchande. Il y a quelques années, un capitaine de navire arrivait de Rio Janeiro à Liverpool. Pour garantir la coque de son bâtiment des frottements inévitables contre les quais et les navires voisins, il avait fait fabriquer par ses matelots, en employant ces fibres sans valeur, ce *piaçaba*, une ceinture épaisse et forte à son navire. En partant de Liverpool, il laissa celle-ci sur le quai ; un marchand de brosses la vit, et l'acheta pour quelques sous. Il en fit des brosses qui furent trouvées excellentes, et le piaçaba ne tarda pas à devenir un important article de fret et une matière première recherchée.

Tissus faits des Fibres du Palmier. — Hérodote nous apprend que Sataspes, fils de Darius, faisant le tour de la Libye, avait vu des hommes vêtus d'habits faits avec des feuilles de palmier, et l'abbé Bélanger, commentant ce passage, fait remar-

Fig. 188. — Attalea funifera Mart.

quer que les premiers anachorètes demandaient également au palmier leur nourriture et leur vêtement. Aujourd'hui ce n'est plus sous cette forme élémentaire que les habitants des régions tropicales utilisent les feuilles du palmier. Au Brésil, les indigènes retirent des jeunes feuilles des *Astrocaryum* une filasse nommée *tucum*, avec laquelle ils font des tissus d'une finesse, d'une force et d'une durée remarquables. On nomme arbre à fil (garenboom), dans les îles de l'Archipel indien, certains sagoutiers (*Sagus filaris* [fig. 25] et *elata*), parce qu'on met en œuvre la fibre textile des jeunes feuilles. Nous avons déjà parlé de celles que les Madécasses retirent des fibres du *Raphia Ruffia*, et qui leur permettent de faire ces étoffes rayées et solides connues sous le nom de toiles de Roffia. Citons encore les nattes si fines et si souples du Congo, de l'Angola, etc., auxquelles les fibres de Phœnix et de Sagus servent de matière première.

Nous avons eu l'occasion de parler du tissu naturel qui entoure et enlace la base des pétioles dans un grand nombre d'espèces. Quand ces fibres présentent quelque raideur et quelque force, leur enchevêtrement forme des tamis ou des cribles d'un usage journalier. D'autres fois, on les utilise comme sandales (celles du *Mauritia* dans la Guyane) ou comme amadou (celles de l'*Elæis melanococca* en Colombie ou du *Saguerus saccharifer* en Chine).

De la Cire. — Nous avons à parler maintenant d'un produit étrange de certaines espèces de palmiers, la cire. Deux espèces de palmiers, le *Copernicia* et le *Ceroxylon*, ont sur leurs frondes un grand nombre de glandes elliptiques très-petites, d'où semble exsuder cette cire. Les frondes adultes paraissent revêtues d'un enduit léger et blanc, qui donne une teinte glauque aux feuilles. Examinée au microscope, cette substance s'y montre composée de petits cristaux très-fins, irréguliers et blanchâtres. Ce sont de vrais cristaux de cire composés, d'après Vauquelin, de deux tiers de résine ou céroxyline et d'un tiers d'une substance chimiquement analogue à la cire des abeilles.

Le *Copernicia cerifera* ou, comme l'appellent les indigènes, le Carnauba, habite les contrées chaudes et humides du Brésil. On récolte la cire en frappant l'une contre l'autre les feuilles desséchées de l'arbre. Le *Ceroxylon andicola* croît sur les plateaux élevés des Andes : à la différence du Carnauba, non-seulement ce palmier produit la cire sur les feuilles, mais tout le tronc est couvert parfois d'une couche de cire qui a de cinq à six millimètres d'épaisseur, ce qui le fait ressembler à une colonne de marbre. C'est entre les anneaux laissés sur le tronc par la chute du pétiole des frondes que se trouve, collée sur l'écorce, la substance résineuse*. Le *Raphia tædigera* et le *Cocos pityrophylla* présentent également de petites excrétions cireuses sur leurs jeunes feuilles.

Le Chou-palmiste. — Le bourgeon d'un grand nombre de palmiers est un excellent comestible. On l'appelle chou-palmiste, et il constitue un des légumes les plus délicats qu'on puisse se procurer dans les pays tropicaux. Il serait long d'énumérer les palmiers dont le chou est recherché et de décrire les divers modes de préparation qu'il est possible de lui donner.

Aux Indes et à Ceylan on obtient, en semant les graines du rondier, un aliment des plus nourrissants. C'est une culture presque maraîchère, spéciale, et qui fait songer à la culture des asperges dans les pays du Nord. On sème les graines en six ou huit couches dans un sol sablonneux et meuble. Dès que celui-ci se soulève, on ajoute une couche de terre, de manière à avoir les jeunes pousses les plus longues possibles. Ces pousses, appelées *kelingoo*, se conservent fraîches pendant deux mois, séchées pendant plus d'une année. Dans cet état, et réduites en farine, elles servent à la préparation du *cool* ou gruau favori des Cingalais.

Usage des Spathes. — Les spathes, ces grandes bractées qui enveloppent l'inflorescence des palmiers, peuvent servir d'aliment quand elles sont encore herbacées et molles. Au Mexique, on mange, sous le nom de tepijilote, les spathes d'un *Chamædorea*. Quand les spathes sont devenues ligneuses, elles sont encore, mais à un autre point de vue, employées dans cer-

* On évalue que chaque pied adulte de Ceroxylon produit en moyenne 10 kilogrammes de cire.

taines parties du monde ; les colons de la Guyane et les Caraïbes des bords de l'Amazone et du Tocantin trouvent, dans la portion conique supérieure des spathes énormes du *Manicaria saccifera*, une coiffure toute faite ou un excellent sac.

Des Fruits du Palmier. — Nous avons examiné successivement les diverses parties du palmier ; nous avons vu de quelle admirable ressource il est par ses racines, par sa tige, ses feuilles, son inflorescence même. Il nous reste à nous occuper de ses fruits. Un seul palmier, l'*Hyophorbe indica* (pl. XVI), produit des fruits vénéneux ; c'est dire assez de quelle importance sont pour l'économie humaine les fruits comestibles du palmier, au premier rang desquels nous trouvons les noix de coco et les dattes.

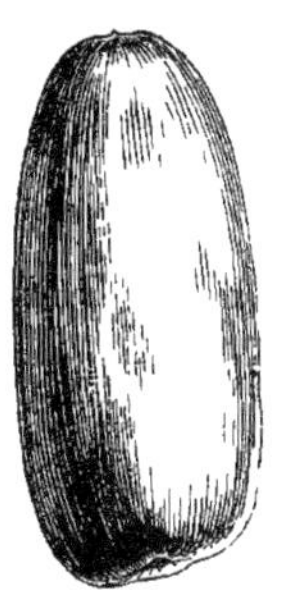

Fig. 189. — Datte (Fruit du Phœnix dactylifera L.)

La Datte. — Simple friandise en Europe *, la datte (fig. 189) forme la base de la nourriture des peuplades, nomades ou sédentaires, blanches ou noires, disséminées dans les immenses régions sahariennes. Les dattes les plus recherchées sont celles que produisent les oasis tunisiennes. Elles forment peut-être le plus clair revenu du trésor de ce pays : l'impôt annuel dont elles sont frappées rapporte un million cent cinquante mille francs. Les dattes sont loin de présenter toutes les mêmes qualités : les unes sont des fruits secs, sans parfum, bonnes tout au plus à servir de nourriture aux chameaux et aux malheureuses peuplades de l'Afrique ; d'autres, translucides, douces, sucrées, onctueuses au toucher, semblent avoir été confites par le soleil brûlant de l'Afrique.

La Noix de Coco. — Quelle que soit l'importance de la datte, elle est loin d'égaler celle de la noix de coco (fig. 190 à 196). Celle-ci, en effet, sert à la nourriture de plus de deux cent millions

* Les dattes vendues en Europe sont souvent rongées par un insecte, le *Bostrychus dactyliperda*.

d'hommes. Dans les pays tropicaux, un seul fruit suffit, dit-on, à la nourriture quotidienne d'une personne. L'enveloppe extérieure de la noix, le brou (fig. 190, n° 4), enlevé, on brise les noix pour en extraire l'amande (fig. 190, n° 5). Celle-ci est délicieuse; le fruit tendre ou l'émulsion de l'amande mûre a des propriétés médicinales remarquables. On se tromperait fort si l'on jugeait de la bonté de ce fruit par les échantillons qu'en apporte le commerce en Europe. Les amandes vendues sur les marchés européens sont

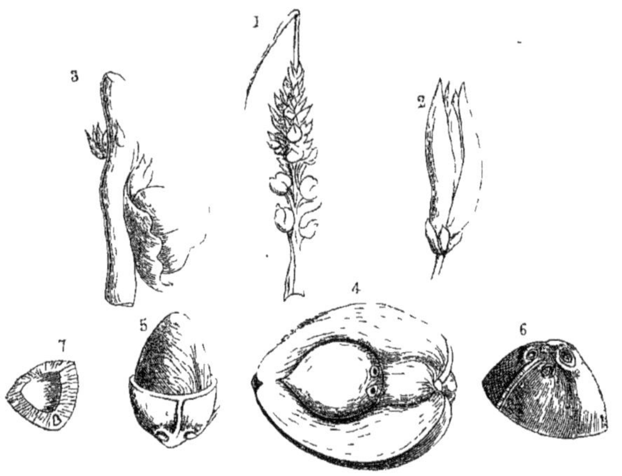

Fig. 190 à 196. — Régime, fleur et fruit du Cocos nucifera L.

sèches, vieilles, coriaces et d'un goût huileux souvent désagréable.

Dans les pays tropicaux, on mange le coco quand son enveloppe fibreuse est encore verte et que son amande semble une crème blanche, sucrée, rafraîchissante. Elle contient alors une eau limpide, légèrement opalisée, connue sous le nom de lait de coco. Recherchée comme boisson dans tous les pays tropicaux, elle mérite l'éloge qu'en faisait Dumont d'Urville, qui la considérait comme la boisson la plus exquise qu'il y eût au monde. On l'extrait en brisant la noix vers l'endroit où se trouvent les trois cavités qui correspondent aux trois carpelles primitifs de la fleur (fig. 190, n° 6).

A mesure que la maturité du fruit avance, l'albumen devient plus consistant, se détache moins aisément et présente alors le maximum de ses qualités nutritives. A la maturité complète, cet albumen, devenu encore plus consistant, mais contenant beaucoup d'huile, ne sert plus guère d'aliment. Le lait, de limpide et de sucré qu'il était dans le fruit jeune, devient huileux et fade. Toutefois on tire encore parti de cet albumen solidifié pour la préparation de divers aliments et la fabrication de l'huile.

De quelques autres Fruits du Palmier. — Sans vouloir les passer tous en revue, nous devons attirer l'attention de nos lecteurs sur quelques-uns des plus connus : ceux du rondier, par exemple, dont les Indiens font une conserve (*punatoo*) qui se garde plusieurs mois et devient le principal aliment des pauvres dans plusieurs parties de l'Inde; ceux du *Copernicia*. dont la pulpe, d'un goût fort agréable, est renfermée dans un périsperme, qui, torréfié, forme un succédané du café; ceux du *Guilielma speciosa,* dont le fruit a une chair sucrée et farineuse; ceux de l'*Areca* de Madagascar, qui, torréfiés aussi, remplacent le sel dans la cuisson des aliments.

Vin fait avec les Fruits du Palmier. — Les fruits d'un grand nombre de palmiers fournissent, écrasés, un vin ou une liqueur fermentée dont le goût est assez agréable. De toute antiquité, les fruits du dattier servirent aux Parthes, aux Indiens et à tous les peuples orientaux pour préparer une espèce de vin artificiel. Pline décrit le système employé, et c'est de la même manière qu'au Brésil on fabrique l'*assaï*, liquide épais, crémeux. ayant une couleur mauve et un goût de noix particulier. On prépare ce breuvage en écrasant le fruit de l'*Euterpe edulis*, de divers *Œnocarpus* et du *Bactris Maraja*. Dans ce dernier cas on l'appelle *yukissé*.

De l'Huile et du Tourteau de Palme. — L'huile de palme est un corps gras qui, à l'état frais, consiste surtout en tripalmatine mélangée à une quantité d'oléine plus ou moins considérable. Elle a la couleur et la consistance du beurre *; son odeur rappelle celle de la violette.

Les habitants de la Guyane et du Brésil tirent de l'huile des fruits de l'*Acrocomia sclerocarpa;* mais, après l'*Elæis*, le palmier dont le fruit est le plus souvent employé pour la fabrication de l'huile est le cocotier, dont la noix est devenue en Afrique un important objet de commerce. Les *coprah,* ou amandes dépouillées, figurent parmi les principales exportations de Zanzibar; elles contiennent 54,3 p. 100 d'huile.

D'autres palmiers (*Attalea Cohune, Œnocarpus,* etc.) contiennent également dans leurs fruits des principes oléagineux qui fournissent à peu de frais une huile comparable à celle de l'*Elæis* et du cocotier. Les procédés mis en œuvre pour l'extraction de l'huile sont à peu près partout les mêmes : ils sont tous basés sur la macération du fruit, l'ébullition des principes oléagineux et la pression des résidus. Cette dernière opération convenablement faite, le marc est épuisé; il ne contient plus qu'une faible quantité de matières oléagineuses, mais il forme un tourteau qui peut servir très-utilement à l'alimentation du bétail. On en a fait l'expérience, et elle a été concluante **.

Le Coir. — Nous n'en avons pas fini avec les usages multiples du cocotier et de son fruit, qui, d'après les Birmans, sert de nourriture aux dieux et aux hommes. Une enveloppe filamenteuse, épaisse, dure, coriace et relativement légère, protége la noix proprement dite (fig. 190, n° 4). Cette enveloppe se nomme *coir*. Elle se compose de fibres rudes, grossières, qui se

* On la connaît dans le commerce sous le nom de *beurre de Galaam;* elle constitue l'élément principal du commerce du Delta du Niger et des provinces du sud de l'Afrique. Lagos et Palmas sont les ports principaux d'exportation de l'huile. L'importation de cette huile devient chaque année plus considérable. En 1876, on en importait annuellement sur la place de Marseille plus de 1000 tonnes; en 1874, 500,000 kilogrammes de cette huile avaient été introduits aux États-Unis.

** Le tourteau de palme contient, d'après M. Petermann, directeur de la station agricole de Gembloux : eau, 10,58; matières grasses, 9,93; matières albumineuses, 15,81; matières extractives non azotées, 41,48; cellulose, 18; et matières minérales, 4,25.

désagrégent au rouissage. On en fait des cordes, des nattes et des tissus. Les cordes ainsi faites ont une précieuse qualité : elles se rompent moins facilement que les autres. Une corde de coir ayant $0^m,038$ de circonférence peut subir un allongement de $0^m,82$ avant de se rompre, tandis que la même corde faite

Fig. 197. — Cocotiers et Aréquiers cultivés dans un village indien (Pankalan).

en chanvre d'Europe se rompt dès qu'elle a subi un allongement de $0^m,26$. Cette dernière ne résiste pas à un effort de 86 kilogrammes, tandis qu'on peut faire supporter à la corde de coir un effort de 100 kilogrammes avant qu'elle se rompe. L'usage du coir est très-répandu dans les îles de la Polynésie : les indigènes en font des frondes d'une grande solidité, des pinceaux grossiers, des tapis solides, des sandales inusables, des paniers excellents, des filets légers et résistants, des toiles et jusqu'à des suaires.

L'industrie européenne a tiré un grand parti, dans ces dernières années, de cette fibre textile qui paraît peu de chose. mais qui, comme certaines gens, cache des qualités réelles sous de grossiers dehors. Les nattes et les paillassons faits de fibres de coco sont aujourd'hui très-répandus. Le coir du cocotier est l'une des matières premières du crin végétal. On conçoit que tant d'applications industrielles diverses aient rapidement augmenté l'exportation du coir.

Fruits sculptés. — L'endocarpe de tous les fruits de palmier est dur et ligneux ; les nègres travaillent et sculptent les noyaux de l'*Acrocomia sclerocarpa*, de l'*Attalea funifera* et de l'*Elæis guineensis*. Ces fruits ne semblent pas être appeles à prendre dans le commerce l'importance qu'a prise, dans ces dernières années, la graine des *Phytelephas*, dont l'albumen éburnacé d'une grande blancheur, compacte, ayant une certaine élasticité, se laisse aussi facilement travailler au tour que l'ivoire animal *.

Noix d'Arec et Bétel. — La chair de certains fruits (*Caryota urens, Saguerus saccharifer, Areca Catechu*) est caustique. La pulpe des fruits des *Saguerus saccharifer* et *Langkab* (fig. 200), appliquée sur la peau, y cause une démangeaison insupportable, accompagnée d'une vive inflammation. Le fruit de l'*Areca Catechu* (fig. 198) est connu sous le nom de noix d'arec; il forme un des trois ingrédients ** nécessaires à la préparation du bétel, sans lequel les Malais, les Indiens et les Annamites prétendent ne pouvoir vivre. Le bétel a un goût aromatique; il laisse dans la bouche une impression de fraîcheur; mais, par son astringence, il exerce sur les dents une action énergique et les rend

* M. V. Pasquier, de Liége, a indiqué un moyen facile de reconnaître les deux ivoires. L'acide sulfurique concentré développe, au bout de dix à quinze minutes, sur l'ivoire végétal une teinte rose qu'un simple lavage à l'eau fait disparaître, tandis qu'il ne produit aucune coloration sur l'ivoire animal.

** Les deux autres sont la chaux vive et les feuilles du *Piper Betle* L.

toutes noires. Il est vrai que la couleur noire des dents est regardée en Cochinchine comme une beauté. Un mandarin devant qui s'était présenté un homme de Pinang aux dents blanches, demanda à ceux qui l'entouraient quel était cet homme

Fig. 198. — Fruit de l'Areca Catechu L

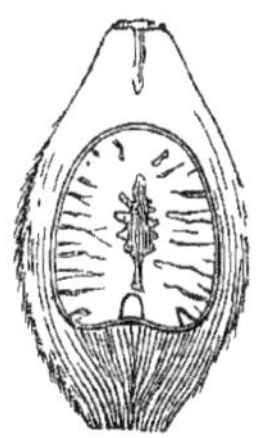

Fig. 199. — Coupe verticale du fruit de l'Areca Catechu L

dont la bouche était si laide et qui avait des dents comme un chien. L'industrie européenne importe actuellement une grande quantité de noix d'arec (fig. 198). Leur grande richesse en tannin les fait rechercher par les corroyeurs.

Ustensiles de Ménage. — Les fruits des palmiers sont souvent utilisés pour la fabrication d'ustensiles de ménage. La noix de coco est principalement employée à cet usage. L'endocarpe du fruit, c'est-à-dire cette coque qui est protégée par le coir (fig. 190, n° 4), et qui protége, à son tour, l'albumen et l'embryon (fig. 190, n° 6 et 7), est d'une grande dureté et d'une solidité rare. Grattée et polie, puis frottée d'huile ou lavée dans une solution alcaline, cette coque devient d'un beau noir et se transforme, entre les mains d'un ouvrier industrieux, en toutes sortes d'ustensiles ou d'objets divers. Elle sert même de mesure dans certains pays : à Siam, on en gradue la capacité pour le mesurage des liquides. Le volumineux noyau de la drupe adulte du *Lodoicea Sechellarum* sert à la confection de vases longtemps connus sous le nom de *vaisselle de l'île Praslin*. Les fragments de noix de coco qui ne

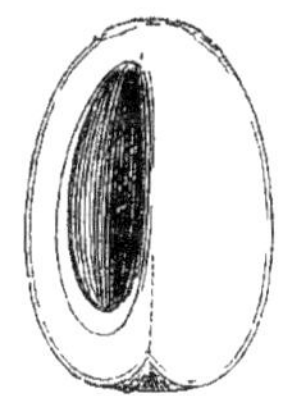

Fig. 200. — Fruit du Saguerus Langkab Bl. (Coupe verticale.)

peuvent être utilisés forment un excellent combustible. Transformés en charbon, ils deviennent précieux pour le travail de la forge et ne le cèdent en rien à la houille. Les noyaux du fruit de palmier, torréfiés ou calcinés, étaient d'un grand usage chez les anciens. Ils avaient mille vertus, c'était une sorte de panacée; mais — est-il nécessaire de le dire? — ils ont perdu tout crédit depuis que la médecine est devenue une science!

CHAPITRE XI.

DE LA CULTURE DES PALMIERS.

SOMMAIRE. — Extension prise par la culture du palmier. — Culture en pleine terre en Europe. — Du palmier comme plante d'appartement. — Des serres à palmiers. — Culture du palmier en serre. — Chauffage et aérage des serres. — Des semis de palmiers. — Bouturage du palmier. — Soins à donner aux jeunes palmiers. — Arrosements. — Engrais. — Empotements. — Température de la serre. — Des palmiers dans les jardins d'hiver. — Palmiers de serre froide et de serre tempérée. — Période de repos des palmiers. — Ennemis du palmier. — Cloportes. — Limaces. — Araignées. — Thrips. — Chermès. — Coccus Adonidum et Lataniæ. — Calandra Palmarum. — Polybia Palmarum.

Extension prise par la Culture du Palmier. — Depuis quelques années, nous avons pu à diverses occasions déjà le faire remarquer, le goût de la culture du palmier s'est considérablement développé. Cela tient à plusieurs causes : la première, la plus importante peut-être, est le succès sans cesse croissant qui est venu couronner les efforts tentés par les horticulteurs et par les amateurs, et ce succès est dû principalement à l'attention de plus en plus grande apportée par eux à mettre leur culture en rapport avec les conditions climatériques naturelles de la patrie de ces plantes.

Pendant longtemps, le palmier fut regardé comme une plante tropicale, et partant condamné à l'atmosphère brûlante des serres chaudes. Quelques-uns essayaient parfois de tenir compte de la latitude sous laquelle vivait la plante; aucun ne s'inquiétait de l'altitude à laquelle elle croissait. Or certains palmiers, comme le *Ceroxylon andicola*, bien qu'originaires de pays situés dans la zone torride, croissent à des altitudes où le voisinage de la région des neiges éternelles tempère l'âpreté et la sécheresse excessive d'une température trop élevée. On a tué plus de palmiers en les mettant en serre chaude qu'en les laissant parfois exposés à une température trop basse *. Dans ces dernières années, tous ceux qui s'occupent d'horticulture ont réagi contre ces préjugés. Leurs exhortations semblent avoir porté fruit; on se rend mieux compte maintenant des conditions climatériques exigées par les palmiers d'après la latitude et l'altitude de leur station d'origine; loin de les confiner, comme jadis, uniquement dans les serres les plus chaudes, on cultive chaque jour un nombre plus considérable d'espèces en serre tempérée et même en serre froide.

Culture des Palmiers de pleine Terre dans le Midi de l'Europe. — Un grand nombre de palmiers peuvent être cultivés en pleine terre dans le midi de l'Europe et à l'air libre en été, en orangerie l'hiver dans les contrées plus septentrionales. Placées dans des caisses isolées sur les pelouses, ces plantes semi-rustiques varient agréablement la décoration estivale de nos jardins. Ce n'est guère que depuis quelques années que cet emploi du palmier a été tenté. Il date de l'admirable Exposition universelle de Paris en 1867. Un petit nombre de palmiers cultivés au Fleuriste de la ville de Paris furent placés à cette époque dans les promenades, à l'ombre, pendant l'été. Cette culture se généralisa rapidement. Aujourd'hui, beaucoup de palmiers ornent en été les jardins publics ou privés. Leurs rares qualités décoratives sont chaque jour mieux appréciées. Mêlées aux feuillages de nos plantes indigènes, leurs feuilles vertes, pennées ou flabelliformes, présentent un heureux contraste (fig. 201). On les place généralement à mi-ombre, sous les grands arbres qui tamisent discrètement les rayons du soleil parfois trop vifs pour des plantes élevées durant l'hiver dans les serres. Cette précaution est nécessaire si l'on veut éviter de voir les feuilles du palmier se maculer de points jaunâtres.

* M. Naudin rapportait récemment (1876) un remarquable exemple de la force de résistance des palmiers. Lors de la chute extraordinaire de neige qui eut lieu en janvier 1870 dans les Pyrénées-Orientales, les feuilles des palmiers cultivés au célèbre Jardin d'essai de Collioure furent littéralement aplaties contre la terre par le poids de la neige. On eût dit des plantes pressées pour figurer dans un herbier ; leurs feuilles furent même incrustées de glaçons. Bien qu'ils aient été soumis pendant dix jours à cette température anomale, les palmiers n'en éprouvèrent aucun dommage.

Quelques localités européennes jouissent d'un climat exceptionnel : la température hivernale moyenne est de +5° c. On

Fig. 201. — Phœnix dactylifera L. (Jeune exemplaire).

y cultive les palmiers avec succès à l'air libre. En France, dans les jardins situés dans le voisinage de l'Océan, de Bordeaux à Cherbourg, le long de la Méditerranée, en Angleterre dans les jardins royaux d'Osborne, le *Trachycarpus excelsus* supporte parfaitement pendant l'hiver des gelées qui le tueraient en Belgique et en Allemagne. Les expériences entreprises avec tant de succès par M. Naudin à Collioure, les brillants résultats obtenus par MM. Bonnet, Gambard, Viger et tant d'autres amateurs à Hyères, à Nice, à Cannes, ont fait connaître un grand nombre de palmiers rustiques dans cette partie de l'Europe où le *Chamærops humilis* et ses innombrables variétés croissent à l'état sauvage. Le dattier même y mûrit ses fruits dans les années exceptionnellement propices, comme en 1876. Les *Phœnix farinifera* et *Hanceana,* ce dernier originaire de la Chine méridionale. les *Chamærops* (*Trachycarpus*) *excelsa* et *Fortunei*, les *Thrinax argentea* et *parviflora*, le *Rhapis flabelliformis*, le *Livistona australis*, le *Sabal Adansoni* croissent parfaitement à l'air libre à Collioure par 43°32′ lat. N. Le *Jubæa spectabilis* (pl. XXXVII), originaire du Chili, est depuis quelques années cultivé en pleine terre à Montpellier; il y a résisté sans abri à un hiver rigoureux. pendant lequel la température a atteint —12° c. A Hyères, un grand nombre de palmiers ont supporté des froids, passagers il est vrai, de —4° à —5° c. (*Cocos australis* [fig. 203], *Bonneti flexuosa*, *Sabal umbraculifera* ou *Blackburniana* et *Adansoni Areca* [*Rhopalostylis*] *Baueri*). Au mois de juin 1876, le *Cocos australis* était en fleurs dans les ravissants jardins de la villa de M. Bonnet à Hyères; mais, hélas! ces fleurs avortèrent pour le plus grand nombre et aucun fruit ne parvint à complète maturité. Dans cette zone privilégiée, certains palmiers aux larges et grandes feuilles souffrent assez des vents et des gelées tardives (*Livistona australis*, *Brahea dulcis*, *Archontophœnix Cunninghami*), qui attaquent les pointes des jeunes feuilles. Cultivés en pleine terre, exposés au vent, les palmiers ont souvent leurs feuilles brisées, laciniées, déchirées, et plusieurs d'entre eux ne présentent pas à l'air libre le même caractère de beauté que lorsqu'ils sont abrités. Telle plante, comme le *Calamus* (*Dæmonorops*) *palembanicus* (fig. 202), deviendra sans peine, protégée par les cloisons vitrées d'une serre, un bijou végétal d'une rare beauté, qui dans sa patrie (Java), battue par les vents, déchirée par

Fig. 202. — *Calamus palembanicus* Wendl.

les tempêtes, ne présentera souvent au regard du voyageur qu'un attrait contestable.

Fig. 203. — Cocos australis Mart.

Des Palmiers comme Plantes d'Appartement. — Les palmiers croissant à l'air libre dans le sud de la France sont fort recherchés comme plantes d'appartement. Un grand nombre d'autres espèces méritent également de se voir admises dans nos salons. Les *Phœnix*, le *Rhapis flabelliformis* et sa variété à feuilles panachées, les jeunes Cocotiers, les Kentiées, les Arécinées conviennent spécialement à la garniture des trumeaux et des

Fig. 204. — Livistona chinensis Mart.

embrasures de fenêtres. Leurs feuilles dressées et leurs tiges élancées occupent peu de place. Les espèces à feuilles palmées sont belles et fort recherchées pour la décoration des grands vases et des jardinières. Ceux qu'on rencontre le plus souvent sont les *Livistona chinensis* (fig. 204) et *australis* (pl. XXXI), qui se contentent en hiver d'une température moyenne de +8° c.

Lorsque les plantes ont souffert d'un séjour un peu trop prolongé dans les appartements, on les met pendant quelque temps en serre tempérée sur couche tiède; elles reprennent rapidement leur vigueur et leur santé. Le plus mortel ennemi des palmiers d'appartement n'est pas le froid, mais le soleil, la sécheresse, la poussière, l'atmosphère souvent viciée des salons après une fête. En Angleterre, la mode, cette déesse bizarre et cruelle, a appelé les palmiers à l'honneur — nous dirions presque au martyre — de décorer les tables de festin (*Hedyscepe Canterburyana* [pl. IX], *Rhopalostylis sapida* [pl. V], *Livistona australis* [pl. XXXI], *Calamus fissus* et *Lewisianus* [pl. X], *Cocos Weddelliana* [pl. XL], *Latania Commersoni*, *Hyophorbe indica* [pl. XVI], *Thrinax elegans*, *Chamærops Fortunei* et *excelsa*, *Rhapis flabelliformis* et *humilis* [fig. 205], etc.), et les horticulteurs viennent en aide à ce goût barbare, en cultivant certains palmiers dans des pots spéciaux dont nous présentons le dessin (fig. 205) à nos lecteurs, comme les Spartiates montraient à leurs enfants des ilotes ivres, afin de les détourner de les imiter*.

Des Serres à Palmiers. — Les appartements ne conviennent guère aux palmiers; ils y sont vite à l'étroit, ces rois de la nature. Il faut à leur stature altière de plus vastes horizons : les serres elles-mêmes, quelque grandes qu'elles soient, leur deviennent souvent trop petites; de leurs frondes élancées, ils viennent frapper les murs fragiles de leur prison de verre.

Les serres ont subi de nombreuses modifications dans leurs proportions. De lourdes, massives, peu éclairées qu'elles étaient, elles sont devenues légères, gracieuses et aérées; le jour et la lumière y pénètrent aujourd'hui aussi largement que possible. Les souverains, les gouvernements, quelques particuliers ont élevé, dans ces derniers temps, des serres grandioses, afin de permettre aux palmiers de prendre leur puissant essor. Les princi-

* Ajoutons aux palmiers déjà cités comme convenant parfaitement à la décoration des appartements, les *Chamædorea desmoncoides* et *Ernesti-Augusti* (fig. 40), *Kentia B.*, *Archanthophœnix rubra*, *Ptychosperma elegans* (fig. 207), *Areca* (*Rhopalostylis*) *Baueri* (pl. I), *Ptychosperma Alexandræ*, etc.

pales serres européennes sont la serre du Muséum du Jardin des Plantes à Paris, les grandes serres de Berlin, de Vienne, de Schœnbrunn et de Saint-Pétersbourg, la serre de Chatsworth, le merveilleux Palm-House de Kew (fig. 221) ; les serres célèbres de Herrenhausen, qui contiennent la collection de palmiers la plus complète du monde entier ; le Jardin d'hiver de S. M. le roi des

Fig. 205. — Rhapis humilis Bl.

Belges à Laeken, où se trouve aujourd'hui la magnifique collection de palmiers du château d'Enghien ayant appartenu au duc d'Arenberg, et, *si parva licet componere magnis*, le Jardin d'hiver du comte de Kerchove de Denterghem, à Gand (fig. 206).

Chaque année, de nouveaux amateurs élèvent des serres où les palmiers trouvent un climat factice et les conditions nécessaires à leur existence. C'est que chaque jour amène à ces plantes de nouveaux admirateurs. Comme l'écrivait un jour un des meilleurs botanistes belges, Ch. Morren, jouir de la vue d'un beau tableau ou d'un beau palmier, c'est tout un, c'est retremper la noblesse de notre intelligence dans tout ce que Dieu et l'art ont fait de grand et de digne.

Fig. 206. — Vue intérieure du Jardin d'hiver du Comte de Kerchove de Denterghem, à Gand.

Édimbourg, Chatsworth, Kew, renferment les plus belles collections de palmiers de l'Angleterre; Herrenhausen, près de Hanovre, la collection la plus riche qui existe au monde. Si Kew doit sa renommée au génie des deux Hooker, Herrenhausen doit sa richesse aux deux Wendland, dont le plus jeune, Hermann Wendland, est un des palmographes les plus éminents de notre époque.

Ils n'ont épargné ni soins ni peines pour réunir dans les serres confiées à leurs soins la plus complète collection de palmiers vivants existant dans le monde, en même temps que leurs herbiers célèbres contiennent les plus précieux documents pour l'étude bota-

Fig. 207. — Ptychosperma elegans Bl.

nique des palmiers. La serre de Herrenhausen forme un parallélogramme rectangulaire, au milieu duquel s'élève une rotonde. Une galerie circule autour de celle-ci et permet de contempler de haut les palmiers rares qui ornent la serre. Cette collection, unique en son genre, renferme des plantes de toute beauté

(*Livistona chinensis, Thrinax radiata, Rhopalostylis Baueri, Syagrus botryophora, Archantophœnix Cunninghami, Ptychosperma elegans* [fig. 207]). Le *Livistona australis*, qui occupe le centre de la serre, mérite une mention spéciale : il provient d'une des graines envoyées par Allan Cunningham de la Nouvelle-Hollande, et dont nous avons raconté l'histoire. C'est l'un des trois exemplaires encore vivants du premier semis de palmiers fait en Europe; les deux autres sont l'un à Kew, l'autre au Crystal-Palace de Sydenham.

Culture du Palmier en Serre. — Cultiver le palmier dans de pareilles proportions n'est pas à la portée de tout le monde : *non licet omnibus adire Corinthas!* mais le palmier est bon prince; il est plein de condescendance pour ses admirateurs, et ceux qui n'ont qu'une serre de dimensions très-modestes ne doivent pas renoncer au plaisir de jouir de la beauté et de l'éclat de cette admirable plante. En règle générale toutefois, l'amateur fera chose sage en ayant à côté de la serre destinée aux plantes en fleurs une serre spéciale, froide ou chaude, dans laquelle il cultivera les palmiers. Des plantes de familles diverses, provenant de climats différents et d'altitude variée, ne peuvent, si elles sont réunies dans la même serre, être placées dans les conditions de chaleur, de lumière et d'humidité favorables à leur développement. Quand on a une serre construite uniquement pour une catégorie de plantes, pour les palmiers de serre chaude par exemple, la culture de celles-ci devient plus facile ; on peut leur donner plus aisément des conditions de chaleur et d'humidité rapprochées autant que possible de celles que leur offre le climat de leur patrie.

Les palmiers étant des plantes héliotropiques, on les cultivera dans des serres largement éclairées, et on aura soin de placer les grands exemplaires sur une planche à roulettes (fig. 208), de manière à pouvoir, si cela devenait nécessaire, déplacer facilement la plante et l'exposer aisément de tous les côtés aux rayons du soleil.

Chauffage et Aérage des Serres. — Deux systèmes

sont employés : le chauffage à air chaud et le chauffage à eau chaude ou au thermosiphon. Le premier est aujourd'hui presque partout abandonné à cause des inconvénients qu'il présente ; le plus grand provient de son irrégularité. Si le feu n'est pas conduit d'une manière uniforme, la serre est exposée à des alternatives d'échauffement et de refroidissement; on comprend aisément combien de pareilles alternatives sont préjudiciables à la santé des plantes. On ne l'emploie plus guère que lorsque les serres sont très-grandes, et encore dans ce cas on le combine avec le système de chauffage à eau chaude, comme cela peut se voir dans la figure qui représente la coupe de la serre du Jardin fleuriste de la ville de Paris (fig. 209). D'un côté, un foyer A échauffe l'air contenu dans les conduits CC; son admission dans la serre a lieu au moyen d'une bouche de chaleur E et est réglée par une valve D; de l'autre côté, un foyer F échauffe l'eau contenue dans les conduits G. On peut ainsi maintenir dans la serre une température plus constante et moins sèche que celle que produiraient les bouches de chaleur, si seules elles chauffaient la serre.

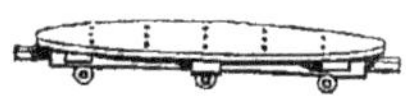
Fig. 208. — Plate-forme à roulettes pour grandes caisses.

Ces dispositions, parfaitement appropriées au chauffage des grandes serres, permettent d'élever l'atmosphère de celles-ci à la température qu'on désire obtenir. Une serre ainsi disposée peut être utilisée pour la culture des palmiers de serre froide et de ceux de serre chaude. Mais elle ne convient qu'aux plantes déjà formées, comme sont celles qu'on rencontre généralement dans les établissement horticoles. On les reconnaît facilement à leurs feuilles toutes bien établies. Une pareille serre n'est parfaitement appropriée à la culture des palmiers que si des ventilateurs y ont été disposés en nombre suffisant et de manière à pouvoir renouveler l'air toutes les fois qu'on le juge à propos. Ne perdons pas de vue, en effet, que les palmiers, à l'exception de quelques espèces originaires de climats très-chauds, deviennent malades et que leurs feuilles jaunissent rapidement s'ils sont placés dans une atmosphère insuffisamment renouvelée.

Fig. 209 — Système de chauffage à air chaud et à eau chaude de la Serre à Palmiers du Fleuriste de la Ville de Paris. (Dessin tiré de l'ouvrage LES PROMENADES DE PARIS par A. ALPHAND.)

A. Foyer
B. Serpentin
C. Conduits d'air chaud.
D. Valve réglant l'introduction de l'air chaud.
E. Bouche de chaleur
F. Calorifère.
G. Conduits d'eau chaude

Semis de Palmiers. — L'amateur qui désire semer des graines de palmiers et cultiver de jeunes plantes, doit pouvoir chauffer sa serre d'une façon spéciale et y maintenir toujours l'atmosphère à une température élevée. Pour atteindre ce but, il aura une serre basse, afin de mieux concentrer la chaleur, et même, si le sol le permet, celle-ci sera à demi enterrée. Elle aura un seul versant si elle est adossée à un mur, et deux versants si elle est isolée. Elle contiendra des bâches chauffées à l'inté-

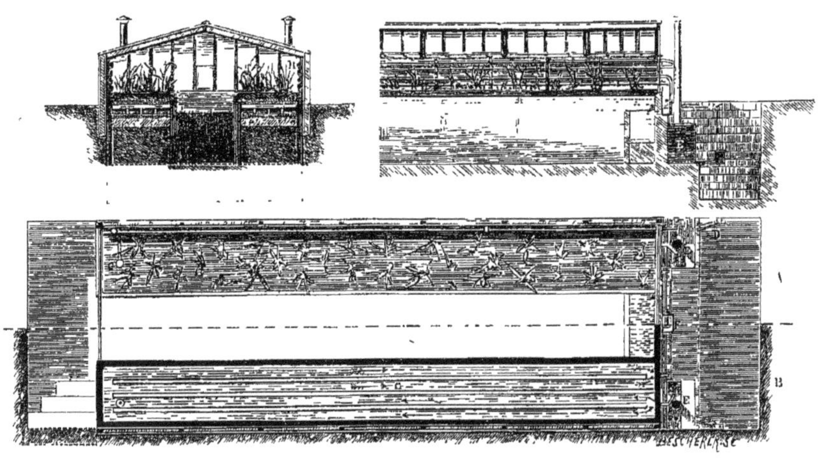

Fig. 210 à 212. — Plan d'une Serre à semis pour jeunes Palmiers, avec appareil de chauffage au gaz et à l'eau (du Fleuriste de la Ville de Paris). Échelle de 0^m, 0,1 p. m.

A. Plan au-dessus des bâches. — B. Plan au niveau du vaporisateur. — C Régulateur thermo-électrique. — D. Robinet à gaz communiquant avec le régulateur. — E. Calorifère. F. Petit réservoir d'eau alimentant le calorifère. — G. Vaporisateur. — H. Conduit d'eau chaude.

rieur par les tuyaux d'eau (thermosiphon) et remplies d'une couche de tannée et de sciure de bois mélangées, dans laquelle plongent les petits vases qui reçoivent les graines ou les jeunes plantes. La serre dont nous donnons ici la coupe et le plan (fig. 210 à 212), satisfait parfaitement à ces conditions.

On place les graines dès leur arrivée dans une serre où la température est élevée et humide; on les y débarrasse des parties extérieures (cosses, enveloppes, etc.) qui les entourent, et, pour faciliter le développement de l'embryon, on détache avec le plus grand soin et les plus grandes précautions la lamelle qui

Fig. 213. — Calamus Impératrice Marie.

recouvre l'opercule par lequel l'embryon doit sortir de la graine. On dispose ensuite les graines au-dessus d'une couche chaude (25 à 30° c.). On les recouvre de Sphagnum, qu'on tient dans un état de légère humidité ; trop d'eau ferait pourrir l'embryon, trop peu arrêterait son développement. La graine ayant germé, on laisse l'enveloppe de celle-ci adhérer à la jeune plante jusqu'au moment où le point de réunion de l'enveloppe et de la jeune plante est desséché ; alors on l'enlève au couteau, sinon elle pourrirait, et la pourriture gagnant le jeune sujet, la mort de celui-ci serait inévitable. Comme on le voit, le semis de palmiers ne présente pas de grandes difficultés. Aussi engageons-nous tous ceux qui ont une serre chaude à semer quelques noyaux de datte qu'ils auront le plaisir de voir germer et grandir. De tous les palmiers, c'est l'un de ceux qui germent en serre avec le plus de facilité.

Les plantes obtenues de semis sont toujours mieux conformées et plus robustes que celles qui proviennent de bourgeons. De plus, la graine de palmier variant souvent, il n'est pas rare de trouver, dans un semis de graines provenant de la même plante. un certain nombre de jeunes palmiers assez distincts du type pour former une variété jardinique parfois plus belle que l'espèce même (la variété *nivea* du *Chamærops humilis* ou le *Calamus Impératrice Marie* [fig. 213]).

Bouturage du Palmier. — Le bouturage du palmier était connu de toute antiquité. Pline l'Ancien nous apprend que les Assyriens avaient recours à ce mode de propagation pour conserver les dattiers dont les fruits présentaient des qualités supérieures. Le bouturage des drageons, que certains palmiers (*Chamærops, Phœnix, Caryota,* etc.) émettent au bas de leur tige, est un moyen pratiqué encore de nos jours. On enlève les drageons lorsqu'ils ont développé quelques racines adventives; mais, en les détachant, on aura soin d'en conserver parfaitement la base ou talon. Ces bourgeons bouturés doivent être tenus, jusqu'à leur parfaite reprise, sous châssis ou sous cloche, et plongés dans une couche de tannée.

Quant au bouturage du bourgeon terminal, bouturage que Pline nous décrit également, ce procédé n'est guère employé; on ne peut, en effet, trouver quelque avantage à recourir à ce moyen que dans le cas très-rare où l'amateur se voit forcé de sacrifier une plante devenue trop grande pour la serre qui la renferme, et encore le plus grand nombre d'espèces ne résisterait pas à cette *capitis diminutio,* bien différente de celle des jurisconsultes romains. Il ne faut donc recourir à cette extrémité que lorsqu'il n'y a plus moyen de conserver la plante dans la serre.

Fig. 214. — Drainage du pot d'un Palmier adulte.

Terre à donner aux jeunes Palmiers. — Peu après leur germination, les jeunes plantes sont mises dans des pots peu profonds, remplis de compost. Les avis sont fort partagés entre les jardiniers de profession quant à la nature du compost. M. Regel, l'éminent directeur du Jardin botanique de Saint-Pétersbourg, recommande un mélange composé d'une partie de terre de gazon argileux et d'une partie de terre de bruyère; on y ajoute plus ou moins de sable blanc. D'autres recommandent d'ajouter à la terre de bruyère du charbon de bois et de l'argile jaune réduite en poussière fine et mélangée intimement à la terre de bruyère.

Tous les palmiers demandent un sol substantiel et riche; certaines espèces (*Chamædorea, Pinanga, Phœnix, Rhapis, Thrinax,* etc.) exigent, en outre, un sol frais et légèrement tourbeux. On donne cette dernière qualité au compost en augmentant la proportion du terreau de feuilles et de la terre argileuse.

Arrosements. — La terre dans laquelle vit le palmier doit être tenue constamment dans un état de moiteur; il importe, sous ce rapport, de se rappeler le dicton arabe : « Le palmier aime à avoir son pied dans l'eau et sa tête dans le feu. » Toutefois, rien n'est plus funeste à ces plantes que l'eau stagnante au fond des pots ou des caisses. Aussi, est-il très-important de leur donner un fort drainage au moyen de tessons ou de debris de pots (fig. 214); il importe même de s'assurer plusieurs fois par an si les trous percés au fond des pots pour laisser écouler l'eau des arrosements ne se bouchent pas.

Les arrosements doivent être copieux en été, mais faits toutefois avec discernement. Il faut que le jardinier se pénètre bien de la différence qu'il y a entre les arbres à racines pivotantes (chêne, hêtre, etc.) et ceux à racines fasciculées (palmiers). Ceux-ci ne doivent pas être arrosés le plus près possible du pied de la plante. Les arrosements doivent être également proportionnés à l'énergie de la végétation. On donnera d'autant plus d'eau que les plantes se trouveront dans une phase de plus grande activité; on en diminuera la dose à mesure que le mouvement de la végétation se ralentira. On aura soin de seringuer les frondes du palmier le soir en été, le matin en hiver, afin que l'eau puisse s'évaporer pendant la journée, de crainte que la nuit elle ne se refroidisse trop. De temps en temps, les feuilles devront être lavées avec de l'eau très-propre, pour assurer la conservation de celles-ci. On évitera toutefois, autant que possible, de faire usage des eaux de puits, surtout quand elles sont séléniteuses, c'est-à-dire quand elles tiennent en dissolution certaine quantité de carbonate ou de sulfate de chaux. Les eaux de pluie ou de rivière sont de beaucoup préférables. On pourra parfois saturer l'eau d'engrais chimiques, afin de rendre au sol épuisé sa fertilité première.

Engrais. — En étudiant la composition de la plante, on arrive aisément à comprendre la nature de l'engrais que le palmier réclame. Un de nos amis, M. Gœbel, a bien voulu nous communiquer le résultat d'une analyse soigneusement faite des feuilles du *Livistona chinensis*. Cent parties de cendres contiennent :

	Jeune exemplaire	Exemplaire adulte
Silice	35,804	36,437
Acide phosphorique	4,823	5,408
Alumine et oxyde de fer	6,666	6,605

	Jeune exemplaire.	Exemplaire adulte.
Chaux.	6,259	20,931
Magnésie	1,060	5,482
Soude	1,679	Traces.
Potasse	18,434	18,387

D'excellents résultats ont été obtenus par l'emploi des engrais en poudre contenant sept parties d'azote assimilables, trente parties de phosphate d'os dégélatinés et cinquante parties de matières animales torréfiées.

Empotements. — La germination opérée, les jeunes plantes sont mises en pots de petite grandeur, généralement dès qu'elles ont émis leur deuxième feuille. On choisit ces pots très-petits d'abord, parce que, comme nous le verrons, la terre souvent renouvelée provoque le développement des jeunes plantes; en second lieu, parce qu'il est absolument nécessaire de donner à ce moment de la végétation une grande chaleur aux racines. On place dans ce but les jeunes palmiers dans des coffres sur couche chaude *, et on ombre les vitres de la serre de manière à ce que les plantes ne soient pas atteintes par les rayons du soleil.

Les jeunes plants ne sont pas les seuls à demander une chaleur de fond. En règle générale, tous les palmiers ont besoin, quand ils sont rempotés, de cette chaleur; certains même, ceux des îles Séchelles entre autres (*Phœnicophorium Sechellarum*, *Roscheria melanochætes* [fig. 215], *Hyophorbe indica* [pl. XV]) ne peuvent guère être cultivés autrement.

Anciennement, on redoutait de dépoter les palmiers, et c'est pourquoi on les plantait dès leur jeune âge dans des pots de dimension considérable. On croyait que les plantes mourraient infailliblement dès que quelques-unes de leurs racines seraient ou brisées ou broyées; or, disait-on, quelque minutieux que soient les soins apportés à cette opération, il est impossible de dépoter un

* Une couche de tannée d'un mètre d'épaisseur peut fournir une chaleur de fond de 12 à 15 degrés.

palmier sans qu'il y ait de racines contusionnées, surtout lorsque celles-ci garnissent toute la surface de la motte (fig. 216).

L'expérience a prouvé combien ces craintes étaient exagérées. Il suffit que le jardinier ait soin de couper au canif d'une manière nette les racines contusionnées, blessées ou brisées. Si la

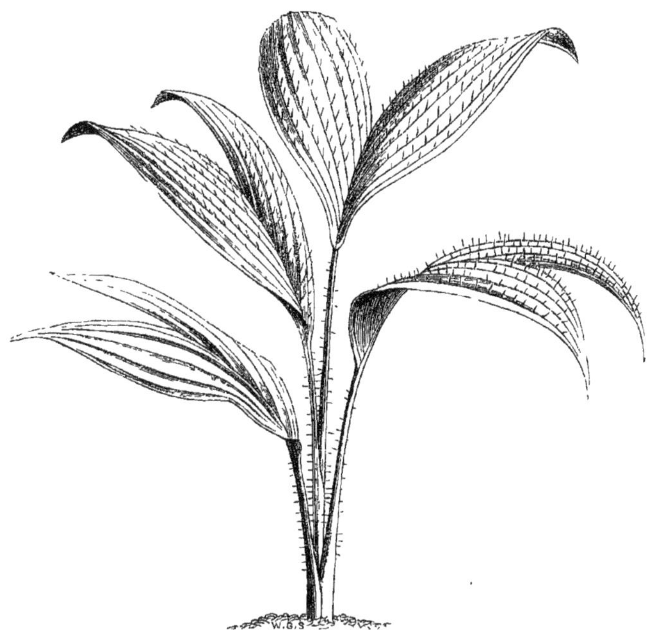

Fig. 215. — Roscheria melanochætes Wendl et Dr.

plante souffre quelque peu, elle se rétablit promptement et émet de nouvelles racines, pourvu qu'on la place dans des conditions telles qu'elle puisse recevoir au pied une douce chaleur artificielle. Dans ce but, on plonge les pots soit, comme nous l'avons indiqué, dans une couche de tannée, soit dans un lit de fumier, soit même sur une tablette à jour placée au-dessus des tuyaux de chauffage.

En renouvelant souvent le sol qu'elles épuisent rapidement, on active beaucoup le développement des jeunes plantes. C'est surtout quand les palmiers sont jeunes qu'il convient de renouveler la terre dans laquelle ils se trouvent; la fréquence des rempotements doit être en raison directe de l'étroitesse des récipients. Plus tard, quand les palmiers sont devenus plus forts, les pots employés peuvent être plus considérables et le rempotage peut ne plus se faire qu'une fois l'an. Quand les plantes se sont encore développées, on peut espacer davantage les rempotements et ne plus renouveler la terre que tous les deux, trois ou six ans, en tenant compte du développement de la plante et en lui donnant un supplément de nourriture par l'emploi d'engrais liquides appropriés.

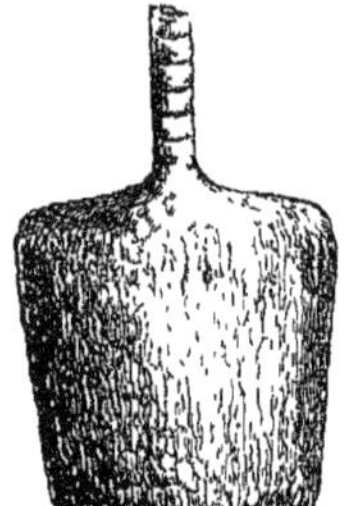

Fig. 216. — Motte d'un Palmier adulte.

Lorsque les palmiers sont grands et élancés, il devient plus difficile de procéder à de fréquents rempotages. On ne change le palmier de caisse que lorsque celle-ci est devenue complétement insuffisante, et la différence entre les caisses qui servent successivement à un palmier est plus considérable que celle qui existait antérieurement entre les pots. Nous recommandons beaucoup, quand on doit dépoter de grands palmiers, de se servir du système anglais, représenté par la figure 217. Sur deux tréteaux (fig. 217), on place deux poutrelles rondes et solides sur lesquelles s'enroulent deux fortes cordes qui passent sous la plante. On enlève les bandes ou cercles de fer (fig. 218) qui entouraient les douves de la caisse primitive. Celles-ci, rendues libres, peuvent être facilement enlevées (fig. 222). Les racines du palmier sont assez nombreuses pour maintenir la motte, surtout si l'on a eu soin d'arroser celle-ci avant de commencer le dépotement de la plante.

Les douves enlevées, on soulève la plante de manière à pouvoir faire glisser sous elle la nouvelle caisse, dans laquelle on a préalablement disposé un large lit de tessons ou de gravier, afin d'obtenir un bon drainage. On laisse ensuite descendre la plante dans la caisse et on remplit celle-ci de terre nouvelle qu'on répartit aussi également que possible autour de la motte.

Aérage de la Serre. — Les Chamærops, les Phœnix, les Cocos, les Thrinax, les Jubæa, les Livistona, les Areca, et un grand nombre d'autres palmiers, bien que réclamant une humidité assez considérable à leurs racines, redoutent la trop grande humidité de l'atmosphère. Leurs feuilles se tachent sous l'influence de celle-ci; un petit champignon microscopique envahit bientôt la plante; les palmiers s'étiolent et perdent toute leur beauté; les pétioles s'allongent d'une manière exagérée et, ne pouvant plus soutenir le limbe de la feuille, s'étalent disgracieusement et déforment la tête de l'arbre. D'autres, au contraire, demandent, comme une des conditions nécessaires de leur existence, d'être cultivés dans une atmosphère humide. La plupart des Calamus ne peuvent vivre dans nos serres qu'à la condition que le fond des pots soit placé dans une cuvette d'eau tiède fréquemment renouvelée. Les espèces spinescentes qui, pour la plupart, sont originaires de contrées marécageuses et chaudes, réclament des soins par-

Fig. 217. — Appareil pour la déplantation des Palmiers.

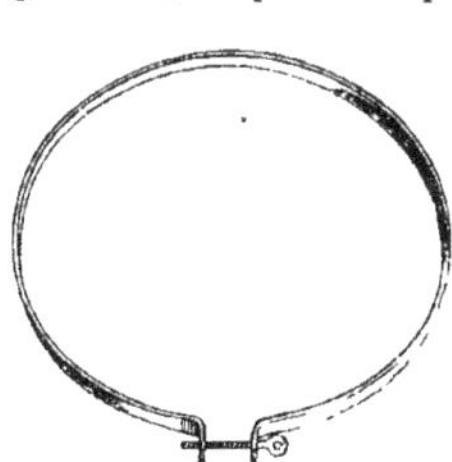

Fig. 218. — Bandes de fer cerclant les grandes cuvelles des Palmiers.

ticuliers, une atmosphère chaude et humide, ainsi qu'une lumière moins vive et moins intense. En règle générale, toutes les espèces équatoriales croissant le long des côtes ou des rives des fleuves de l'Inde, de la Malaisie continentale et insulaire, du Brésil, de la Guyane, doivent être cultivées dans des serres basses et humides. Les palmiers qui croissent sur les montagnes demandent, au contraire, une atmosphère sèche et souvent renouvelée, même lorsque, comme le Thrinax par exemple, ils sont originaires de pays situés sous l'équateur.

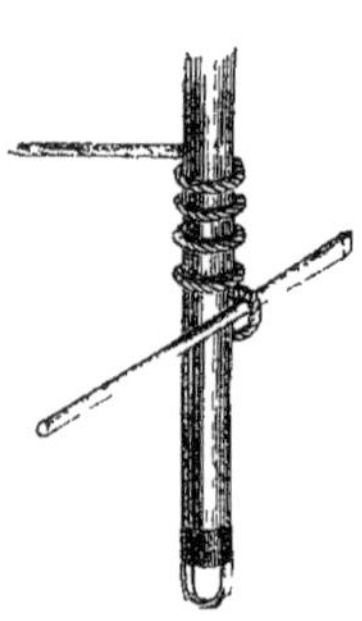
Fig. 219. — Poutrelle pour la déplantation du Palmier.

Un grand nombre de palmiers sont aussi très-sensibles à une lumière solaire trop vive; leurs larges et belles frondes vertes sont sujettes à se tacher et à se brûler quand elles reçoivent directement les rayons du soleil. En général, tous les palmiers préfèrent la lumière diffuse que produisent des rayons réfléchis et adoucis par la teinte bleuâtre des vitres ou du badigeon dont il convient de recouvrir celles-ci en été.

Des Palmiers dans les Jardins d'Hiver. — Lorsqu'un amateur dispose de serres élevées et spacieuses, il peut planter certains palmiers en pleine terre. Ceux-ci ne tardent pas alors à prendre un développement considérable; leurs racines ne sont plus resserrées dans une cage de bois, mais trouvent un sol substantiel dans lequel elles peuvent se développer librement. Ce mode de culture présente toutefois certains désagréments : une fois planté, le palmier est mis à perpétuelle demeure à la place qu'il occupe et on ne peut

Fig. 220. — Tréteau pour le changement de Caisse de grands Palmiers.

Fig. 221. — Vue extérieure de la grande Serre de Kew.

songer à le déplacer, lors même que par la vigueur de son feuillage il nuit à l'effet général de la serre. Parfois même, le développement que prennent ainsi les palmiers est tel, qu'ils vont donner rapidement de la tête contre le toit de la serre et meurent, comme le célèbre Arenga du Jardin des plantes de Paris, des suites de ce malheureux coup de tête.

Lorsqu'on ne veut pas renouveler tout le sol de la serre pour y planter des palmiers, et qu'on désire se borner à en cultiver quelques-uns, M. Troupeau, le jardinier principal de la ville de Paris, conseille de faire une fosse de 80 centimètres à 1 mètre de profondeur et de la remplir de 50 à 60 centimètres d'épaisseur de débris de bois, de fagots, d'ajoncs ou de bruyères bien tassés. On remplit le reste du vide en y versant une terre mélangée en parties égales de terre de bruyère, de terreau de feuilles et de bonne terre d'alluvion. M. Troupeau recommande d'ajouter à cette terre 10 litres de poudrette par mètre cube, ou la même quantité d'engrais de la Minière.

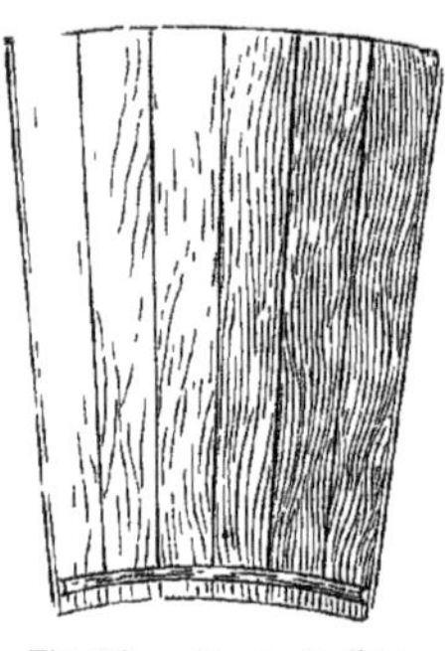
Fig. 222. — Douves de Caisse pour Palmier.

Les Ennemis du Palmier. — Comme toutes les plantes de serre, les palmiers sont exposés aux attaques de nombreux ennemis. Nous nous bornerons à citer les principaux d'entre eux.

1° Les cloportes sont des insectes si connus qu'à peine avons-nous besoin de les décrire; leur corps, de forme ovalaire, est d'une couleur ardoisée plus ou moins brune en dessus. Ils attaquent la nuit les jeunes plantes vertes, et à la suite de leurs incursions nombre de ces plantes dépérissent et meurent de langueur. Si on les dépote, on ne tarde pas à s'apercevoir de l'esprit de famille qui règne chez ces hideux petits ravageurs. Toute une famille semble s'être donné rendez-vous au pied de la jeune plante, et le collet des racines leur a servi d'abri et de nourriture. Pendant le jour, ils cherchent les endroits peu éclairés de la serre pour s'y réfugier. C'est sur cette habitude que comptent les jardiniers pour leur tendre des piéges. On dispose çà et là sur les pots des pommes de terre évidées ou creusées en godet. Le matin, on les visite, et presque toujours on y trouve des cloportes.

2° Les limaces exercent également des ravages, surtout dans les bâches où se trouvent renfermés les jeunes palmiers; déprédateurs nocturnes, ils laissent après eux une trace gluante qui les fait découvrir. Pour les attirer, on compte sur leur gourmandise et on leur tend un piége économique en répandant dans la serre quelques feuilles de chou vert, dont les limaces semblent faire leur nourriture de prédilection. On s'en débarrasse également en répandant sur le sol, soit du sel de cuisine, soit de la chaux en poudre. Cette opération se fait le soir quand les ravageurs nocturnes se livrent à leurs déprédations; mais il importe d'y apporter la plus grande attention, afin d'éviter que la chaux ne tombe sur les feuilles des plantes.

3° Une petite araignée, l'*Acarus cinnabarinus*, exerce également des ravages sur les jeunes palmiers. On s'aperçoit aisément de sa présence: les feuilles atteintes par elle ont un aspect languissant; elles sont jaunâtres et grisâtres au-dessus et comme marbrées de teintes diverses. Cet insecte ne vient que sur les plantes de serre chaude dont l'air n'est pas suffisamment renouvelé. Si on transporte la plante dans une serre plus froide, les petits Acarus meurent et le palmier est débarrassé de ces microscopiques ennemis.

4° Un insecte, beaucoup plus petit encore, cause parfois de grands dégâts dans les serres à palmiers; il appartient à l'ordre des Thysanoptères créé par Haliday; il a à peine 2 millimètres! Cet insecte est le *Thrips hæmorrhoidalis*. On emploie avec succès contre lui la fleur de soufre appliquée, soit avec les doigts sur les feuilles préalablement mouillées par un bon bassinage, soit par immersion complète de la tige de la plante et de ses feuilles dans une cuvette d'eau contenant de la fleur de soufre en dissolution.

5° Les jardiniers ont encore un ennemi des plus rédoutables à combattre : c'est le pou ou la punaise, dont les savants ont caché le nom repoussant en en faisant la tribu des Coccides, de l'ordre des Hémiptères. La tribu des Coccides se divise en deux groupes : celui des Promeneurs (cochenilles) et celui des Kermès. Ces derniers, dont fait partie le pou des palmiers (*Chermes Palmarum* Bouché), arrivés à l'âge adulte, se collent sur l'écorce ou sur les feuilles, et comme « Vénus tout entière à sa proie attachée », ils demeurent jusqu'à la mort à la place qu'ils se sont choisie. Très-abondants dans les serres, on les rencontre sous la forme de petites écailles blanches, convexes, un peu ovalaires, très-rapprochées les unes des autres, souvent presque confluentes. Ils se fixent de très-bonne heure ; ils envahissent d'abord le dessous des feuilles et plus tard les deux faces. On s'en débarrasse aisément en nettoyant les feuilles avec une brosse douce ou en appliquant sur celles-ci au pinceau de l'alcool à 35°, qui se vaporise promptement sans nuire aux plantes. M. Boisduval recommande le même remède pour la destruction de la cochenille des serres (*Coccus Adonidum* L., fig. 223 à 225), qui, connue des jardiniers sous le nom de *puceron laineux* ou *cotonneux*, est très-commune dans les serres chaudes, où l'efflorescence blanche qui la recouvre la fait parfaitement reconnaître.

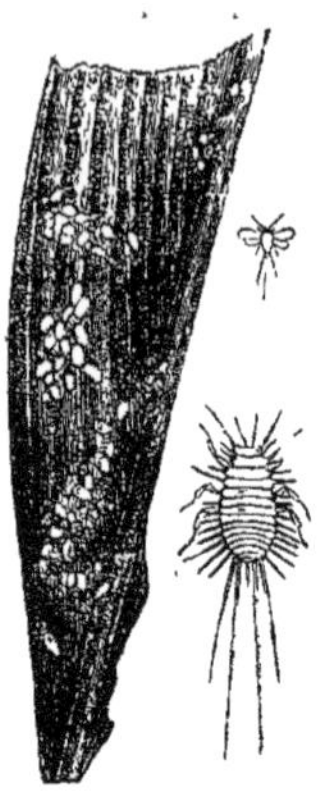

Fig. 223 à 225. Coccus Adonidum L. 1, grandeur naturelle. 2, le mâle. 3, la femelle (fort grossissement).

6° Une espèce particulière s'attaque spécialement aux Latanias de serre chaude (*Coccus Lataniæ* Boisd.). C'est un insecte qui passe du vert clair bordé de blanc pur au noir de jais, pour terminer sa carrière sous un habit de couleur roux clair. Il conserve toujours sa forme hémisphérique et sa bordure de cils blancs. Il se promène lentement sur les feuilles et le long des pétioles des Latanias, et introduit ses appareils de succion là où son bon plaisir l'arrête. Cet insecte ne se rencontre que dans les serres chaudes; il suffit, pour le faire disparaître, de placer, pendant quelque temps, la plante à l'air libre, ou de frotter les feuilles avec une brosse fine, comme nous l'avons indiqué en parlant des autres Coccides *.

Fleur de Tan. — Lorsque les plantes sont placées dans la tannée, il importe que le jardinier évite avec soin l'envahissement d'un ennemi microscopique mais fatal, l'*Æthalium septicum*, plus connu des jardiniers français sous le nom de *fleur de tan*. Ce dangereux myxomycète s'empare rapidement des pots placés dans la tannée. En une seule nuit, il couvre souvent une grande partie de la couche, envahit le pied des plantes et, grimpant le long des feuilles, recouvre la tige à une hauteur de 30 centimètres. On le trouve alors sous la forme d'un gâteau enveloppé d'une écorce rude de quelques centimètres d'épaisseur, qui est d'abord jaune vif, plus tard brunâtre. L'intérieur est une masse facile à réduire en poussière d'un gris noirâtre — ce sont les spores — traversée par des veines jaunes. Les jardiniers, dès qu'ils s'aperçoivent de la présence du dangereux parasite, doivent enlever les plantes, les nettoyer avec soin, saupoudrer la tannée de quelques poignées de sel de cuisine ou de chaux. bien la remuer et la mélanger avant de remettre les plantes en place. C'est là le plus dangereux de tous les ennemis. En une nuit, une serre entière peut devenir la proie de ce myxomycète; mais quelques moments d'attention et de soins le font disparaître si on le combat en temps opportun.

Ennemis du Palmier dans les Pays tropicaux. — Tels sont les principaux ennemis que le palmier rencontre dans nos serres; mais il en est d'autres qui l'assaillissent dans les pays où il croît, soit spontanément, soit par suite des efforts de l'homme. Les palmiers qui sont cultivés sont toutefois peu nombreux : le dattier, le cocotier, l'arbre à bétel (*Areca Catechu*), le carnauba (*Copernicia cerifera*), le sagoutier (*Metroxylon*

* Nous devons appeler l'attention spéciale des jardiniers sur la nécessité de faire ce brossage des feuilles hors de la serre, dans la crainte que Kermès et Cochenilles ne remontent sur d'autres plantes.

Sagus), le Palmyra Palm (*Borassus flabelliformis*) et le Gornuto (*Arenga saccharifera*). Ces palmiers ont également de nombreux ennemis, dont les attaques compromettent souvent la récolte des fruits. Le cocotier en compte peut-être le plus grand nombre ; les écureuils sont friands de ses fruits ; l'éléphant, le sanglier, le rat, la fourmi blanche, la termite, le porc-épic et les singes s'attaquent aux plantes elles-mêmes ou aux fruits qu'elles produisent. Mais l'ennemi le plus redoutable des palmiers sous

Fig. 226. — Calandra Palmarum.

les tropiques, la calandre du palmier (*Calandra Palmarum*), appartient à la même famille que le fléau de nos greniers européens, la calandre du blé. C'est un insecte au corsage noir, velouté, aux brillants élytres ; il est pourvu d'une sorte de tarière très-forte, dont il se sert avec une fatale activité pour se frayer un chemin à travers le tronc des palmiers. Telle est la rapidité du travail qu'il accomplit, qu'en une nuit il pénètre à travers l'écorce à 6 pouces de profondeur, jusqu'au centre même de l'arbre. Si on ne l'aperçoit pas et qu'on ne se hâte de l'enlever, il s'y établit pour quelques jours, le temps d'y déposer ses œufs et de se réconforter quelque peu en mangeant les fibres intérieures de la plante. Ce logis qu'il se choisit est toujours établi dans la partie la plus tendre et la plus savoureuse de l'arbre, près de sa tête. La croissance de celui-ci est arrêtée rapidement; il dépérit dès que la larve de cette calandre, un vilain ver (*Calandra Palmarum*) de 4 pouces de long, commence ses ravages. L'extrémité des feuilles devient longue et pendante; les fleurs qui s'épanouissent n'ont pas la force de se développer; elles s'étiolent et laissent tomber sur le sol leurs ovaires avortés. Ces larves, appelées souvent *vers palmistes* *, sont parfois grosses comme le doigt. On dirait de la graisse renfermée dans une pellicule. Nous hésitons presque à parler de l'usage qu'on fait parfois de ce ver; mais celui-ci ne serait-il pas proche parent du fameux Cossus qui, en Grèce et à Rome, passait autrefois comme un mets des plus recherchés sur les élégantes tables des empereurs et des patriciens de l'Empire romain? Au dire du voyageur allemand Engel, les étrangers eux-mêmes trouvent un certain plaisir à les manger, soit frits, soit rôtis.

Tous les insectes qui attaquent le palmier ne sont pas d'un aspect aussi répugnant. C'est ainsi que nous citerons une guêpe mignonne (6 millimètres de longueur), le *Polybia Palmarum*, qui est une des plus charmantes créations de la nature. Son thorax est jaune, ligné de noir; l'abdomen noir, à ceintures jaunes. Cet insecte construit son nid — un rayon de forme ovalaire — à la face inférieure des feuilles des palmiers du Guatemala. On est presque tenté de lui pardonner les dégâts qu'il fait à la plante, tant est grande la grâce de ces gentilles constructions lorsque les feuilles, secouées par le vent, balancent avec elles tout un petit monde actif et laborieux.

* A Barbados, on appelle ces vers *Grougrou Worms*, du nom populaire du palmier Grougrou (*Acrocomia relerocarpa*) dans le tronc duquel on les rencontre surtout. Élien, qui vivait au deuxième siècle de l'ère chrétienne, disait déjà de son temps: «Au dessert, le roi des Indiens ne se régale pas, comme les Grecs, du fruit des palmiers, mais il se fait servir un ver qui naît dans l'intérieur de l'arbre. Ce petit animal rôti est, dit-on, un mets délicieux.»

CHAPITRE XII.

DESCRIPTION DES QUARANTE CHROMOLITHOGRAPHIES.

Les quarante palmiers que nous avons fait dessiner par M. De Pannemaker, forment une collection d'élite, de serre froide et de serre chaude. Les uns, par la beauté de leur port, la facilité de leur culture, la vigueur de leur croissance, jouissent d'une juste popularité ; les autres, plus rares, d'une culture moins facile, d'une complexion plus délicate, réclament des soins particuliers et l'abri de serres humides et chaudes.

Un signe placé à la suite du nom de la plante, indique si le palmier est de serre froide (†) ou de serre chaude (O).

Parfois nous avons cru devoir désigner une plante figurée sous le nom qui lui est attribué dans la pratique horticole, alors que son vrai nom générique botanique est encore peu répandu. Dans ce cas, nous avons mis celui-ci entre parenthèses. Tel est, par exemple, l'*Areca Baueri*, que nous trouvons toujours sous ce nom dans nos collections, alors qu'il devrait s'appeler *Rhopalostylis Baueri*. Nous l'avons désigné sur la planche sous le nom de *Areca* (*Rhopalostylis*) *Baueri*. Espérons que les amateurs comprendront l'utilité qu'il y aurait pour tous à désigner uniformément les plantes sous le même nom, celui qui leur est donné dans la classification de M. Wendland.

Quant aux divers synonymes attribués à ces plantes, nous n'avons pas cru devoir les indiquer ici. Le lecteur les trouvera à l'Index. Nous avons cherché à le rendre aussi complet que possible, et si nous avons pu réussir en partie dans cette tâche, nous le devons beaucoup aux bienveillants conseils que nous a donnés l'éminent palmographe de Hanovre, M. H. Wendland. Qu'il nous soit permis de lui en témoigner ici toute notre reconnaissance.

Pl. I. — Areca (Rhopalostylis) Baueri Hook f. †.

Ce magnifique palmier est originaire de l'île Norfolk, où Allan Cunningham le découvrit. Il diffère de son congénère australien, le *Rhopalostylis sapida* Wendl. et Dr. (pl. V), par son port plus élancé, ses pennules plus larges et plus longues, ses fleurs blanches et ses baies globuleuses et écarlates. Peu de palmiers de serre froide sont plus rustiques que celui-ci. Il fleurit chaque année dans le Palm-House de Kew, et ses fruits y arrivent même à maturité.

Pl. II. — Areca (Linospadix) monostachya Mart. O.

Cette Arécinée appartient au groupe des palmiers de la Nouvelle-Galles du Sud et de la Nouvelle-Guinée. Elle doit son nom à la disposition particulière de son épi unique. C'est un palmier de serre froide des plus élégants : son stipe grêle supporte une abondante couronne touffue de feuilles pennées.

Pl. III. — Acanthophoenix crinita Wendl. O.

Ce palmier, introduit de l'île Bourbon dans la première moitié du dix-neuvième siècle, est l'un des plus élégants palmiers de serre chaude. Les épines aciculaires noires qui se présentent sur les pétioles et les nervures principales de la feuille, la coloration blanchâtre de la face inférieure des pennules de celle-ci, prêtent à ce palmier un charme tout particulier.

Pl. IV. — Kentia (Kentiopsis) divaricata Brongt. †.

Ce palmier, décrit d'après des échantillons secs par Brongniart, a été découvert dans la Nouvelle-Calédonie, où il se trouve aux environs du mont Congui, de la baie Prony et du Daaoui de Hero. Introduite en 1876, sous le nom de *Kentia gracilis*, cette belle plante a acquis rapidement droit de cité dans toutes les collections. C'est un élégant palmier de serre froide. Ses frondes d'un beau vert clair sont composées d'une douzaine de segments linéaires et pendants. Cette espèce n'a pas le même développement que ses congénères; elle reste, semble-t-il, plus naine, mais elle rachète bien ce défaut, si c'en est un, par la grâce et la légèreté de son charmant feuillage.

Pl. V. — Kentia (Rhopalostylis) sapida Mart. †.

Ce palmier appartient au même groupe que le *Rhopalostylis Baueri*. Originaire de la Nouvelle-Zélande, c'est un des plus beaux palmiers de serre froide que l'on connaisse. Ses pétioles largement engaînants ont, dans les plantes adultes, une longueur de près de 2 mètres. Ils portent des pennules lancéolées, longues de 40 à 60 centimètres, régulièrement disposées, à trois nervures saillantes au dessus. Quand ils sont jeunes, les pétioles sont couverts d'une poussière cendrée roussâtre, tandis que les pennules sont d'un beau vert bronzé. Ce palmier est, on le sait, celui qui s'avance le plus vers le sud. Dans sa patrie, il supporte la neige et la gelée. Nous en avons parlé à plusieurs reprises, car c'est l'un des palmiers les plus répandus, et à juste titre, dans les collections européennes.

Pl. VI. — Kentia (Kentiopsis) macrocarpa Brongt. †.

La Nouvelle-Calédonie, qui a, dans ces derniers temps, fourni tant de palmiers de serre froide à l'Europe, est la patrie de ce Kentiopsis. Il habite les bois près de Kanala, où il atteint une altitude de 800 mètres au-dessus du niveau de la mer, le mont Arago, le mont Nekou et l'île Ouin. C'est une belle espèce, qui se distingue par la couleur rougeâtre de ses jeunes frondes. Plus tard ces frondes deviennent vert foncé, et les pétioles brun vernissé. Le port de cette belle plante est des plus vigoureux. Introduite dans les cultures européennes par M. Linden, elle porte souvent dans les collections le nom de son introducteur: *Kentia Lindeni*.

Pl. VII. — Kentia (Grisebachia) Forsteriana Wendl. †.

M. Wendland a dédié ce beau palmier à Forster. Découvert dans les îles de Lord Howe, petites îles de l'océan Pacifique, situées à l'est de l'Australie, ce beau palmier appartient au groupe des palmiers australiens. C'est une espèce de serre froide très-remarquable à frondes pennées et luisantes. Elle est appelée au plus brillant avenir grâce à sa forme élégante et à sa culture facile.

Pl. VIII. — Kentia (Hedyscepe) Canterburyana Wendl. et Dr. †.

Décrit avec le plus grand soin par MM. Wendland et Drude, dans leur beau travail sur les palmiers australiens, ce palmier de serre froide est l'un de ceux qui jouissent aujourd'hui de la vogue la plus légitime, car il est l'un des plus rustiques et des plus décoratifs. Ses frondes pennées, d'une belle couleur vert tendre, présentent une consistance supérieure à celles du *Rhopalostylis sapida*.

Pl. IX. — Kentia (Grisebachia) Belmoreana Wendl. †.

Comme le *Grisebachia Forsteriana*, ce beau palmier de serre froide est originaire des îles de Lord Howe, où le savant directeur du Jardin botanique de Sydney l'a découvert en même temps que le *Hedyscepe Canterburyana* et le *Clinostigma Mooreanum*. Le baron F. von Müller, de Melbourne, le décrivit comme un Kentia ; plus tard MM. Wendland et Drude le classèrent dans un genre nouveau, celui des Grisebachia*. Cette magnifique plante, robuste et de serre froide, est une des plus précieuses acquisitions faites dans ces derniers temps. Ses frondes pennées sont gracieusement arquées ; les folioles sont régulièrement disposées et ont une belle teinte verte brillante.

Pl. X. — Calamus (Dæmonorops) lewisianus Griff. O.

Originaire des environs de Sumatra et de l'île de Pinang, ce Calamus est un des plus beaux palmiers de ce genre, grâce à

* Voir page 67.

ses feuilles fines, pectinées, à pennules serrées. Ses pétioles sont garnis d'épines noires. La face supérieure du limbe est couverte de poils noirs, durs et pointus. Il porte dans son pays d'origine le nom de *Kichum*. Ce palmier demande à être cultivé en serre chaude et humide; comme tous les Calamus, les jeunes exemplaires produisent un plus bel effet que les plantes qui ont atteint une certaine dimension.

Pl. XI. — Euterpe edulis Mart. †.

Ce palmier, originaire des forêts de l'est du Brésil, est l'une des espèces les plus importantes de l'Amérique tropicale. Son tronc élancé, cylindrique, parfois un peu plus gros à la base qu'au sommet, supporte une couronne touffue de frondes pennées, pectinées, fournies par 70 à 80 paires de pennules longuement acuminées. C'est un des palmiers américains qui atteignent le plus grand développement. Ses frondes sont chargées sur le dessous du pétiole d'un duvet farineux grisâtre. Bien que pouvant être cultivé en serre froide, ce palmier demande pendant l'hiver plus de chaleur que les autres palmiers de serre froide. On fera bien, dans les pays où l'hiver est rigoureux, de placer cette plante, d'octobre à mai, dans une serre tempérée.

Pl. XII. — Phœnicophorium Sechellarum Wendl. O.

De tous les palmiers de serre chaude, le *Phœnicophorium Sechellarum* est l'un des plus beaux, quoiqu'il soit acaule ou, du moins, que son tronc soit court. Ses feuilles s'élargissent de la base au sommet, qui est obtus et divisé en deux lobes séparés par une échancrure profonde. Jeunes, elles sont plissées et gaufrées, et leur couleur bronzée n'est pas un des moindres agréments que présente ce magnifique palmier. Dans les feuilles adultes cette teinte disparaît, et les feuilles deviennent verdâtres; mais alors encore elles offrent le plus bel aspect. Leur teinte n'est pas uniforme : le limbe présente toutes les nuances du vert, au milieu desquelles apparaissent un grand nombre de macules couleur chamois. Les pétioles sont courts, épais, de la même couleur que les macules, et, comme tous les palmiers épineux des Séchelles, garnis de longues épines droites aplaties, d'un noir de jais.

Originaire des îles Séchelles, le Phœnicophorium demande l'abri d'une serre chaude et humide, pour se développer dans toute sa splendeur. Placé dans ces conditions, il devient un des plus admirables palmiers que possèdent nos collections.

Pl. XIII. — Chamædorea graminifolia Wendl. †.

Originaire du Guatemala, ce palmier se distingue de ses congénères par la forme élégante de ses feuilles longipennées et par la belle coloration de son tronc élancé. Comme dans tous les Chamædorea, le stipe est mince, lisse, offrant des cicatrices circulaires, provenant de la base engaînante du pétiole des frondes. Excellent pour les petites serres, ce palmier peut parfaitement être cultivé en serre froide ou tempérée.

Pl. XIV. — Chamædorea elegans Mart. †.

Originaire du Mexique, cette espèce élégante se cultive parfaitement en serre froide ou tempérée. Sa tige, à longs entrenœuds serrés, supporte une couronne de feuilles pennées, vertes à reflet bleuâtre. Introduit depuis longtemps dans les cultures, ce palmier mérite une des premières places dans les collections.

Pl. XV. — Hyophorbe amaricaulis Mart. O.

Cette espèce doit être cultivée dans une serre chaude; le pétiole est rouge brun lorsque la fronde est jeune, et devient plus foncé en vieillissant. C'est une espèce à croissance lente, originaire des environs du mont Pierre Booth, à l'île Bourbon, où Commerson l'a découverte. Les indigènes l'appellent *Palmiste poison*.

Pl. XVI. — Hyophorbe indica Gærtn. O.

A tous les points de vue, ce palmier est l'une des plus heureuses acquisitions que l'horticulture ait faites. Son port est des plus gracieux; ses folioles sont d'un beau vert pâle, luisant; sa tige élancée et ses pétioles grêles sont jaunâtres, parsemés de fines macules brunâtres. Il croît en serre chaude et même en serre tempérée (+7° C.). Comme les *Rhapis* et le *Caryota sobolifera*, il émet souvent au pied des bourgeons, qui se développent rapidement.

Pl. XVII. — Hyophorbe Verschaffelti Wendl. O.

Cette espèce, qu'on cultive en serre tempérée, est une des plus vigoureuses et des plus belles de la flore des Séchelles et des îles Mascareignes. Son stipe peut atteindre jusqu'à 20 mètres de hauteur. Ses feuilles élégantes, glabres, d'un beau vert brillant, se distinguent par la ligne médiane jaune des pennules. Sa croissance est toutefois beaucoup plus lente que celle d'autres Arécoïdées, que rappellent son port rigide et ses feuilles pennées.

Pl. XVIII. — Ceroxylon andicola Humb., Bonpl. et Knth. †.

A diverses reprises, nous nous sommes occupé de ce précieux palmier du Brésil, dont on rencontre dans les montagnes de Quindiu des forêts entières situées de 1750 à 2825 mètres de hauteur au-dessus du niveau de la mer. Dans sa patrie son tronc atteint jusqu'à 60 mètres d'élévation. Dans sa jeunesse, toutefois, son développement est lent. Son port élégant et sa culture facile doivent le faire rechercher; ses feuilles garnies d'un grand nombre de pennules coriaces, plissées, échancrées au sommet, couvertes en dessous et sur le pétiole d'une poussière argentée, contribuent à en faire un des plus élégants palmiers de nos serres. On le cultive en serre froide ou tempérée, mais la température de celles-ci ne peut pas descendre à + 6° R.

Pl. XIX. — Calyptrogyne Ghiesbreghtii Wendl. O *.

Le Calyptrogyne, dont nous avons publié l'image fidèle, a été

* C'est par erreur que nous avons, dans la gravure, maintenu à la plante le nom de *Geonoma Verschaffelti* que la plupart des catalogues lui donnent encore.

dédié par M. Wendland au collecteur belge Ghiesbreght. Cette plante appartient à un groupe de petits palmiers très-élégants, dont le port rappelle celui des Geonoma. Ses grands limbes verts se divisent en larges pennules. A leur sommet, ils sont bifurqués et se terminent par une pointe allongée et fine. Ce palmier fleurit souvent dans les serres; le spadice droit et allongé, couvert de petites baies succulentes, ajoute encore à l'effet ornemental que produit la plante.

Pl. XX. — Geonoma gracilis Lind. et André. O.

Cette curieuse espèce brésilienne, dont le port distingué et le feuillage élégant rappellent le *Cocos Weddelliana*, doit scientifiquement, en raison de la règle de priorité, s'appeler *Geonoma Riedeliana*. C'est le nom que M. Wendland lui attribua, lorsqu'il reçut des *exsiccata* de cette espèce, recueillis au Brésil par M. Riedel. La beauté de ses frondes, aux pennules étroites et effilées, assigne à ce palmier une place dans toutes les collections. Sa culture, comme celle de tous les Geonoma, est des plus faciles. L'atmosphère d'une serre chaude et humide convient parfaitement à ces palmiers, originaires des forêts des rives de l'Amazone.

Pl. XXI. — Caryota sobolifera Wall. O.

Les Caryotas sont tous des palmiers à floraison terminale. L'amateur ne doit donc guère espérer de les voir fleurir dans nos serres; mais nous n'avons pas à le regretter. Leurs fleurs sont insignifiantes, tandis que leur port élégant et leurs frondes bizarres nous charment par leur aspect étrange. Les folioles qui garnissent abondamment les frondes sont à peu près triangulaires, tronquées, et comme mordillées au sommet. Le *Caryota sobolifera* est originaire du Thibet et de la presqu'île de Malacca. Il ressemble beaucoup au *Caryota urens*, le palmier vinifère des Indes, mais, à la différence de celui-ci, il émet dès sa jeunesse de nombreux rejetons à la base du stipe. C'est à cette particularité qu'il doit le nom spécifique que les auteurs lui ont donné.

Pl. XXII. — Phœnix reclinata Jacq. †.

Cette espèce de dattier aux frondes réfléchies est l'un des plus rustiques et des plus gracieux. Originaire du cap de Bonne-Espérance, il est très-répandu dans les cultures européennes, et croît parfaitement en plein air pendant l'été. En hiver, il faut lui donner dans nos climats septentrionaux l'abri d'une orangerie ou d'une serre froide.

Pl. XXIII. — Sabal Blackburniana Kirkl. †.

Ce palmier est plus connu sous ce nom dans nos serres que sous celui que lui donna Martius : *Sabal umbraculifera*. Celui-ci étant le nom primitif, devra toutefois être préféré. C'est l'un des plus beaux palmiers qui nous soient venus des Antilles, où son tronc atteint plusieurs mètres de hauteur. Dans nos serres il prend un énorme développement, comme on peut le voir par une gravure que nous publions d'après cette plante (p. 168). La température de la serre ne peut descendre en dessous de + 8° C. Son tronc épais, élevé, entouré par la base engaînante des feuilles, semble feutré. Ses feuilles glauques sont énormes (plus de 2 mètres de diamètre). Elles sont supportées par des pétioles longs de plus de 3 mètres, et ayant une couleur d'un vert métallique.

Pl. XXIV. — Acanthorrhiza aculeata Wendl. †.

Ce palmier est très-répandu sous le nom de *Chamærops stauracantha*, que les horticulteurs belges lui ont donné. Ses feuilles et sa croissance trapue rappellent le *Chamærops humilis*. Ce qui donne à ce palmier un caractère tout particulier, ce sont les diverses formations spinescentes dont sont garnis les pétioles, le stipe et les racines adventives de la plante. Ses belles frondes vertes sont divisées en six segments. C'est un palmier de serre froide au port élégant et gracieux.

Pl. XXV. — Trachycarpus Fortunei Wendl. †.

Le *Trachycarpus Fortunei* est l'un des palmiers exotiques qui supportent le mieux le climat de l'Europe. Dédié au célèbre voyageur anglais Fortune, il est originaire de la Chine septentrionale. Il est souvent désigné sous le nom de *Chamærops Fortunei*, et il se rapproche beaucoup à la vérité du Chamærops européen. Le *Trachycarpus Fortunei* et son congénère asiatique, le *Trachycarpus excelsus*, sont de beaux palmiers au tronc élevé, couvert de fibres presque feutrées. Leurs frondes flabelliformes sont à lanières nombreuses, linéaires, un peu obtuses, légèrement bifides. Elles sont d'un vert grisâtre dans les deux espèces, mais l'espèce dédiée à Fortune conserve plus longtemps ses feuilles. C'est la plus vigoureuse et la plus rustique. On la reconnait aisément à ses pétioles plus longs et plus gros, et aux divisions plus larges du limbe.

Pl. XXVI. — Trithrinax brasiliensis Mart. †.

Originaire des plaines arides du Brésil méridional et de la Bolivie, ce palmier se fait remarquer par la beauté de ses larges feuilles flabelliformes, presque orbiculaires, vertes et brillantes, glauques en dessous. La gaîne embrassante du pétiole est composée d'un épais réseau de fibres, d'abord parallèles et longitudinales, puis obliquement entre-croisées. On peut le cultiver dans une serre froide en été, mais pendant sa jeunesse, il faut le mettre l'hiver en serre chaude.

Pl. XXVII. — Pritchardia pacifica Seem. et Wendl. O.

De tous les palmiers introduits, il n'en est aucun qui puisse rivaliser comme effet ornemental avec cette magnifique plante, découverte par Seemann dans les îles Fidji et quelques autres îles de la Polynésie. La silhouette globuleuse, régulière, de la couronne de feuilles que porte le tronc droit et uni de cet arbre, est d'un effet superbe. Dans nos serres, ces larges frondes, supportées par de longs pétioles inermes, se distinguent parfaitement au milieu des autres frondes de palmiers et forment d'immenses éventails ayant parfois plus de $1^{m},50$ de large sur $1^{m},20$ de long. Dans leur jeunesse ces frondes sont couvertes d'un duvet fauve qui disparaît promptement. Les graines importées germent rapidement, et ce palmier ne tardera pas à devenir l'un des plus répandus dans les collections européennes.

Pl. XXVIII. — THRINAX BARBADENSIS Lodd. O.

Loddiges, l'habile horticulteur anglais, avait, il y a longtemps, introduit des Antilles un palmier dont les vastes feuilles en éventail prenaient rapidement un immense développement : c'était le *Thrinax barbadensis*. Un regard jeté sur la planche XXVIII permet de juger de la beauté un peu massive de ce palmier, dont le large limbe radié est porté par des pétioles verts marbrés de mille ponctuations argentées, ciliés d'un feutre épais de squames blanches entremêlées d'aiguillons noirs. Ce qui ajoute encore à l'aspect de la plante, ce sont les longs segments formés par la division du limbe, qui s'inclinent et s'infléchissent dans tous les sens. On doit le cultiver en serre chaude.

Pl. XXIX. — BRAHEA DULCIS Mart. †.

Cette belle plante, si parfaitement appropriée à la culture en serre froide, est d'origine mexicaine. Sa tige est couchée, le stipe globuleux à la base est feutré de fibres brunâtres. Ses frondes nombreuses, glauques, sont flabelliformes, et se découpent en nombreuses lanières. Le nom générique de ce groupe paraît bizarre à première vue ; Martius l'a créé en l'honneur du savant astronome danois, Tycho de Brahe.

Pl. XXX. — LIVISTONA ALTISSIMA Zoll. O.

Richard Brown trouvant un genre de palmiers au port majestueux et élégant, le dédia à l'un des grands promoteurs de l'horticulture anglaise, à Patrick Murray, baron de Livistone, fondateur du Jardin botanique d'Édimbourg. Ce genre est l'un des plus remarquables, non-seulement parmi les Arécoïdées, mais parmi tous les palmiers. Le *Livistona altissima* est une espèce de toute beauté, mais, originaire des îles de la Sonde, la plante réclame la serre chaude. Le stipe conserve longtemps la base engaînante des feuilles. Le pétiole est pourvu d'épines latérales. Les frondes sont palmatiséquées.

Pl. XXXI. — Livistona australis R. Br. †.

A la différence de son congénère des îles de la Sonde, ce magnifique palmier est essentiellement approprié à la culture en serre froide. Il nous vient de la Nouvelle-Hollande, et nous avons raconté ailleurs (p. 152) comment les premières graines furent introduites en Europe. Dans sa patrie c'est un arbre de toute beauté (fig. 30). Dans nos serres, c'est un palmier des plus robustes et des plus gracieux. Ses feuilles flabelliformes sont arrondies et larges, d'un beau vert foncé, à reflets métalliques; elles sont supportées par de longs pétioles (2 à 3 mètres), qui présentent cette particularité, de prendre en vieillissant une magnifique teinte rouge brun. Ils sont garnis de fortes épines latérales, presque noires, qui ont la dureté du fer. Ce palmier, très-répandu dans les cultures européennes, est, avec le *Livistona chinensis*, l'un des plus recherchés pour la culture en appartements.

Pl. XXXII. — Livistona chinensis Mart. †.

Ce palmier est l'un des plus connus et des plus répandus. On le connaît généralement ,dans les cultures européennes, sous le nom de *Latania borbonica*, que Lamarck lui a donné. Introduit en Europe en 1827, il a été avec raison attribué aux *Livistona* par Martius. Originaire de la Chine septentrionale, ce palmier, aux larges feuilles en éventail, se cultive parfaitement en serre froide. Ses feuilles sont d'un beau vert pâle; elles sont planes dans leur jeunesse, mais, en vieillissant, s'infléchissent davantage vers le tronc. Elles ont leurs lobes longuement bifides, avec des fils intermédiaires. Le pétiole porte des aiguillons verts depuis la base jusqu'à mi-hauteur. Comme le précédent, le *Livistona chinensis* peut prendre de grandes dimensions dans nos serres. Il existe à Herrenhausen un *Livistona australis* dont le tronc a 9 mètres de haut et la couronne plus de 8 mètres de circonférence, et un *Livistona chinensis* dont le stipe élevé (7 mètres) supporte une admirable couronne de 8 mètres de circonférence.

Pl. XXXIII. — Livistona Hoogendorpi Zoll. O.

Comme le *Livistona altissima*, ce palmier appartient à la catégorie des palmiers de serre chaude. Il nous est venu vers 1846 de l'Asie tropicale. C'est une plante très-ornementale à raison de son port élégant, comme celui de tous les Livistona, et de la couleur brun rougeâtre des pétioles armés d'aiguillons latéraux très-acérés. Les feuilles sont palmatiséquées, les segments sont larges et donnent à la plante un cachet très-distinct.

Pl. XXXIV. — Calamus asperrimus Bl. O.

Originaire de l'île de Java, cette espèce, qui rappelle le *Calamus rudentum* Lour., est fort élégante tant qu'elle ne prend pas de proportions trop considérables ; car alors son tronc dénudé, ayant besoin de soutien, couvert d'épines, supportant quelques feuilles pennées (dix à treize pennules de chaque côté), ne présente plus qu'un attrait scientifique. Lorsque la plante est jeune, ses frondes vertes, épineuses comme le pétiole, et les nombreux cirres qu'elle porte, lui donnent un cachet des plus gracieux et des plus intéressants. Comme tous les Calamus, cette espèce demande à être cultivée dans une serre humide et chaude.

Pl. XXXV. — Licuala spinosa Wurmb. O.

Les Licuala sont des palmiers propres aux Indes orientales, à feuilles flabelliformes, dont les segments sont plissés jusqu'à la base, et grossièrement découpés au sommet. Le tronc reste court, et il est annelé par la chute de la base engaînante du pétiole. Celui-ci est épineux, surtout dans le *Licuala spinosa*.

Originaire de l'île de Java et de la presqu'île de Malacca, ce palmier doit être cultivé en serre chaude, et les amateurs de palmiers devront se souvenir que, dans sa patrie, le *Licuala spinosa* croît de préférence dans un sol calcaire.

Pl. XXXVI. — Rhapis flabelliformis Ait. †.

Ce palmier est l'un des plus robustes qui soit cultivé en Europe. Sa croissance est naine (2 mètres). Sa tige feutrée porte de nombreuses feuilles flabelliformes, dont les pétioles minces et durs ne dépassent pas 50 centimètres de long. Cette plante émet beaucoup de turions, ce qui lui permet de former des touffes d'une très-grande élégance. Ses tiges grêles, garnies de fibres roses, brunes et noirâtres, gardent longtemps leurs feuilles, et composent un faisceau d'un aspect verdoyant et des plus décoratifs.

Pl. XXXVII. — Jubæa spectabilis Humb. †.

A tant de reprises nous nous sommes occupé de ce charmant palmier de serre froide, que nous croyons pouvoir nous permettre de renvoyer le lecteur à ce que nous avons déjà écrit au sujet de cette plante*.

Pl. XXXVIII. — Astrocaryum Murumuru Mart. O.

C'est une des belles introductions faites du Brésil. Martius avait, le premier, appelé l'attention du monde horticole sur cette belle plante, dont le tronc extrêmement épineux porte des feuilles longues de 3 à 4 mètres, à nombreuses pennules lancéolées, un peu arquées; la partie supérieure du pétiole porte quatre pennules ligulées et légèrement penchées. Les pennules sont vertes à la face postérieure, et blanchâtres à la face inférieure. Quand ce palmier atteint un certain développement, des épines dures, longues, aciculaires couvrent le tronc entre les cicatrices foliaires. Les pétioles sont garnis d'aiguillons, et sur les nervures du limbe, ainsi que sur la spathe, apparaissent des soies brunes et

* Voir notamment à la fin du chapitre VI.

raides. On peut cultiver ce beau palmier dans une serre dont la température, en hiver, ne descende pas au-dessous de 10° C.

Pl. XXXIX. — Martinezia Lindeniana H. Wendl. O.

Ce palmier, que M. Wendland range aujourd'hui dans le genre *Aiphanes*, ressemble à première vue à un Caryota. Ses pétioles et son stipe sont garnis de longues épines; les pétioles des frondes sont grandes, alternes, tronquées au sommet, inégalement dentées et comme frangées. Ce palmier a été introduit de la Nouvelle Grenade par M. Linden en 1843, et demande, quand il est jeune, à être cultivé en serre chaude.

Pl. XL. — Cocos Weddelliana Wendl. O.

Si Mme de Sévigné eût connu ce ravissant palmier, nul doute qu'elle n'eût épuisé en son honneur tous les adjectifs que son imagination lui suggérait si aisément. Le *Cocos Weddelliana*, dont nous avons déjà parlé à différentes reprises dans le cours de notre ouvrage, est, en effet, l'un des plus beaux, des plus élégants, des plus coquets, des plus ravissants palmiers qui aient été introduits. Originaire des bords de la rivière Uaupis, il croît dans cette vallée brésilienne de l'Amazone qui mériterait le nom de Serre chaude du globe. Son tronc, recouvert d'un tissu réticulaire argenté, porte gracieusement une couronne de jolies frondes, finement pennées et élégamment réfléchies, et la teinte de celles-ci est d'un vert frais très-vif et très-gai. Si le cocotier des tropiques (*Cocos nucifera*) est l'un des palmiers les plus utiles, celui-ci est, à tous les titres, le plus élégant. Il est la grâce et la distinction même, et les amateurs d'horticulture, comme les autres hommes, se laissent plus volontiers séduire par la grâce et la coquetterie naturelles que par un mérite paisible et sérieux.

FIN

TABLE ALPHABÉTIQUE

DES MATIÈRES, DES VIGNETTES ET DES CHROMOLITHOGRAPHIES.

Les Chiffres ordinaires placés à gauche des Colonnes indiquent les Numéros des Vignettes qui se trouvent distribuées dans le Texte; ceux en romain se rapportent aux Chromolithographies, et ceux mentionnés à la droite désignent les Pages du Texte.

FIN

www.ingramcontent.com/pod-product-compliance
Ingram Content Group UK Ltd.
Pitfield, Milton Keynes, MK11 3LW, UK
UKHW012154240726
13966UKWH00002B/321